Deepen Your Mind

前言

❖ 寫作背景

曾經業界流行使用 LAMP 架構（Linux、Apache、MySQL 和 PHP）來快速開發中小網站。LAMP 是開放原始程式碼的，而且使用簡單、價格低廉，因此 LAMP 架組成為當時開發中小網站的首選，號稱「平民英雄」。

而今隨著 Node.js 的流行，JavaScript 終於在伺服器端擁有一席之地。JavaScript 成為從前端到後端再到資料庫能夠支援全端開發的語言。而以 MongoDB、Express、Angular 和 Node.js 四種開放原始碼技術為核心的 MEAN 架構，除具備 LAMP 架構的一切優點外，還能支撐高可用、高平行處理的大型網際網路應用的開發。MEAN 架構勢必也會成為新的「平民英雄」。

市面上獨立說明 MongoDB、Express、Angular 和 Node.js 的書較為豐富，但將這些技術綜合運用的案例和資料比較少。鑑於此，筆者撰寫了這本書加以補充。希望讀者透過學習本書具有全端開發的能力。

❖ 本書有關的技術及相關版本

請讀者將相關開發環境設定成不低於本書所採用的設定。

- Node.js 12.9.0
- NPM 6.12.2
- Express 4.17.1
- MongoDB Community Server 4.0.10
- MongoDB 3.3.1
- Angular CLI 8.3.0
- NG-ZORRO 8.1.2
- ngx-Markdown 8.1.0

- basic-auth 2.0.1
- NGINX 1.15.8

✤ 本書特點

1. 可與筆者線上交流

本書提供以下交流網址，讀者有任何技術的問題都可以向筆者提問。

https://github.com/waylau/mean-book-samples/issues

2. 提供了以技術點為基礎的 58 個實例和 1 個綜合性實戰專案

本書提供了 58 個 MEAN 架構技術點的實例，將理論説明完成到程式實現上。這些實例具有很高的應用價值和參考價值。在掌握了基礎之後，本書還提供了 1 個綜合性實戰專案。

3. 免費提供書中實例的原始檔案

簡體原始程式碼亦可在筆者的 github 下載，網址為 https://github.com/waylau/mean-book-samples。筆者會不定時更新程式碼。本書免費提供書中所有實例的原始檔案。讀者可以一邊閱讀本書，一邊參照原始檔案動手練習。這樣不僅可以加強學習的效率，還可以對書中的內容有更加直觀的認識，進一步逐漸培養自己的程式設計能力。

4. 覆蓋的知識面廣

本書覆蓋了 MongoDB、Express、Angular、NG-ZORRO、ngx-markdown、basic-auth 和 NGINX 等在內的 MEAN 架構技術點，技術前瞻，案例豐富。不管是程式設計初學者，還是程式設計高手，都能從本書中獲益。本書可作為讀者的案頭工具書，隨手翻閱。

5. 語言簡潔，閱讀流暢

本書採用結構化的層次，並採用簡短的段落和敘述，讓讀者讀來有順水行舟的輕快感。

6. 案例的商業性、應用性強

本書提供的案例多數來自真實的商業專案，具有很高的參考價值。有些程式甚至可以移植到自己的專案中直接使用，使從「學」到「用」這個過程變得更加直接。

✤ 聯繫作者

由於筆者能力有限、時間倉促，書中難免有錯漏之處，歡迎讀者透過以下方式與筆者聯繫。

- 部落格：https://waylau.com
- 電子郵件：waylau521@gmail.com
- 微博：http://weibo.com/waylau521
- GitHub：https://github.com/waylau

✤ 致謝

感謝電子工業出版社的吳宏偉編輯，他在本撰寫作過程中仔細審稿稿件，給予了很多指導和幫助，以及編校團隊對本書在編輯、校對、排版、封面設計等方面所給予的幫助，使本書得以順利出版。

感謝我的父母、妻子 Funny 和兩個女兒。由於撰寫本書，我犧牲了很多陪伴家人的時間。謝謝他們對我的了解和支援。

柳偉衛

目錄

v

06　Node.js 事件處理

07　Node.js 檔案處理

08　Node.js HTTP 程式設計

第三篇　Express -- Web 伺服器

09 Express 基礎

10 Express 路由 -- 頁面的導覽員

11 Express 錯誤處理器

/ Contents

28 用 NGINX 實現高可用

A 參考文獻

第一篇

初識 MEAN

▶ 第 1 章 MEAN 架構概述

01

MEAN 架構概述

本章將介紹 MEAN 架構的組成及技術優勢，並介紹開發 MEAN 應用所需要的環境。

1.1 MEAN 架構核心技術堆疊的組成

MEAN 架構是指，以 MongoDB、Express、Angular 和 Node.js 四種技術為核心的技術堆疊，廣泛應用於 Web 全端開發。

1.1.1 MongoDB

MongoDB 是強大的非關聯式資料庫（NoSQL）。與 Redis 或 HBase 等不同，MongoDB 是一個介於關聯式資料庫和非關聯式資料庫之間的產品，是非關聯式資料庫中功能最豐富、最像關聯式資料庫的，旨在為 Web 應用提供可擴充的高性能資料儲存解決方案。它支援的資料結構非常鬆散，是類似 JSON 的 BSON 格式，因此可以儲存比較複雜的資料類型。

MongoDB 最大的特點是：其支援的查詢語言非常強大；其語法有點類似物件導向的查詢語言，幾乎可以實現類似關聯式資料庫單表查詢的絕大部分功能；支援對資料建立索引。自 MongoDB 4.0 開始，MongoDB 支援交易管理。

圖 1-1 是一個資料庫排行。可以看到，MongoDB 在 NoSQL 資料庫中排行第一。註：該資料來自 DB-Engines。

	Rank		DBMS	Database Model	Score		
Aug 2019	Jul 2019	Aug 2018			Aug 2019	Jul 2019	Aug 2018
1.	1.	1.	Oracle ➕	Relational, Multi-model 🛈	1339.48	+18.22	+27.45
2.	2.	2.	MySQL ➕	Relational, Multi-model 🛈	1253.68	+24.16	+46.87
3.	3.	3.	Microsoft SQL Server ➕	Relational, Multi-model 🛈	1093.18	+2.35	+20.53
4.	4.	4.	PostgreSQL ➕	Relational, Multi-model 🛈	481.33	-1.94	+63.83
5.	5.	5.	MongoDB ➕	Document	404.57	-5.36	+53.59
6.	6.	6.	IBM Db2 ➕	Relational, Multi-model 🛈	172.95	-1.19	-8.89
7.	7.	⬆8.	Elasticsearch ➕	Search engine, Multi-model 🛈	149.08	+0.27	+10.97
8.	8.	⬇7.	Redis ➕	Key-value, Multi-model 🛈	144.08	-0.18	+5.51
9.	9.	9.	Microsoft Access	Relational	135.33	-1.98	+6.24
10.	10.	10.	Cassandra ➕	Wide column	125.21	-1.80	+5.63

圖 1-1　MongoDB 在 NoSQL 資料庫中排行第一

在 MEAN 架構中，MongoDB 承擔著資料儲存的角色。

1.1.2　Express

Express 是一個簡潔而靈活的 Node.js Web 應用架構，提供了一系列強大特性以幫助使用者建立各種 Web 應用。Express 也是一款功能非常強大的 HTTP 工具。

使用 Express 可以快速架設一個完整功能的網站。其核心功能包含：

- 設定中介軟體以回應 HTTP 請求。
- 定義路由表以執行不同的 HTTP 請求動作。
- 透過向範本傳遞參數來動態繪製 HTML 頁面。

在 MEAN 架構中，Express 擔當著建置 Web 服務的角色。

1.1.3 Angular

前端元件化開發是目前主流的開發方式，不管是 Angular、React 還是 Vue.js 都如此。相比較而言，Angular 不管是其開發功能，還是程式設計思想，在所有前端架構中都是首屈一指的，特別適合用來開發企業級的大型應用。

Angular 不僅是一個前端架構，而更像是一個前端開發平台，試圖解決現代 Web 應用程式開發各方面的問題。Angular 核心功能包含 MVC 模式、模組化、自動化雙向資料綁定、語義化標籤、服務、依賴植入等。這些概念即使對後端開發人員來説也不陌生。舉例來説，Java 開發人員一定知道 MVC 模式、模組化、服務、依賴植入等。

在 MEAN 架構中，Angular 承擔著用戶端開發的角色。

1.1.4 Node.js

Node.js 是整個 MEAN 架構的基礎。Node.js 採用事件驅動和非阻塞 I/O 模型，所以很輕微和高效，非常適合用來建置執行在分散式裝置上的、資料密集型的即時應用。自從有了 Node.js，JavaScript 不再只是前端開發的「小角色」，而是擁有從前端到後端再到資料庫完整開發能力的「全端能手」。JavaScript 和 Node.js 是相輔相成的。配合流行的 JavaScript 語言，Node.js 擁有了更廣泛的受眾。

Node.js 能夠爆紅的另外一個原因是 NPM。NPM 可以輕鬆管理專案依賴，同時也促進了 Node.js 生態圈的繁榮，因為 NPM 讓開發人員分享開放原始碼技術變得不再困難。

1.2 MEAN 架構週邊技術堆疊的組成

為了建置大型網際網路應用，除使用 MEAN 架構的這 4 種核心技術外，業界還常使用 NG-ZORRO、ngx-Markdown、basic-auth 和 NGINX 等週邊技術。

1.2.1 NG-ZORRO

NG-ZORRO 是一款阿里巴巴出品的前端企業級 UI 架構。NG-ZORRO 是開放原始碼的，它基於 Ant Design 設計理念，並且支援最新的 Angular 版本。

NG-ZORRO 具有以下特性：

- 具有提煉自企業級中後端產品的互動語言和視覺風格。
- 「開箱即用」的高品質 Angular 元件能與 Angular 保持同步升級。
- 是使用 TypeScript 建置的，提供了完整的類型定義檔案。
- 支援 OnPush 模式，效能卓越。
- 支援服務端繪製。
- 支援現代瀏覽器，以及 Internet Explorer 11 以上版本（使用 polyfills）。
- 支援 Electron。

在 MEAN 架構中，NG-ZORRO 將與 Angular 一起建置炫酷的前端介面。

1.2.2 ngx-Markdown

Markdown 是一種可以使用普通文字編輯器撰寫的標記語言。透過簡單的標記語法，Markdown 可以使普通文字具有一定的格式。因此在內容管理類別的應用中，經常採用 Markdown 編輯器來編輯網文內容。

ngx-Markdown 是一款 Markdown 外掛程式，能夠將 Markdown 格式的內容繪製成為 HTML 格式的內容。最為重要的是，ngx-Markdown 是支援 Angular 的，因此與 Angular 應用具有良好的相容性。

在 MEAN 架構中，ngx-Markdown 將與 Angular 一起建置內容編輯器。

1.2.3 NGINX

在大型網際網路應用中，經常使用 NGINX 作為 Web 伺服器。

NGINX 是免費的、開放原始碼的、高性能的 HTTP 伺服器和反向代理，同時也是 IMAP/POP3 代理伺服器。NGINX 以效能高、穩定性高、功能集豐富、設定簡單和資源消耗低而聞名。

NGINX 是為解決 C10K[1] 問題而撰寫的、市面上僅有的幾個伺服器之一。與傳統伺服器不同，NGINX 不依賴執行緒來處理請求，而使用更加可擴充的事件驅動（非同步）架構。這種架構的優點是負載小，且可以預測記憶體使用量。即使在處理數千個平行處理請求的場景下，仍然可以從 NGINX 的高性能和佔用記憶體少等方面獲益。NGINX 適用於各種場景，從最小的 VPS 一直到大型的伺服器叢集。

在 MEAN 架構中，NGINX 承擔著 Angular 應用的部署及負載平衡工作。

1　所謂 C10K（Concurrent 10000 Connection 的簡寫）問題是指，伺服器同時支援成千上萬個用戶端的問題。由於硬體成本的大幅度降低和硬體技術的進步，如果一台伺服器同時能夠服務更多的用戶端，則意味著服務每一個用戶端的成本大幅度降低。從這個角度來看，C10K 問題顯得非常有意義。

1.2.4 basic-auth

在企業級應用中，安全認證不可或缺。basic-auth 是一款以 Node.js 為基礎的基本認證架構。透過 basic-auth，利用簡單幾步就能實現基本認證資訊的解析。

在 MEAN 架構中，basic-auth 承擔著安全認證的職責。

1.3 MEAN 架構的優勢

MEAN 架構的在企業級應用中被廣泛採用，歸納起來具備以下優勢。

1. 開放原始碼

無論是 MongoDB、Express、Angular、Node.js 四種核心技術，還是 NG-ZORRO、ngx-Markdown、NGINX、basic-auth 等週邊技術，MEAN 架構所有的技術都是開放原始碼的。

開放原始碼技術是相對於封閉原始碼技術而言的，其優勢如下：

- 開放原始碼技術原始程式是公開的，網際網路公司在檢查某項技術是否符合本身開發需求時，可以對原始程式進行分析。
- 相對封閉原始碼技術而言，開放原始碼技術的商用成本相對較低，這對於很多初創的網際網路公司而言，可以節省一大筆技術投入。

當然，開放原始碼技術是一把「雙刃劍」，你能夠看到原始程式，並不表示你可以解決所有問題。開放原始碼技術在技術支援上不能與封閉原始碼技術相提並論，畢竟封閉原始碼技術都有成熟的商業模式，可以提供完整的商業支援。而開放原始碼技術更多依賴社區對於開放原始碼技術的支援。如果在使用開放原始碼技術過程中發現了問題，可以回饋給開放原始碼社區，但開放原始碼社區並不會保障在什麼時候、用什麼方法能夠處理發現的問題。所以，使用開放原始碼技術需要開發團隊對開放原始碼技術要有深刻的了解。最好能夠吃透原始程式，這樣在發現問題時，才能夠及時解決原始程式中的問題。

舉例來說，在關聯式資料庫領域，同屬於 Oracle 公司的 MySQL 資料庫和 Oracle 資料庫，就是開放原始碼技術與封閉原始碼技術的兩大代表，兩者佔據全球資料庫佔有率的前兩名。MySQL 資料庫主要是在中小企業和雲端運算供應商中被廣泛採用；而 Oracle 資料庫則由於其穩定、高性能的特性，深受政府和銀行等客戶的信賴。

2. 跨平台

跨平台表示開發和部署應用的成本會較低。

試想一下，當今作業系統三足鼎立，分別是 Linux、macOS、Windows。假設開發者需要面對不同的作業系統平台，若要開發不同的版本，則開發成本勢必會非常高。而且每個作業系統平台都有不同的版本、分支，僅做不同版本的轉換都需要耗費相當大的人力，更別提要針對不同的平台開發軟體了。因此，跨平台可以節省開發成本。

同理，由於 MEAN 架構中的開發軟體是能夠跨平台的，所以無須擔心在部署應用過程中的相容性問題。開發者在本機開發環境所開發的軟體，理論上可以透過 CI/CD（持續整合 / 持續部署）工具部署到測試環境甚至是生產環境，因而可以節省部署的成本。

以 MEAN 架構為基礎的應用具有跨平台特性，非常適合用來建置 Cloud Native 應用，特別是在容器技術常常作為微服務宿主的今天。以 MEAN 架構為基礎的應用是支援 Docker 部署的。

3. 全端開發

類似與系統架構師，全端開發者應該是比一般的軟體工程師具有更廣的知識面，應是擁有全端軟體設計思想並掌握多種開發技能的複合型人才，能夠獨當一面。

Node.js 工程師、Angular 工程師偏重於某項技能。而全端開發則表示，開發人員必須掌握整個架構的全部細節，能夠從零開始建置完整的企業級應用。

一名全端開發者在開發時常常會做以下風險預測，並做好防禦：

- 目前所開發的應用會部署到什麼樣的伺服器、網路環境中？
- 服務哪裡可能會當機？為什麼會當機？
- 是否應該適當地使用雲端儲存？
- 程式有無資料容錯？
- 程式是否具備可用性？
- 介面是否人性化？
- 效能是否可滿足目前要求？
- 哪些位置需要加記錄檔，以便透過記錄檔排除問題？

除思考上述問題外，全端開發者還應能建立合理的、標準的關係模型，包含外鍵、索引、視圖和表等。

全端開發者需要熟悉非關係類型資料儲存，並且知道它們相對關係類型資料儲存優勢所在。

當然，人的精力畢竟有限，所以想要成為全端開發者並非易事。所幸 MEAN 架構能讓這一切成為可能。MEAN 架構以 Node.js 為整個技術堆疊的核心，而 Node.js 的程式語言是 JavaScript。這表示，開發者只需要掌握

JavaScript 這一種程式語言,即可以打通所有 MEAN 架構的技術。不得不說這是全端開發者的福音。

4. 支援企業級應用

無論是 Node.js、Angular 還是 MongoDB,這些技術在大型網際網路公司都被廣泛採用。無數應用也證明了 MEAN 架構是非常適合用來建置企業級應用的。企業級應用是指那些為商業組織、大型企業而建立並部署的應用。這些企業級應用結構複雜,有關的外部資源眾多、交易密集、資料量大、使用者數多,安全性要求較高。

用 MEAN 架構開發企業級應用,不但應用應具有強大的功能,還應該滿足未來業務需求的變化,且易於升級和維護。

5. 支援建置微服務

微服務(microservices)是當今業界最流行的架構風格。微服務架構與針對服務架構(SOA)有相似之處,例如都是針對服務的。通常 SOA 表示大而全的整體單顆架構系統(monolithic)解決方案。這讓設計、開發、測試、發佈都增加了難度,其中任何細小的程式變更,都會導致整個系統需要重新測試、部署。而微服務架構剛好把所有服務都打散,設定了合理的粒度度,各個服務間保持著低耦合,每個服務都在其完整的生命週期中存活,互相之間的影響降到了最低。

針對服務架構需要對整個系統進行標準,而微服務架構中的每個服務都可以有自己的開發語言、開發方式,靈活性大幅加強。微服務是圍繞業務能力來建置的,因此可以透過 CI/CD 工具來實現獨立部署。不同的微服務可以使用不同的程式語言和不同的資料儲存技術,並保持最小化集中管理。

MEAN 架構非常適合建置微服務,原因如下:

- Node.js 本身提供了跨平台的能力，可以執行在自己的處理程序中。
- Express 易於建置 Web 服務，並支援 HTTP 的通訊。
- Node.js + MongoDB 支援從前端到後端再到資料庫的全端開發能力。

開發人員可以容易地透過 MEAN 架構來建置並快速啟動一個微服務應用。業界也提供了成熟的微服務解決方案來打造大型微服務架構系統，例如 Tars.js、Seneca 等。

6. 業界主流

MEAN 架構所有關的技術都是業界主流，主要表現在以下幾方面：

- MongoDB 在 NoSQL 資料庫中是排行第一的，而且使用者量還在遞增。
- 只要知道 JavaScript 就必然知道 Node.js，而 JavaScript 是在開放原始碼界中最流行的開發語言。
- 前端元件化開發是目前主流的開發方式，不管是 Angular、React 還是 Vue.js 都如此。
- 在大型網際網路應用中，經常用 NGINX 作為 Web 伺服器。NGINX 也是目前被最廣泛使用的代理伺服器。

1.4 開發工具的選擇

如果你是一名前端工程師，那麼可以不必花太多時間來安裝 IDE，用你平時熟悉的 IDE 來開發 MEAN 架構的應用即可，因為 MEAN 架構的核心程式語言仍然是 JavaScript。舉例來說，前端工程師經常會選擇諸如 Visual Studio Code、Eclipse、WebStorm、Sublime Text 等工具。理論上，開發 MEAN 不會對開發工具有任何限制，甚至可以直接用文字編輯器來進行開發。

如果你是一名初級的前端工程師，還不知道如何選擇 IDE，那麼筆者建議你嘗試下 Visual Studio Code。Visual Studio Code 與 TypeScript 都是微軟出品的，對 TypeScript 和 Angular、Node.js 具有一流的支援，而且這款 IDE 還是免費的，你可以隨時下載使用它。本書的範例也是以 Visual Studio Code 為基礎撰寫的。

選擇合適自己的 IDE 有助提升程式設計品質和開發效率。

第二篇

Node.js -- 全端開發平台

Node.js 基礎

Node.js 是整個 MEAN 架構的核心。本章將介紹 Node.js 的基礎知識。

2.1 Node.js 簡介

2.1.1 Node.js 簡史

從 Node.js 的命名上可以看到，Node.js 的官方開發語言是 JavaScript。之所以使用 JavaScript，顯然與 JavaScript 的開發人員多有關。眾所皆知，JavaScript 是伴隨著網際網路發展而爆紅起來的，JavaScript 是前端開發人員必備的技能。另外，JavaScript 也是瀏覽器能直接執行的指令碼語言。

但也正是因為 JavaScript 在瀏覽器端很強勢，所以人們對於 JavaScript 的印象還停留在「小指令稿」，認為 JavaScript 只能用來從事前端展示。

Chrome V8 引擎的出現讓 JavaScript 徹底翻了身。Chrome V8 是 JavaScript 的繪製引擎，其第一個版本隨著 Chrome 瀏覽器的發佈而發佈（實際時間為 2008 年 9 月 2 日）。在執行 JavaScript 程式之前，其他的 JavaScript 引擎需要將其轉換成位元組碼來執行，而 Chrome V8 引擎則將其編譯成原生機器碼（IA-32、x86-64、ARM 或 MIPS CPUs），並使用如內聯快取等方法來提高性能。Chrome V8 引擎可以獨立執行，也可以被嵌入 C++ 應用中執行。

隨著 Chrome V8 引擎的聲名鵲起，在 2009 年，Ryan Dahl 正式推出了基於 JavaScript 和 Chrome V8 引擎的開放原始碼 Web 伺服器專案──Node.js。這使得 JavaScript 終於在伺服器端擁有一席之地。Node.js 採用事件驅動和非阻塞 I/O 模型，所以變得輕微和高效，非常適合用來建置執行在分散式裝置上的資料密集型即時應用。從此，JavaScript 成為從前端到後端再到資料庫的全端開發語言。

Node.js 能夠爆紅的另外一個原因是 NPM。NPM 可以輕鬆管理專案依賴，也促進了 Node.js 生態圈的繁榮，因為 NPM 讓開發人員分享開放原始碼技術變得不再困難。

以下列舉了 Node.js 的大事件：

- 2009 年 3 月，Ryan Dahl 正式推出 Node.js。
- 2009 年 10 月，Isaac Schlueter 第一次提出了 NPM。
- 2009 年 11 月，Ryan Dahl 第一次公開宣講 Node.js。
- 2010 年 3 月，Web 伺服器架構 Express.js 問世。
- 2010 年 3 月，Socket.io 第 1 版發佈。
- 2010 年 4 月，Heroku 第一次實驗性嘗試對 Node.js 進行支援。
- 2010 年 7 月，Ryan Dahl 在 Google 技術交流會上再次宣講 Node.js。
- 2010 年 8 月，Node.js 0.2.0 版發佈。

■ 2010 年年底，Node.js 專案受到了 Joyent 公司的贊助，Ryan Dahl 加入 Joyent 公司負責 Node.js 的開發。

■ 2011 年 3 月，Felix 的 Node.js 指南發佈。

■ 2011 年 5 月，NPM 1.0 版發佈。

■ 2011 年 5 月，Ryan Dahl 在 Reddit 發帖，表示接受任何關於 Node.js 的提問。

■ 2011 年 8 月，Linkedin 產品線上開始使用 Node.js。

■ 2011 年 12 月，Uber 線上開始使用 Node.js。

■ 2012 年 1 月，Ryan Dahl 宣佈不再參與 Node.js 日常開發和維護工作，Isaac Schlueter 接任。

■ 2012 年 6 月，Node.js v0.8.0 穩定版發佈。

■ 2012 年 12 月，Hapi.js 架構發佈。

■ 2013 年 4 月，用 Node.js 開發的 Ghost 部落格平台發佈。

■ 2013 年 4 月，MEAN 技術堆疊被提出。

■ 2013 年 5 月，eBay 分享第一次嘗試使用 Node.js 開發應用的經驗。

■ 2013 年 11 月，沃爾瑪線上使用 Node.js 的過程中發現了 Node.js 的記憶體洩漏問題。

■ 2013 年 11 月，PayPal 發佈一個 Node.js 的架構 Kraken。

■ 2013 年 12 月，Koa 架構發佈。

■ 2014 年 1 月，TJ Fontaine 接管 Node.js 專案。

■ 2014 年 10 月，Joyent 和社區成員提議成立 Node.js 顧問委員會。

- 2014 年 11 月，多位重量級 Node.js 開發者不滿 Joyent 對 Node.js 的管理，建立了 Node.js 的分支專案 io.js。

- 2015 年 1 月，io.js 發佈 1.0.0 版。

- 2015 年 2 月，Joyent 攜手各大公司和 Linux 基金會成立 Node.js 基金會，並提議 io.js 和 Node.js 和解。

- 2015 年 4 月，NPM 支援私有模組。

- 2015 年 5 月，TJ Fontaine 不再管理 Node.js 並離開 Joyent 公司。

- 2015 年 5 月，Node.js 和 io.js 合併，隸屬 Node.js 基金會。

- 2015 年 9 月 8 日，Node.js 4.0.0 版發佈。Node.js 沒有經歷 1.0、2.0 和 3.0 版，直接從 4.0 版開始，這也預示著 Node.js 帶來了一個新的時代。

- 2015 年 10 月 29 日，Node.js 5.0.0 版發佈。

- 2016 年 2 月，Express 成為 Node.js 基金會的孵化專案。

- 2016 年 3 月，爆發著名的 left-pad 事件。

- 2016 年 3 月，Google Cloud 平台加入 Node.js 基金會。

- 2016 年 4 月 26 日，Node.js 6.0.0 版發佈。

- 2016 年 10 月，Yarn 套件管理員發佈。

- 2016 年 10 月 25 日，Node.js 7.0.0 版發佈。

- 2017 年 9 月，NASA 的 Node.js 案例發佈。

- 2017 年 5 月 30 日，Node.js 8.0.0 版發佈。

- 2017 年 10 月 31 日，Node.js 9.0.0 版發佈。

- 2018 年 4 月 24 日，Node.js 10.0.0 版發佈。

- 2018 年 10 月 23 日，Node.js 11.0.0 版發佈。

- 2019 年 3 月 13 日，Node.js 基金會和 JS 基金會合併成了 OpenJS 基金會，以促進 JavaScript 和 Web 生態系統的健康發展。
- 2019 年 4 月 23 日，Node.js 12.0.0 版發佈。

2.1.2 為什麼叫 Node.js

讀者們可能會好奇，Node.js 為什麼要這麼命名。其實，一開始 Ryan Dahl 將他的專案命名為 Web.js，致力於建置高性能的 Web 服務。但是，專案的發展超出了他最初的預期，演變為建置網路應用的基礎架構。

在大型分散式系統中，每個節點（在英文中被翻譯為 node）是用於建置整個系統的獨立單元。因此，Ryan Dahl 將他的專案命名為了 Node.js，期望將它用於快速建置大型應用。

2.2 Node.js 的特點

Node.js 被廣大開發者所青睞，主要是因為 Node.js 包含以下特點。

1. 非同步 I/O

非同步是相對於同步而言。同步和非同步描述的是使用者執行緒與核心的對話模式。

- 同步：在使用者執行緒發起 I/O 請求後，需要等待或輪詢核心 I/O 操作完成後才能繼續執行。
- 非同步：在使用者執行緒發起 I/O 請求後，仍繼續執行。在核心 I/O 操作完成後會通知使用者執行緒，或呼叫使用者執行緒註冊的回呼函數。

圖 2-1 展示了非同步 I/O 模型。

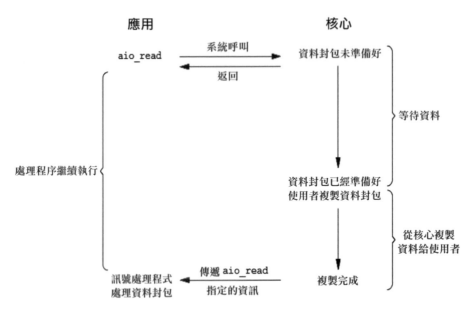

圖 2-1 非同步 I/O 模型

舉個通俗的實例,你打電話問書店老闆有沒有某本書。

如果是同步通訊機制,書店老闆會說「你稍等,不要掛電話,我查一下」,然後就跑去書架上尋找。而你則在電話這邊等著。等到書店老闆查好了(可能是 5 秒,也可能是一天),他在電話裡告訴你尋找的結果。

如果是非同步通訊機制,書店老闆直接告訴你「我查一下啊,查好了打電話給你」,然後直接掛了電話。在尋找好後,他會主動打電話給你。而這段時間內,你可以去幹其他事情。在這裡老闆透過「回電」這種方式來回呼。

透過上面實例可以看到,非同步的好處是顯而易見,它可以不必等待 I/O 操作完成,就可以去幹其他的工作,相當大提升了系統的效率。

2. 事件驅動

JavaScript 開發者對於「事件」一詞應該都不會陌生。使用者在介面上點擊一個按鈕就會觸發一個「點擊」事件。在 Node.js 中，包含事件的應用也是無處不在。

在傳統的高平行處理場景中常常使用的是多執行緒模型，即：為每個業務邏輯提供一個系統執行緒，透過系統執行緒切換來彌補同步 I/O 呼叫時的時間負擔。

而在 Node.js 中使用的是單執行緒模型，對於所有 I/O 都採用非同步式請求方式，進一步避免了頻繁地上下文切換。Node.js 在執行的過程中會維護一個事件佇列，程式在即時執行會進入事件循環等待下一個事件到來，每一個非同步式 I/O 請求在完成後會被發送到事件佇列中，等待程式處理程序進行處理。

Node.js 的非同步機制是以事件為基礎，所有的磁碟 I/O、網路通訊、資料庫查詢都以非阻塞的方式請求，傳回的結果由事件循環來處理。Node.js 處理程序在同一時刻只能處理一個事件，在完成後立即進入事件循環（Event Loop）檢查並處理後面的事件，其執行原理如圖 2-2 所示。

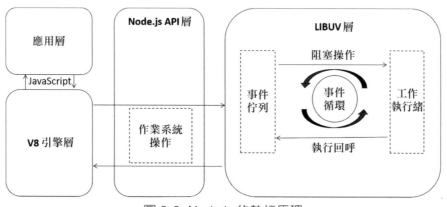

圖 2-2　Node.js 的執行原理

圖 2-2 是整個 Node.js 的執行原理，從左到右，從上到下，Node.js 被分為了四層，分別是應用層、V8 引擎層、Node.js API 層和 LIBUV 層。

- 應用層：即 JavaScript 互動層，其中包含 Node.js 的常用模組，例如 http、fs 等。
- V8 引擎層：用來解析 JavaScript 語法，並和下層 Node.js API 層進行互動。
- NodeAPI 層：為上層模組提供系統呼叫，一般是由 C 語言實現的，會和作業系統進行互動。
- LIBUV 層：是跨平台的底層封裝，實現了事件循環、檔案操作等，是 Node.js 實現非同步的核心。

這樣做的好處是：CPU 和記憶體在同一時間集中處理一件事，同時盡可能讓耗時的 I/O 操作並存執行。對於低速連接攻擊，Node.js 只是在事件佇列中增加請求，並等待作業系統回應，因而不會有任何多執行緒負擔，這樣可以大幅提升 Web 應用的穩固性，防止惡意攻擊。

 事件驅動也並非是 Node.js 的專利，例如在 Java 程式設計語言中，大名鼎鼎的 Netty 也採用事件驅動機制來加強系統的平行處理量。

3. 單執行緒

從上面所介紹的事件驅動機制可以了解到，Node.js 只採用一個主執行緒來接收請求，但它在接收到請求後並不會直接進行處理，而是將請求放到事件佇列中，然後又去接收其他請求，在空閒時再透過 Event Loop 來處理這些事件，進一步實現非同步效果。

當然，對於 I/O 類別工作還需要依賴系統層的執行緒池來處理。因此，我們可以簡單地了解為：Node.js 本身是一個多執行緒平台，而它處理 JavaScript 層面的工作是單執行緒。

無論是 Linux 平台還是 Windows 平台，Node.js 內部都是透過執行緒池來完成非同步 I/O 操作的，其底層以 LIBUV 來實現不同平台為基礎的統一呼叫。LIBUV 是一個高性能的、事件驅動的 I/O 函數庫，並且提供了跨平台（如 Windows、Linux）的 API。因此，Node.js 的單執行緒僅是指 JavaScript 執行在單執行緒中，而並非 Node.js 平台是單執行緒。

> 上面提到，如果是 I/O 工作，則 Node.js 就把工作交給執行緒池來非同步處理，因此 Node.js 適合處理 I/O 密集型工作。但不是所有的工作都是 I/O 密集型工作，在碰到 CPU 密集型工作時（即只用 CPU 計算的操作，例如對資料加解密、資料壓縮和解壓等），Node.js 會親自處理所有的計算工作，前面的工作沒有執行完，後面的工作就只能乾等著，所以後面的工作可能會阻塞。即使是多 CPU 的主機，對於 Node.js 而言也只有一個 EventLoop（即只佔用一個 CPU 核心）。在 Node.js 被 CPU 密集型工作佔用，導致其他工作被阻塞時，可能還有 CPU 核心處於閒置狀態，這就造成了資源浪費。
>
> 因此，Node.js 並不適合處理 CPU 密集型工作。

4. 支援微服務

微服務（microservices）架構就是：把小的服務開發成單一的應用，執行在其自己的處理程序中，並採用輕量級的機制進行通訊（一般是 HTTP 資源 API）。這些服務都是圍繞業務能力來建置的，可以透過全自動部署工具來實現獨立部署。這些服務可以使用不同的程式語言和不同的資料儲存技術，並保持最小化集中管理。

Node.js 非常適合建置微服務，原因如下：

- Node.js 本身提供了跨平台的能力，可以執行在自己的處理程序中。
- Node.js 易於建置 Web 服務，並支援 HTTP 通訊。

■ Node.js 具有從前端到後端再到資料庫的全端開發能力。

開發人員可以透過 Node.js 內嵌的函數庫來快速啟動一個微服務應用。業界也提供了成熟的微服務解決方案（例如 Tars.js、Seneca 等）來打造大型微服務架構系統。

5. 可用性和擴充性

透過建置以微服務為基礎的 Node.js 可以輕鬆實現應用的可用性和擴充性。特別是在 Cloud Native 盛行的今天，雲端環境都是以「即用即付」模式為基礎的，雲端環境常常提供了自動擴充的能力。這種能力通常被稱為「彈性」，也被稱為「動態資源提供和取消」。

自動擴充是一種有效的方法。特別是在微服務架構中，它可以專門針對不同的流量模式實現服務的自動擴充。舉例來說，購物網站通常會在雙十一迎來服務的最高流量，服務實例當然也是最多的。如果平時也設定那麼多的服務實例，顯然就是浪費。Amazon 就是這樣一個很好的範例，Amazon 總是會在某個時間段迎來流量的高峰，此時會設定比較多的服務實例來應對高存取量。而平時流量比較小，Amazon 就會將閒置的主機出租出去，來收回成本。正是因為擁有這種強大的自動擴充能力，Amazon 從一個網上書店搖身一變成為了世界雲端運算的「巨頭」。自動擴充是一種以資源使用情況為基礎自動擴充實例的方法，透過複製要縮放的服務來滿足 SLA（Service- Level Agreement，服務等級協定）。

具備自動擴充能力的系統會自動檢測到流量的增加或是減少。

■ 在流量增加時，會增加服務實例。
■ 在流量下降時，會通過從服務中取回活動實例來減少服務實例的數量。

如圖 2-3 所示，通常會使用一組備用機器來完成自動擴充。

6. 跨平台

與 Java 一樣，Node.js 也是跨平台。這表示：開發的應用能夠執行在 Windows、macOS 和 Linux 等平台上，實現了「一次撰寫，到處執行」。很多 Node.js 開發者是在 Windows 上做開發，然後再將程式部署到 Linux 伺服器上。

特別是在 Cloud Native 應用中，容器技術常常作為微服務的宿主，而 Node.js 是支援 Docker 部署的。

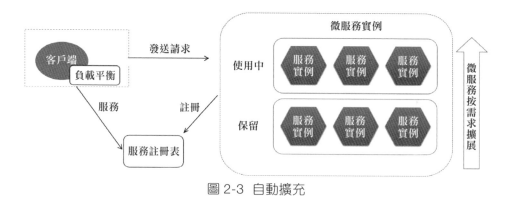

圖 2-3　自動擴充

2.3 安裝 Node.js

在開始 Node.js 開發之前，必須設定好 Node.js 的開發環境。

2.3.1　安裝 Node.js 和 NPM

如果你的電腦裡沒有 Node.js 和 NPM，請安裝它們。

寫書時 Node.js 最新版本為 12.9.0（包含 NPM 6.9.0）。為了能夠享受最新的 Node.js 開發所帶來的樂趣，請安裝最新版本的 Node.js 和 NPM。NPM 是隨同 Node.js 一起安裝的套件管理工具。

只需按提示點擊 "Next" 按鈕即可完成安裝。

在安裝完成後，在終端／主控台視窗中執行指令 "node -v" 和 "npm -v" 以驗證安裝是否正確，如圖 2-4 所示。

圖 2-4　驗證安裝

2.3.2　Node.js 與 NPM 的關係

如果你熟悉 Java，那你一定知道 Maven。那麼 Node.js 與 NPM 的關係，就如同 Java 與 Maven 的關係。

簡言之，Node.js 與 Java 一樣，都是執行應用的平台，都執行在虛擬機器中。Node.js 基於 Google V8 引擎，而 Java 基於 JVM（Java 虛擬機器）。

NPM 與 Maven 類似，都用於依賴管理。NPM 用於管理 js 函數庫，而 Maven 用於管理 Java 函數庫。

2.3.3　安裝 NPM 映像檔

NPM 預設從國外的 NPM 源取得和下載套件資訊。

2.4 第 1 個 Node.js 應用

Node.js 可以直接執行 JavaScript 程式。因此,建立第一個 Node.js 應用非常簡單,只需要撰寫一個 JavaScript 檔案即可。

2.4.1 實例 1:建立 Node.js 應用

在工作目錄下建立一個名為 "hello-world" 的目錄,作為工程目錄。

然後在 "hello-world" 目錄下建立一個名為 "hello-world.js" 的 JavaScript 檔案,作為主應用文件。在該檔案中寫下第 1 段 Node.js 程式:

```
var hello = 'Hello World';
console.log(hello);
```

你會發現,Node.js 應用就是用 JavaScript 語言撰寫的。因此,只要你具有 JavaScript 開發經驗,上述程式的含義一眼就能看明白。

- 首先,我們用一個變數 "hello" 定義了一個字串。
- 然後,借助 console 物件將 hello 的值列印到主控台。

上述程式幾乎是所有程式語言必寫的入門範例,用於在主控台中輸出 "Hello World" 字樣。

2.4.2 實例 2:執行 Node.js 應用

在 Node.js 中可以直接執行 JavaScript 檔案,實際操作如下:

```
$ node hello-world.js
Hello World
```

可以看到，主控台輸出我們所期望的 "Hello World" 字樣。

當然，為了簡便，也可以不指定檔案類型，Node.js 會自動尋找 ".js" 檔案。因此，上述指令等於：

```
$ node hello-world
Hello World
```

> 📁 本實例的原始程式碼可以在本書搭配資源的 "hello-world/hello-world.js"
> 檔案中找到。

2.4.3 歸納

透過上述範例我們可以看到，建立一個 Node.js 應用是非常簡單的，且可以透過簡單的指令來執行 Node.js 應用。這也是為什麼網際網路公司在微服務架構中會首選 Node.js 的原因。Node.js 帶給開發人員的感覺就是輕量、快速。熟悉的語法規則，可以讓開發人員更容易上手。

Node.js 模組 --
大型專案管理之道

模組化開發可以簡化大型專案的開發過程。模組化開發可以將大型專案分解為功能內聚的子模組,每個模組專注於特定的業務。模組之間透過特定的方式進行互動,相互協作實現系統功能。

3.1 了解模組化機制

為了讓 Node.js 的檔案可以相互呼叫,Node.js 提供了一個簡單的模組系統。

模組是 Node.js 應用程式的基本組成部分,檔案和模組是一一對應的。換言之,一個 Node.js 檔案就是一個模組,這個檔案可能是 JavaScript 程式、JSON,或編譯過的 C/C++ 擴充。

在 Node.js 應用中,主要有兩種定義模組的格式。

- CommonJS 標準:該標準使用的是以傳統模組化為基礎的格式。自 Node.js 建立以來,一直在使用該標準。

■ ES 6 模組：在 ES 6 中使用新的 "import" 關鍵字來定義了模組。由於目前 ES 6 是所有 JavaScript 都支援的標準，因此 Node.js 技術指導委員會致力於為 ES 6 模組提供一流的支援。

3.1.1 了解 CommonJS 標準

CommonJS 標準的提出，彌補了 JavaScript 沒有標準的缺陷，可以使 JavaScript 具有像 Python、Ruby 和 Java 那樣開發大型應用的能力，而非停留在開發瀏覽器端小指令稿程式的階段。

CommonJS 模組標準主要分為 3 部分：模組參考、模組定義、模組標識。

1. 模組參考

如果在 main.js 檔案中使用以下敘述：

```
var math = require('math');
```

則表示用 require() 方法引用 math 模組，並設定值給變數 math。事實上，命名的變數名稱和引用的模組名稱不必相同，就像下面這樣：

```
var Math =require('math');
```

設定值的意義在於，在 main.js 中將僅能識別 Math，因為這是已經定義的變數；但不能識別 math，因為 math 沒有被定義。

在上面實例中，require 的參數僅是模組名字的字串，沒有帶路徑，參考的是 main.js 所在目錄下 node_modules 目錄下的 math 模組。如果在目前的目錄中沒有 node_modules 目錄，又或在 node_modules 目錄中沒有安裝 math 模組，則會顯示出錯。

如果要引用的模組在其他路徑下，則需要使用相對路徑或絕對路徑，例如：

```
var sum =require('./sum.js')
```

上面程式中引用了目前的目錄下的 sum.js 檔案，並設定值給 sum 變數。

2. 模組定義

- module 物件：在每一個模組中，module 物件代表該模組本身。
- export 屬性：module 物件的屬性，它向外提供介面。

仍然採用上一個範例，假設 sum.js 中的程式如下：

```
function sum (num1, num2){
    return  num1 + num2;
}
```

雖然 main.js 檔案引用了 sum.js 檔案，但前者仍然無法使用後者中的 sum 函數。在 main.js 檔案中，sum(3,5) 這樣的程式會顯示出錯——提示 sum 不是一個函數。sum.js 中的函數要能被其他模組使用，就需要曝露一個對外的介面，export 屬性用於完成這個工作。

將 sum.js 中程式改為如下，則 main.js 檔案就可以正常呼叫 sum.js 中的方法了。

```
function sum (num1, num2){
    return  num1 + num2;
}

module.exports.sum = sum;
```

下面這樣的呼叫能夠正常執行，前一個 "sum" 指本檔案中 sum 變數代表的模組，後一個 "sum" 指引入模組的 sum() 方法。

```
var sum = require('./sum.js');
var result = sum.sum(3, 5);

console.log(result);  // 8
```

3. 模組標識

模組標識指的是傳遞給 require() 方法的參數，必須是符合小駝峰命名的字串，或是以 "."、".." 開頭的相對路徑，又或是絕對路徑。其中參考的 JavaScript 檔案，可以省略副檔名 ".js"。因此上述實例中：

```
var sum =require('./sum.js');
```

等於：

```
var sum =require('./sum');
```

CommonJS 模組機制，避免了 JavaScript 程式設計中常見的全域變數污染的問題。每個模組擁有獨立的空間，它們互不干擾。圖 3-1 展示了模組之間的參考。

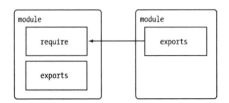

圖 3-1 模組之間的參考

3.1.2 了解 ES 6 模組

雖然 CommonJS 模組機制極佳地為 Node.js 提供了模組化機制，但這種機制只適用於伺服器端。對於瀏覽器端，CommonJS 是無法適用的。為此，ES 6 標準推出了模組，期望用標準的方式來實現所有 JavaScript 應用的模組化。

1. 基本的匯出

可以使用 export 關鍵字將已發佈程式部分公開給其他模組。最簡單的方法是，將 export 放置在任意變數、函數或類別宣告之前。以下是一些匯出的範例：

```
// 匯出資料
export var color = "red";
export let name = "Nicholas";
export const magicNumber = 7;

// 匯出函數
export function sum(num1, num2) {
        return num1 + num1;
}

// 匯出類別
export class Rectangle {
    constructor(length, width) {
    this.length = length;
    this.width = width;
    }
}

// 定義一個函數，並匯出一個函數參考
function multiply(num1, num2) {
        return num1 * num2;
}
export { multiply };
```

其中，

- 除 export 關鍵字外，每個宣告都與正常形式完全一樣。每個被匯出的函數或類別都有名稱，這是因為——匯出的函數宣告與類別宣告必須有名稱。不能使用這種語法來匯出匿名函數或匿名類別，除非使用 default 關鍵字。
- multiply() 函數並沒有在定義時被匯出，而是被透過匯出參考的方式匯出。

2. 基本的匯入

一旦有了包含匯出的模組，就能在其他模組中使用 import 關鍵字來存取已被匯出的功能。

import 敘述有兩個部分：①需匯入的識別符號，②需匯入的識別符號的來源模組。

下面是匯入敘述的基本形式：

```
import { identifier1, identifier2 } from "./example.js";
```

在 import 關鍵字之後的 {} 中指明了從指定模組匯入對應的綁定，from 關鍵字則指明了需要匯入的模組。模組由一個表示模組路徑的字串（module specifier，模組修飾詞）來指定。

在從模組匯入一個綁定時，該綁定表現得就像使用了 const 的定義。這表示：你不能再定義另一個名稱相同變數（包含匯入另一個名稱相同綁定），也不能在對應的 import 敘述之前使用此識別符號，更不能修改它的值。

3. 重新命名的匯出與匯入

可以在匯出模組中進行重新命名。如果用不同的名稱來匯出，則可以用 as 關鍵字來定義新的名稱：

```
function sum(num1, num2) {
    return num1 + num2;
}
export { sum as add };
```

在上面實例中，sum() 函數被作為 add() 函數匯出，前者是本機名稱（local name），後者則是匯出名稱（exported name）。這表示：當另一個模組匯入此函數時，則必須改用 add 這個名稱：

```
import {add} from './example.js'
```

可以在匯入時重新命名。在匯入時，同樣可以使用 as 關鍵字進行重新命名：

```
import { add as sum } from './example.js'
console.log(typeof add); // "undefined"
console.log(sum(1, 2));  // 3
```

此程式匯入了 add() 函數，並將其重新命名為 sum()（本機名稱）。這表示，在此模組中並不存在名為 "add" 的識別符號。

3.1.3 CommonJS 和 ES 6 模組的異同點

下面歸納 CommonJS 和 ES 6 模組的異同點。

1. CommonJS

CommonJS 具有以下特點：

- 對於基底資料類型，屬於複製，資料會被模組快取。同時，在另一個模組可以對該模組輸出的變數重新設定值。
- 對於複雜資料類型，屬於淺拷貝。由於兩個模組參考的物件指向同一個記憶體空間，因此對該模組的值做修改時會影響另一個模組。
- 在使用 require 指令載入某個模組時，會執行整個模組的程式。
- 在使用 require 指令載入同一個模組時，不會再執行該模組，而是取快取中的值。即 CommonJS 模組無論被載入多少次，都只會在第一次載入時執行一次，以後再載入則傳回第一次執行的結果，除非手動清除系統快取。
- 循環載入，屬於載入時執行。即指令稿程式在 require 時就會全部執行。一旦出現某個模組被「循環載入」，則只輸出已經執行的部分，不輸出還未執行的部分。

2. ES 6 模組

ES 6 模組中的值屬於動態唯讀參考。

- 「唯讀」是指，不允許修改引用變數的值，import 的變數是唯讀的，不論是基底資料類型還是複雜資料類型。當模組遇到 import 指令時，會產生一個唯讀參考。等到指令稿真正即時執行，再根據這個唯讀參考到被載入的那個模組中去設定值。
- 「動態」是指，如果原始值發生變化，則 import 載入的值也會發生變化，不論是基底資料類型還是複雜資料類型。
- 在循環載入時，ES 6 模組是動態參考。只要兩個模組之間存在某個參考，程式就能夠執行。

3.1.4 Node.js 的模組實現

在 Node.js 中，模組分為兩種：

- Node.js 本身提供的模組，被稱為核心模組，例如 fs、http 等，就像 Java 中本身提供核心類別那樣。
- 使用者撰寫的模組，被稱為檔案模組。

核心模組部分在 Node.js 原始程式碼的編譯過程中會被編譯進二進位執行檔案。在 Node.js 處理程序啟動時，核心模組被直接載入進記憶體。所以在引用這部分模組時，檔案定位和編譯執行這兩個步驟可以被省略掉，並且在路徑分析中這部分模組會被優先判斷，所以它的載入速度是最快的。

檔案模組在執行時期動態載入，需要完整的路徑分析、檔案定位、編譯執行過程，所以其載入速度比核心模組慢。

圖 3-2 展示了 Node.js 載入模組的過程。

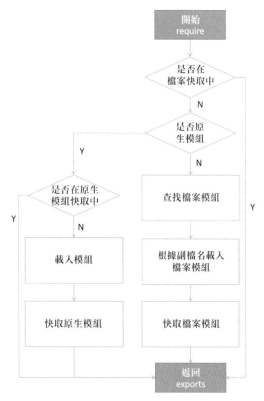

圖 3-2 Node.js 載入模組的過程

為了加快載入模組的速度，Node.js 也像瀏覽器一樣引用了快取。載入過的模組會被儲存在快取中，下次再次載入時會從快取中取得資料，這樣便節省了對相同模組的多次重複載入。在載入模組前，會將需要載入的模組名稱轉為完整路徑名稱，在尋找到模組後再將完整路徑名稱儲存到快取中，下次再載入該路徑模組時就可以直接從快取中取得。

從圖 3-2 能清楚地看到，模組在載入時先查詢快取，在快取中沒找到後再尋找 Node.js 附帶的核心模組。如果核心模組也沒有查詢到，則再去使用者自訂的模組中尋找。因此，模組載入的優先順序是這樣的：

快取模組 > 核心模組 > 使用者自訂模組

在前文也講了，在用 require 指令載入模組時，其參數的識別符號可以省略檔案類型，例如 require("./sum.js") 等於 require("./test")。在省略類型時，Node 首先會認為它是一個 .js 檔案，如果沒有尋找到該 .js 檔案，則會去尋找 .json 檔案。如果還沒有尋找到該 .json 檔案，最後會去尋找 .node 檔案。如果連 .node 檔案都沒有尋找到，則會拋例外了。其中，.node 檔案是指用 C/C++ 撰寫的擴充檔案。由於 Node.js 是單執行緒執行的，所以在載入模組時是執行緒阻塞的。因此為了避免長期阻塞系統，如果不是 .js 檔案，則在 require 時就把檔案類型加上，這樣 Node.js 就不會再去一一嘗試了。

因此 require 載入無檔案類型的優先順序是：

```
.js > .json > .node
```

3.2 使用 NPM 管理模組

模組是在模組基礎上更深一步的封裝。Node.js 的模組類似 Java 的類別庫，能夠獨立用於發佈、更新。NPM 就是用來解決套件的發佈和取得問題。常見的使用場景有以下幾種：

- 從 NPM 伺服器下載別人撰寫的協力廠商套件到本機使用。
- 從 NPM 伺服器下載並安裝別人撰寫的命令列程式到本機使用。
- 將自己撰寫的模組或命令列程式上傳到 NPM 伺服器供別人使用。

Node.js 已經整合了 NPM，所以在 Node 安裝好後 NPM 也一併安裝好了。

3.2.1 用 npm 指令安裝模組

用 npm 指令安裝 Node.js 模組的語法格式如下：

```
$ npm install <Module Name>
```

例如以下實例用 npm 指令安裝 less：

```
$ npm install less
```

在安裝好後，less 套件就放在了工程目錄下的 node_modules 目錄中，因此在程式中透過 require('less') 方式即可使用 less 模組，無須指定協力廠商套件路徑。以下是範例：

```
var less =require('less');
```

3.2.2 全域安裝與本機安裝

NPM 的安裝分為本機安裝（local）、全域安裝（global）兩種，實際選擇哪種安裝方式取決於想怎樣使用這個套件。如果想將它作為命令列工具使用，例如 gulp-cli，則需要全域安裝它。如果想把它作為自己套件的依賴，則可以局部安裝它。

1. 本機安裝

以下是本機安裝的指令：

```
$ npm install less
```

將安裝套件放在 ./node_modules 下（執行 npm 指令時所在的目錄）。如果沒有 node_modules 目錄，則會在目前執行 npm 指令的目錄下產生 node_modules 目錄。

可以透過 require() 方法來引用本機安裝的套件。

2. 全域安裝

以下是全域安裝的指令：

```
$ npm install less -g
```

執行全域安裝後，安裝套件會放在 /usr/local 下或 Node.js 的安裝目錄下。

全域安裝後可以直接在命令列裡使用它。

3.2.3　檢視安裝資訊

可以使用 "npm list -g" 指令來檢視所有全域安裝的模組：

```
C:\Users\User>npm list -g
C:\Users\User\AppData\Roaming\npm
+-- @angular/cli@8.3.0
| +-- @angular-devkit/architect@0.13.2
| | +-- @angular-devkit/core@8.3.0 deduped
| | `-- rxjs@6.3.3
| |    `-- tslib@1.9.3
| +-- @angular-devkit/core@8.3.0
| | +-- ajv@6.9.1
| | | +-- fast-deep-equal@2.0.1
| | | +-- fast-json-stable-stringify@2.0.0 deduped
| | | +-- json-schema-traverse@0.4.1
| | | `-- uri-js@4.2.2
| | |    `-- punycode@2.1.1
| | +-- chokidar@2.0.4
| | | +-- anymatch@2.0.0
| | | | +-- micromatch@3.1.10
| | | | | +-- arr-diff@4.0.0
| | | | | +-- array-unique@0.3.2 deduped
......
```

如果要檢視某個模組的版本編號，則可以使用以下指令：

```
C:\Users\User>npm list -g chokidar
C:\Users\User\AppData\Roaming\npm
`-- @angular/cli@8.3.0
  `-- @angular-devkit/core@8.3.0
    `-- chokidar@2.0.4
```

3.2.4 移除模組

可以使用以下指令來移除 Node.js 模組：

```
$ npm uninstall express
```

在移除模組後，可到 node_modules 目錄下檢視模組是否還在，或使用以下指令檢視：

```
$ npm ls
```

3.2.5 更新模組

用以下指令更新模組：

```
$ npm update express
```

3.2.6 搜尋模組

用以下指令搜尋模組：

```
$ npm search express
```

3.2.7 建立模組

在建立模組時，package.json 檔案是必不可少的。可以用 NPM 初始化模組，初始化之後在該模組下會產生 package.json 檔案。

```
$ npm init
```

接下來可以用以下指令在 NPM 資源函數庫中註冊使用者（使用電子郵件註冊）：

```
$ npm adduser
```

然後可以用以下指令來發佈模組：

```
$ npm publish
```

在模組發佈成功後，其他應用程式就可以用 NPM 來遠端安裝已經發佈的
模組。

3.3 Node.js 的核心模組

核心模組為 Node.js 提供了最基本的 API，這些核心模組被編譯為二進位
檔案分發，並在 Nodejs 處理程序啟動時自動載入。

常用的核心模組有以下幾個。

- buffer：用於二進位資料的處理。
- events：用於事件處理。
- fs：用於與檔案系統進行互動。
- http：用於提供 HTTP 伺服器端和用戶端。
- net：提供非同步網路 API，用於建立以流為基礎的 TCP 或 IPC 伺服器
  和用戶端。
- path：用於處理檔案和目錄的路徑。
- timers：提供計時器功能。
- tls：提供以 OpenSSL 建置為基礎的傳輸層安全性（TLS）和安全通訊
  端層（SSL）協定的實現。
- dgram：提供 UDP 資料通訊端的實現。

本書的後續章還會對 Node.js 的核心模組做進一步說明。

04

Node.js 測試

在敏捷開發中有一項核心技術——TDD（test driven development，測試驅動開發）。TDD 的原理是：在開發功能程式之前，先撰寫單元測試使用案例程式，然後透過不斷修正測試程式來最後確定產品程式。

因此在未正式說明 Node.js 的核心功能前，我們先來了解一下 Node.js 是如何進行測試的。

4.1 嚴格模式和遺留模式

測試工作的重要性不言而喻。Node.js 內嵌了對於測試的支援——assert 模組。

assert 模組提供了一組簡單的斷言測試用於測試不變數。assert 模組在測試時可以使用嚴格模式（strict）或遺留模式（legacy）。但建議僅使用嚴格模式。

之所以區分嚴格模式和遺留模式，是由 JavaScript 的歷史原因造成的，在此不再詳述。總而言之，嚴格模式可以讓開發人員發現程式中未曾注意的錯誤，並能更快更方便地偵錯工具。

以下是使用遺留模式和嚴格模式上的比較：

```
// 遺留模式
const assert = require('assert');

// 嚴格模式
const assert = require('assert').strict;
```

相比於遺留模式，使用嚴格模式唯一的區別就是要多加 ".strict"。

另外一種方式是使用 strictEqual。見以下實例：

```
// 使用遺留模式
const assert = require('assert');

// 用 strictEqual 方法啟用嚴格模式
assert.strictEqual(1, 2); // false
```

以上實例等於以下使用嚴格模式的實例：

```
// 使用嚴格模式
const assert = require('assert').strict;
assert.equal(1, 2); // false
```

4.2 實例 3：斷言的使用

新增一個名為 "assert-strict" 的範例，用來示範不同斷言的使用場景。

```
// 使用遺留模式
const assert = require('assert');

// 產生 AssertionError 物件
const { message } = new assert.AssertionError({
    actual: 1,
    expected: 2,
```

```
    operator: 'strictEqual'
});

// 驗證錯誤訊息輸出
try {
    // 驗證兩個值是否相等
    assert.strictEqual(1, 2); // false
} catch (err) {
    // 驗證類型
    assert(err instanceof assert.AssertionError); // true

    // 驗證值
    assert.strictEqual(err.message, message); // true
    assert.strictEqual(err.name, 'AssertionError [ERR_ASSERTION]'); // false
    assert.strictEqual(err.actual, 1); // true
    assert.strictEqual(err.expected, 2); // true
    assert.strictEqual(err.code, 'ERR_ASSERTION'); // true
    assert.strictEqual(err.operator, 'strictEqual'); // true
    assert.strictEqual(err.generatedMessage, true);  // true
}
```

其中：

- strictEqual 用於嚴格比較兩個值是否相等，可以比較數值、字串和物件。在上面實例中，"strictEqual(1, 2)" 的結果是 false。
- "assert(err instanceof assert.AssertionError);" 用於判斷是否為 AssertionError 的實例。上面實例的結果是 true。
- 在 AssertionError 中並沒有對 name 屬性設定值，因此 "strictEqual(err. name, 'AssertionError [ERR_ASSERTION]');" 的結果是 false。

以下是執行以上範例後主控台輸出的內容：

```
assert.js:89
  throw new AssertionError(obj);
  ^
```

```
AssertionError [ERR_ASSERTION]: Expected values to be strictly equal:
+ actual - expected

+ 'AssertionError'
- 'AssertionError[ERR_ASSERTION]'
                ^
    at Object.<anonymous> (D:\workspaceGitosc\nodejs-book\samples\assert-
strict\main.js:21:12)
    at Module._compile (internal/modules/cjs/loader.js:759:30)
    at Object.Module._extensions..js (internal/modules/cjs/loader.js:770:10)
    at Module.load (internal/modules/cjs/loader.js:628:32)
    at Function.Module._load (internal/modules/cjs/loader.js:555:12)
    at Function.Module.runMain (internal/modules/cjs/loader.js:826:10)
    at internal/main/run_main_module.js:17:11
```

從輸出中可以看到，所有斷言結果為 false（失敗）的地方都被列印出來
了，以提示使用者哪些測試使用案例是不通過的。

4.3 了解 AssertionError

在 4.2 節的實例中，我們透過 "new assert.AssertionError(options)" 方式來實
體化了一個 AssertionError 物件，其中 options 參數包含以下屬性。

- message：如果提供了該屬性，則錯誤訊息會被設定為此屬性的值。
- actual：錯誤實例上的 actual 屬性將包含此值。
- expected：錯誤實例上的 expected 屬性將包含此值。
- operator：錯誤實例上的 operator 屬性將包含此值。
- stackStartFn：如果提供了該屬性，則由提供的函數來產生堆疊追蹤資
  訊。

AssertionError 繼承自 Error，因此擁有 message 和 name 屬性。除此之外，AssertionError 還包含以下屬性。

■ actual：設定為實際值，例如使用 assert.strictEqual()。

■ expected：設定為期望值，例如使用 assert.strictEqual()。

■ generatedMessage：表明訊息是否為自動產生的。

■ code：始終設定為字串 ERR_ASSERTION，以表明錯誤實際上是斷言錯誤。

■ operator：設定為傳入的運算子值。

4.4 實例 4：使用 deepStrictEqual

assert.deepStrictEqual 用於測試實際參數和預期參數之間是否深度相等。如果深度相等，則表示子物件本身的可列舉屬性也可透過以下規則進行遞迴計算：

■ 用 Object.is() 函數（內部是 SameValue 演算法）來比較原始值。

■ 物件的類型標籤應該相同。

■ 用嚴格相等模式比較來比較物件的原型。

■ 只考慮可列舉的本身屬性。

■ 始終比較 Error 的名稱和訊息，即使它們不是可列舉的屬性。

■ 本身可列舉的 Symbol 屬性也會進行比較。

■ 物件封裝器作為物件和解封裝後的值都進行比較。

■ Object 屬性的比較是無序的。

■ Map 鍵名與 Set 子項的比較是無序的。

■ 當兩邊的值不相同或遇到循環參考時，遞迴停止。

■ WeakMap 和 WeakSet 的比較不依賴它們的值。

以下是詳細的用法範例：

```
// 使用嚴格相等模式
const assert = require('assert').strict;

// 1 !== '1'.
assert.deepStrictEqual({ a: 1 }, { a: '1' });
// AssertionError: Expected inputs to be strictly deep-equal:
// + actual - expected
//
//   {
// +   a: 1
// -   a: '1'
//   }

// 物件沒有自己的屬性
const date = new Date();
const object = {};
const fakeDate = {};
Object.setPrototypeOf(fakeDate, Date.prototype);

// [[Prototype]] 不同
assert.deepStrictEqual(object, fakeDate);
// AssertionError: Expected inputs to be strictly deep-equal:
// + actual - expected
//
// + {}
// - Date {}

// 類型標籤不同
assert.deepStrictEqual(date, fakeDate);
// AssertionError: Expected inputs to be strictly deep-equal:
// + actual - expected
//
// + 2019-04-26T00:49:08.604Z
// - Date {}
```

```
// 正確,因為符合 SameValue 比較
assert.deepStrictEqual(NaN, NaN);

// 未包裝時數字不同
assert.deepStrictEqual(new Number(1), new Number(2));
// AssertionError: Expected inputs to be strictly deep-equal:
// + actual - expected
//
// + [Number: 1]
// - [Number: 2]

// 正確,物件和字串未包裝時是相同的
assert.deepStrictEqual(new String('foo'), Object('foo'));

// 正確
assert.deepStrictEqual(-0, -0);

// 對於 SameValue 比較而言,0 和 -0 是不同的
assert.deepStrictEqual(0, -0);
// AssertionError: Expected inputs to be strictly deep-equal:
// + actual - expected
//
// + 0
// - -0

const symbol1 = Symbol();
const symbol2 = Symbol();

// 正確,所有物件上都是相同的 Symbol
assert.deepStrictEqual({ [symbol1]: 1 }, { [symbol1]: 1 });

assert.deepStrictEqual({ [symbol1]: 1 }, { [symbol2]: 1 });
// AssertionError [ERR_ASSERTION]: Inputs identical but not reference equal:
//
```

```
// {
//    [Symbol()]: 1
// }

const weakMap1 = new WeakMap();
const weakMap2 = new WeakMap([[{}, {}]]);
const weakMap3 = new WeakMap();
weakMap3.unequal = true;

// 正確，因為無法比較項目
assert.deepStrictEqual(weakMap1, weakMap2);

// 失敗！因為 weakMap3 有一個 unequal 屬性，而 weakMap1 沒有這個屬性
assert.deepStrictEqual(weakMap1, weakMap3);
// AssertionError: Expected inputs to be strictly deep-equal:
// + actual - expected
//
//   WeakMap {
// +   [items unknown]
// -   [items unknown],
// -   unequal: true
//   }
```

📁 本實例的原始程式碼可以在本書搭配資源的 "deep-strict-equal/main.js" 檔案中找到。

05

Node.js 緩衝區 --
高性能 I/O 處理的秘訣

設定緩衝區可以提升 I/O 處理的效能。
本章介紹使用 Node.js 的 Buffer（緩衝區）類別來處理二進位資料。

5.1 了解 Buffer 類別

早期的 JavaScript 語言沒有用於讀取或操作二進位資料流的機制，因為
JavaScript 最初被設計用於處理 HTML 檔案，而文件主要是由字串組成。

隨著 Web 的發展，Node.js 需要處理諸如資料庫通訊、操作影像和視訊，
以及上傳檔案等複雜業務。可以想像，如果僅使用字串來完成上述工作會
相當困難。在早期，Node.js 透過將每個位元組編碼為文字字元來處理二進
位資料，這種方式既浪費資源，速度又緩慢，還不可靠，並且難以控制。

因此，Node.js 引用了 Buffer 類別，用於在 TCP 流、檔案系統操作和上下
文中與 8 位元位元組流（octet streams）進行互動。

在 ECMAScript 2015 中，JavaScript 的二進位資料處理有了質的改善。
ECMAScript 2015 定義了一個 TypedArray（類型化陣列），提供了一種更

加高效的機制來存取和處理二進位資料。基於 TypedArray、Buffer 類別，可以透過更最佳化和適合 Node.js 的方式來實現 Uint8Array API。

5.1.1 TypedArray 物件

TypedArray 物件用來描述基礎二進位資料緩衝區中的類別陣列視圖。它沒有名為 TypedArray 的全域屬性，也沒有直接可見的 TypedArray 建置函數，而是有許多不同的全域屬性，其值是某種元素類型的類型化陣列建置函數，以下例所示。

```
// 建立 TypedArray 物件
const typedArray1 = new Int8Array(8);
typedArray1[0] = 32;

const typedArray2 = new Int8Array(typedArray1);
typedArray2[1] = 42;

console.log(typedArray1);
// 輸出：Int8Array [32, 0, 0, 0, 0, 0, 0, 0]

console.log(typedArray2);
// 輸出：Int8Array [32, 42, 0, 0, 0, 0, 0, 0]
```

表 5-1 歸納了所有 TypedArray 物件的類型及值範圍。

表 5-1 TypedArray 物件的類型及值範圍

類型	值範圍	位元組數	等於的 C 語言類型
Int8Array	-128 ～ 127	1	int8_t
Uint8Array	0 ～ 255	1	uint8_t
Uint8ClampedArray	0 ～ 255	1	uint8_t
Int16Array	-32768 ～ 32767	2	int16_t

類型	值範圍	位元組數	等於的 C 語言類型
Uint16Array	$0 \sim 65535$	2	uint16_t
Int32Array	$-2147483648 \sim 2147483647$	4	int32_t
Uint32Array	$0 \sim 4294967295$	4	uint32_t
Float32Array	$1.2 \times 10^{-38} \sim 3.4 \times 10^{38}$	4	float
Float64Array	$5.0 \times 10^{-324} \sim 1.8 \times 10^{308}$	8	double
BigInt64Array	$-2^{63} \sim 2^{63}-1$	8	int64_t
BigUint64Array	$0 \sim 2^{64}-1$	8	uint64_t

5.1.2 Buffer 類別

Buffer 類別是以 Uint8Array 為基礎的，因此其值是範圍為 $0 \sim 255$ 的整數陣列。

以下是建立 Buffer 實例的一些範例：

```
// 建立一個長度為 10 的零填充緩衝區
const buf1 = Buffer.alloc(10);

// 建立一個長度為 10 的填充 0x1 的緩衝區
const buf2 = Buffer.alloc(10, 1);

// 建立一個長度為 10 的未初始化緩衝區
// 這比呼叫 Buffer.alloc() 更快，但傳回了緩衝區實例
// 有可能包含舊資料，可以透過 fill() 或 write() 來覆蓋舊資料
const buf3 = Buffer.allocUnsafe(10);

// 建立包含 [0x1, 0x2, 0x3] 的緩衝區
const buf4 = Buffer.from([1, 2, 3]);

// 建立包含 UTF-8 位元組的緩衝區 [0x74, 0xc3, 0xa9, 0x73, 0x74]
const buf5 = Buffer.from('tést');
```

```
// 建立一個包含 Latin-1 位元組的緩衝區 [0x74, 0xe9, 0x73, 0x74]
const buf6 = Buffer.from('tést', 'latin1');
```

Buffer 可以被簡單了解為是陣列結構，因此，可以用常見的 "for...of" 語法來反覆運算緩衝區實例。以下是範例：

```
const buf = Buffer.from([1, 2, 3]);

for (const b of buf) {
  console.log(b);
}
// 輸出:
//    1
//    2
//    3
```

5.2 建立緩衝區

在 Node.js 6.0.0 版本之前是透過 Buffer 類別的建置函數來建立緩衝區（Buffer）實例的。以下是範例：

```
// 在 Node.js 6.0.0 版本之前建立 Buffer 實例
const buf1 = new Buffer() ;
const buf2 = new Buffer(10);
```

在上述實例中，用 new 關鍵字建立 Buffer 實例，它根據提供的參數傳回不同的 Buffer 實例。其中，將數字作為第 1 個參數傳遞給 Buffer()，這樣就建立了一個指定大小的新 Buffer 物件。在 Node.js 8.0.0 版本之前，為這種 Buffer 實例分配的記憶體未被初始化，並且可能包含敏感性資料，因此隨後必須使用 buf.fill(0) 或寫入整個 Buffer 來初始化這種 Buffer 實例。

初始化快取區其實有兩種方式：① 建立快速但未初始化的緩衝區；② 建立速度更慢但更安全的緩衝區。但這兩種方式並沒有在 API 上明顯地表現出來，因此可能會導致開發人員誤用，進一步引發不必要的安全問題。因此，初始化緩衝區的安全 API 與非安全 API 之間需要有更明確的區分。

5.2.1 初始化緩衝區的 API

為了使 Buffer 實例的建立更可靠且更不容易出錯，Buffer() 建置函數已被棄用，由單獨的 Buffer.from()、Buffer.alloc() 和 Buffer.allocUnsafe() 函數取代。新的 API 包含以下幾種。

- Buffer.from(array)：傳回一個新的 Buffer，其中包含提供 8 位元組的備份。

- Buffer.from(arrayBuffer [, byteOffset [, length]])：傳回一個新的 Buffer，它與指定的 ArrayBuffer 共用已分配的記憶體。

- Buffer.from(buffer)：傳回一個新的 Buffer，其中包含指定 Buffer 的內容備份。

- Buffer.from(string [, encoding])：傳回一個新的 Buffer，其中包含指定字串的備份。

- Buffer.alloc(size [, fill [, encoding]])：傳回指定大小的新初始化 Buffer。此方法比 Buffer.allocUnsafe(size) 慢，但保障新建立的 Buffer 實例永遠不包含可能敏感的舊資料。

- Buffer.allocUnsafe(size) 和 Buffer.allocUnsafeSlow(size)：分別傳回指定大小的未初始化緩衝區。由於緩衝區未被初始化，因此在分配的記憶體段中可能包含敏感的舊資料。如果 size 小於或等於 Buffer.poolSize 的一半，則 Buffer.allocUnsafe() 傳回的緩衝區實例可以從內部的共用記憶體池中分配。而使用 Buffer.allocUnsafeSlow() 傳回的實例則不會從內部的共用記憶體池中分配。

5.2.2 了解資料的安全性

在使用 API 時要區分場景，不同 API 提供的資料安全性有所差異。以下是使用 Buffer 的 alloc() 方法和 allocUnsafe() 方法的實例。

```
// 建立一個長度為 10 的零填充緩衝區
const safeBuf = Buffer.alloc(10, 'waylau');

console.log(safeBuf.toString()); // waylauwayl

// 資料有可能包含舊資料
const unsafeBuf = Buffer.allocUnsafe(10); // ￢ Qbf

console.log(unsafeBuf.toString());
```

輸出內容如下：

```
waylauwayl
 ￢ Qbf
```

可以看到，allocUnsafe() 方法分配到的快取區裡包含舊資料，而且舊資料是不確定的。有這種舊資料的原因是：在呼叫 Buffer.allocUnsafe() 和 Buffer.allocUnsafeSlow() 方法時，分配的記憶體段未被初始化（它不會被歸零）。雖然這種設計使得記憶體分配的速度非常快，但在分配的記憶體段中可能包含敏感的舊資料。由於使用 Buffer.allocUnsafe() 方法建立的緩衝區不會覆蓋記憶體，因此會在讀取緩衝區記憶體時洩漏舊資料。

雖然使用 Buffer.allocUnsafe() 方法有明顯的效能優勢，但必須格外小心，以避免將安全性漏洞引入應用程式。

如果想清理舊資料，則可以使用 fill() 方法。範例如下：

```
// 資料有可能包含舊資料
const unsafeBuf = Buffer.allocUnsafe(10);
```

```
console.log(unsafeBuf.toString());

const unsafeBuf2 = Buffer.allocUnsafe(10);

// 用 0 填充清理舊資料
unsafeBuf2.fill(0);

console.log(unsafeBuf2.toString());
```

透過填充 0 的方式（fill(0)），可以成功清理由 allocUnsafe() 方法分配的緩衝區中的舊資料。

> 💡 安全和效能是天平的兩端。要取得一定的安全，就要犧牲一定的效能。因此，開發人員在選擇使用安全或非安全方法時，一定要基於自己的業務場景來考慮。

> 📁 本節實例的原始程式碼可以在本書搭配資源的 "buffer-demo/safe-and-unsafe.js" 檔案中找到。

5.2.3 啟用零填充

可以使用 "--zero-fill-buffers" 選項啟動 Node.js，這樣所有新分配的 Buffer 實例在建立時預設為零填充，包含 new Buffer(size)、Buffer.allocUnsafe()、Buffer.allocUnsafeSlow() 和 new SlowBuffer(size)。

以下是啟用零填充的範例：

```
node --zero-fill-buffers safe-and-unsafe
```

使用零填充雖然可以獲得資料上的安全，但一定是以犧牲效能為代價的，因此建議僅在必要時使用 "--zero-fill-buffers" 選項。

5.2.4 指定字元編碼

當字串資料儲存在 Buffer 實例中，或從 Buffer 實例中分析字串資料時，可以指定字元編碼。在下面實例中，在初始化緩衝區資料時使用的是 UTF-8 編碼，而在分析緩衝區資料時將其轉為十六進位字元和 Base64 編碼。

```javascript
// 以 UTF-8 編碼初始化緩衝區資料
const buf = Buffer.from('Hello World! 你好，世界！', 'utf8');

// 轉為十六進位字元
console.log(buf.toString('hex'));
// 輸出：48656c6c6f20576f726c6421e4bda0e5a5bdefbc8ce4b896e7958cefbc81

// 轉為 Base64 編碼
console.log(buf.toString('base64'));
// 輸出：SGVsbG8gV29ybGQh5L2g5aW977yM5LiW55WM77yB
```

> 📁 本節實例的原始程式碼可以在本書搭配資源的 "buffer-demo/character-encodings.js" 檔案中找到。

Node.js 目前支援的字元編碼包含以下。

- ascii：僅適用於 7 位 ASCII 資料。此編碼速度很快，但長度有限制，最多只能表示 256 個符號。
- utf8：多位元組編碼的 Unicode 字元。UTF-8 編碼被廣泛應用在 Web 應用中。在有關中文字元時，建議採用該編碼。
- utf16le：2 或 4 個位元組，little-endian 編碼的 Unicode 字元。
- ucs2：UTF-16LE 的別名。
- base64：將二進位轉為字元，可用於在 HTTP 環境下傳遞較長的標識資訊。
- latin1：將 Buffer 編碼為單位元組編碼字串。

- binary：latin1 的別名。
- hex：將一個位元組編碼為兩個十六進位字元。

5.3 切分緩衝區

Node.js 提供了切分緩衝區的方法 buf.slice([start[, end]])。其參數含義如下：

- start<integer>：指定新緩衝區的起始索引。預設值是 0。
- end<integer>：指定緩衝區的結束索引（不包含）。預設值是 buf.length。

傳回的新 Buffer 會參考原始記憶體中的資料，只是由起始索引和結束索引進行了偏移和切分而已。以下是範例：

```
const buf1 = Buffer.allocUnsafe(26);

for (let i = 0; i < 26; i++) {
  // 97 在 ASCII 中的值是 "a"
  buf1[i] = i + 97;
}

const buf2 = buf1.slice(0, 3);

console.log(buf2.toString('ascii', 0, buf2.length));
// 輸出：abc

buf1[0] = 33; // 33 在 ASCII 中的值是 "！"

console.log(buf2.toString('ascii', 0, buf2.length));
// 輸出：!bc
```

如果指定了大於 buf.length 的結束索引，則傳回的結束索引的值等於 buf. length 的值。範例如下：

```
const buf = Buffer.from('buffer');

console.log(buf.slice(-6, -1).toString());
// 輸出：buffe
// 等於：buf.slice(0, 5)

console.log(buf.slice(-6, -2).toString());
// 輸出：buff
// 等於：buf.slice(0, 4)

console.log(buf.slice(-5, -2).toString());
// 輸出：uff
// 等於：buf.slice(1, 4)
```

修改新的 Buffer 片段會同時修改原始 Buffer 中的記憶體，因為兩個物件被分配的記憶體是相同的。範例如下：

```
const oldBuf = Buffer.from('buffer');
const newBuf = oldBuf.slice(0, 3);

console.log(newBuf.toString()); // buf

// 修改後的 Buffer
newBuf[0] = 97;  // 97 在 ASCII 中的值是 "a"

console.log(oldBuf.toString()); // auffer
```

📁 本節實例的原始程式碼可以在本書搭配資源的 "buffer-demo/buffer-slice.js" 檔案中找到。

5.4 連結緩衝區

Node.js 提供了連結緩衝區的方法 Buffer.concat(list[, totalLength])。其參數含義如下。

- list <Buffer[]> | <Uint8Array[]>：待連結的 Buffer 或 Uint8Array 實例的清單。
- totalLength <integer>：連結完成後 list 裡 Buffer 實例的長度。

上述方法會傳回新的 Buffer，該 Buffer 是由方法中 list 裡所有 Buffer 實例連結起來的結果。如果 list 沒有資料項目或 totalLength 為 0，則傳回的 Buffer 的長度也是 0。

在上述連結方法中，totalLength 可以指定也可以不指定。如果不指定，則會從 list 中計算 Buffer 實例的長度。如果指定了，則即使 list 中連結之後的 Buffer 實例長度超過了 totalLength，最後傳回的 Buffer 實例長度也只會是 totalLength 長度。由於計算 Buffer 實例的長度會有一定的效能損耗，所以建議只有在能夠提前預知長度的情況下指定 totalLength。

以下是連結緩衝區的範例：

```javascript
// 建立 3 個 Buffer 實例
const buf1 = Buffer.alloc(1);
const buf2 = Buffer.alloc(4);
const buf3 = Buffer.alloc(2);
const totalLength = buf1.length + buf2.length + buf3.length;

console.log(totalLength); // 7

// 連結 3 個 Buffer 實例
const bufA = Buffer.concat([buf1, buf2, buf3], totalLength);
```

```
console.log(bufA); // <Buffer 00000000000000>

console.log(bufA.length); // 7
```

> 📁 本節實例的原始程式碼可以在本書搭配資源的 "buffer-demo/buffer-
> concat.js" 檔案中找到。

5.5 比較緩衝區

Node.js 提供了比較緩衝區的方法 Buffer.compare(buf1, buf2)。將 buf1 與 buf2 進行比較，通常是為了對 Buffer 實例的陣列進行排序。以下是範例：

```
const buf1 = Buffer.from('1234');
const buf2 = Buffer.from('0123');
const arr = [buf1, buf2];

console.log(arr.sort(Buffer.compare));
// 輸出：[ <Buffer 30313233>, <Buffer 31323334> ]
```

上述結果等於：

```
const arr = [buf2, buf1];
```

比較還有另外一種用法──比較兩個 Buffer 實例。以下是範例：

```
const buf1 = Buffer.from('1234');
const buf2 = Buffer.from('0123');

console.log(buf1.compare(buf2));
// 輸出 1
```

將 buf1 與 buf2 進行比較，將傳回一個數字，該數字指示 buf1 在排序時是排在 buf2 之前、之後，或兩者相和。比較是以每個緩衝區中的實際位元組序列為基礎進行的。

- 如果 buf2 與 buf1 相同，則傳回 0。
- 如果在排序時 buf2 應該在 buf1 之前，則傳回 1。
- 如果在排序時 buf2 應該在 buf1 之後，則傳回 -1。

> 📂 本節實例的原始程式碼可以在本書搭配資源的 "buffer-demo/buffer-compare.js" 檔案中找到。

5.6 緩衝區編 / 解碼

撰寫一個網路應用程式避免不了要使用轉碼器。編 / 解碼器的作用是轉換原始位元組資料與目的程式資料的格式，因為在網路中都是以位元組碼形式來傳輸資料的。編 / 解碼器分為兩種：解碼器和編碼器。

5.6.1 解碼器和編碼器

編碼器和解碼器都是用來轉化位元組序列與業務物件的，那麼我們如何區分它們呢？

從訊息角度看，編碼器是將程式的訊息格式轉為適合傳輸的位元組流，而解碼器是將傳輸的位元組流轉為程式的訊息格式。

從邏輯上看，編碼器是從訊息格式轉化為位元組流，是出站（outbound）操作；而解碼器是將位元組流轉為訊息格式，是入站（inbound）操作。

5.6.2 緩衝區解碼

Node.js 緩衝區解碼都採用的是 "read" 方法。以下是常用的解碼 API：

- buf.readBigInt64BE([offset])
- buf.readBigInt64LE([offset])
- buf.readBigUInt64BE([offset])
- buf.readBigUInt64LE([offset])
- buf.readDoubleBE([offset])
- buf.readDoubleLE([offset])
- buf.readFloatBE([offset])
- buf.readFloatLE([offset])
- buf.readInt8([offset])
- buf.readInt16BE([offset])
- buf.readInt16LE([offset])
- buf.readInt32BE([offset])
- buf.readInt32LE([offset])
- buf.readIntBE(offset, byteLength)
- buf.readIntLE(offset, byteLength)
- buf.readUInt8([offset])
- buf.readUInt16BE([offset])
- buf.readUInt16LE([offset])
- buf.readUInt32BE([offset])
- buf.readUInt32LE([offset])
- buf.readUIntBE(offset, byteLength)
- buf.readUIntLE(offset, byteLength)

上述 API 從名稱就能看出其作用。以 buf.readInt8([offset]) 方法為例，該 API 是從緩衝區中讀取 8 位整類型資料。以下是一個範例：

```
const buf = Buffer.from([-1, 5]);

console.log(buf.readInt8(0));
// 輸出：-1

console.log(buf.readInt8(1));
// 輸出：5

console.log(buf.readInt8(2));
// 拋出 ERR_OUT_OF_RANGE 例外
```

其中，offset 用於指示資料在緩衝區的索引位置。如果 offset 超過了緩衝區的長度，則會拋出 "ERR_OUT_OF_RANGE" 例外資訊。

📁 本節實例的原始程式碼可以在本書搭配資源的 "buffer-demo/buffer-read.js" 檔案中找到。

5.6.3 緩衝區編碼

Node.js 緩衝區編碼都採用的是 "write" 方法。以下是常用的編碼 API：

- buf.write(string[, offset[, length]][, encoding])
- buf.writeBigInt64BE(value[, offset])
- buf.writeBigInt64LE(value[, offset])
- buf.writeBigUInt64BE(value[, offset])
- buf.writeBigUInt64LE(value[, offset])
- buf.writeDoubleBE(value[, offset])
- buf.writeDoubleLE(value[, offset])
- buf.writeFloatBE(value[, offset])
- buf.writeFloatLE(value[, offset])
- buf.writeInt8(value[, offset])

- buf.writeInt16BE(value[, offset])
- buf.writeInt16LE(value[, offset])
- buf.writeInt32BE(value[, offset])
- buf.writeInt32LE(value[, offset])
- buf.writeIntBE(value, offset, byteLength)
- buf.writeIntLE(value, offset, byteLength)
- buf.writeUInt8(value[, offset])
- buf.writeUInt16BE(value[, offset])
- buf.writeUInt16LE(value[, offset])
- buf.writeUInt32BE(value[, offset])
- buf.writeUInt32LE(value[, offset])
- buf.writeUIntBE(value, offset, byteLength)
- buf.writeUIntLE(value, offset, byteLength)

上述 API 從名稱上就能看出其作用。以 buf.writeInt8(value[, offset]) 方法為例，該 API 是將 8 位整類型資料寫入緩衝區。以下是一個範例：

```
const buf = Buffer.allocUnsafe(2);

buf.writeInt8(2, 0);
buf.writeInt8(4, 1);

console.log(buf);
// 輸出：<Buffer 0204>
```

上述實例，最後在緩衝區中的資料為 [02, 04]。

📁 本節實例的原始程式碼可以在本書搭配資源的 "buffer-demo/buffer-write.js" 檔案中找到。

06

Node.js 事件處理

Node.js 之所以吸引人，一個非常大的原因是 Node.js 是非同步事件驅動的。透過非同步事件驅動機制，Node.js 應用擁有了高平行處理處理能力。

6.1 了解事件和回呼

在 Node.js 應用中，事件無處不在。舉例來說，net.Server 會在每次有新連結時觸發事件，fs.ReadStream 會在開啟檔案時觸發事件，stream 會在資料讀取時觸發事件。

在 Node.js 的事件機制中主要有 3 大類角色：

- 事件（Event）。
- 事件發射器（Event Emitter）。
- 事件監聽器（Event Listener）。

所有能觸發事件的物件在 Node.js 中都是 EventEmitter 類別的實例。這些物件有一個 eventEmitter.on() 函數，用於將一個或多個函數綁定到命名事件上。事件的命名通常是駝峰式的字串。

當 EventEmitter 物件觸發一個事件時，所有綁定在該事件上的函數都會被同步呼叫。

以下是一個簡單的 EventEmitter 實例，綁定了一個事件監聽器。

```
const EventEmitter = require('events');

class MyEmitter extends EventEmitter {}

const myEmitter = new MyEmitter();

// 註冊監聽器
myEmitter.on('event', () => {
  console.log(' 觸發事件 ');
});

// 觸發事件
myEmitter.emit('event');
```

在上述實例中，eventEmitter.on() 用於註冊監聽器，eventEmitter.emit() 用於觸發事件。eventEmitter.on() 採用的是典型的非同步程式設計模式，而且與回呼函數密不可分，而回呼函數就是後繼傳遞風格的一種表現。後繼傳遞風格，簡單地說就是：把後繼程式（也就是下一步要執行的程式）封裝成函數，然後將其透過參數傳遞的方式傳遞給目前執行的函數。

所謂回呼，就是「回頭再調」的意思。在上述實例中，myEmitter 先註冊了 event 事件，然後綁定了一個匿名的回呼函數。該函數並不是馬上執行，而是等到事件觸發後再執行。

6.1.1 事件循環

雖然 Node.js 應用是單執行緒的，但 V8 引擎提供了非同步執行回呼的介面，透過這些介面可以處理高平行處理，所以 Node.js 應用的效能非常高。

Node.js 中幾乎所有 API 都支援回呼函數。

Node.js 中幾乎所有的事件機制都是用設計模式中的觀察者模式來實現的。

Node.js 單執行緒類似進入一個 while(true) 的事件循環，直到沒有事件觀察者才退出。每個非同步事件都產生一個事件觀察者。如果有事件發生，則呼叫該回呼函數。

6.1.2 事件驅動

圖 6-1 是事件驅動模型的示意圖。

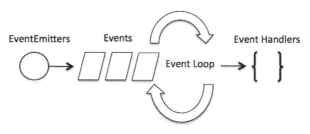

圖 6-1　事件驅動模型的示意圖

Node.js 使用事件驅動模型。伺服器接收到請求後，會把請求交給後續的事件處理器處理，然後自己去處理下一個請求。當後繼的事件處理器處理完成後，請求會被放回處理佇列中。當請求到達佇列開頭時，請求處理完的結果被返給使用者。

這種模型非常高效，且可擴充性非常強，因為伺服器一直接收請求而不等待任何讀寫操作。

在事件驅動模型中會產生一個主循環來監聽事件，在檢測到事件時觸發回呼函數。

整個事件驅動的流程有點類似觀察者模式，事件相當於「主題」（Subject），而所有註冊到這個事件上的處理函數相當於「觀察者」（Observer）。

6.2 事件發射器

在 Node.js 中，事件發射器是定義在 events 模組的 EventEmitter 類別中的。取得 EventEmitter 類別的方式如下：

```
const EventEmitter =require('events');
```

當 EventEmitter 類別實例新增監聽器時，會觸發 newListener 事件；當 EventEmitter 類別實例移除已存在的監聽器時，會觸發 removeListener 事件。

6.2.1 將參數傳給監聽器

EventEmitter.emit() 方法可以傳遞任意數量的參數給監聽器函數。當監聽器函數被呼叫時，this 關鍵字會被指向監聽器所綁定的 EventEmitter 實例。以下是範例：

```
const EventEmitter = require('events');

class MyEmitter extends EventEmitter {}

const myEmitter = new MyEmitter();

myEmitter.on('event', function(a, b) {
  console.log(a, b, this, this === myEmitter);
```

```
// 輸出：
// a b MyEmitter {
//   _events: [Object: null prototype] { event: [Function] },
//   _eventsCount: 1,
//   _maxListeners: undefined
// } true
});

myEmitter.emit('event', 'a', 'b');    // 傳遞任意數量的參數
```

也可以用 ES 6 的 lambda 運算式作為監聽器，但 this 關鍵字不會指向
EventEmitter 實例。以下是範例：

```
const EventEmitter = require('events');

class MyEmitter extends EventEmitter { }

const myEmitter = new MyEmitter();

myEmitter.on('event', (a, b) => {
    console.log(a, b, this);
    // 輸出：a b {}
});

myEmitter.emit('event', 'a', 'b');
```

📁 本節實例的原始程式碼可以在本書搭配資源的 "events-demo/
parameter-this.js" 和 "events-demo/parameter- lambda.js" 檔案中找到。

6.2.2 非同步與同步

EventEmitter 會按照監聽器註冊的順序同步地呼叫所有監聽器。所以，必
須確保事件的排序正確，且避免競爭狀態條件。可以使用 setImmediate()
或 process.nextTick() 切換到非同步模式：

```
const EventEmitter = require('events');

class MyEmitter extends EventEmitter { }

const myEmitter = new MyEmitter();

myEmitter.on('event', (a, b) => {
    setImmediate(() => {
        console.log(' 非同步進行 ');
    });
});

myEmitter.emit('event', 'a', 'b');
```

📁 本節實例的原始程式碼可以在本書搭配資源的 "events-demo/set-
immediate.js" 檔案中找到。

6.2.3 僅處理事件一次

在用 eventEmitter.on() 方法註冊監聽器時，監聽器會在觸發命名事件時被
呼叫，見以下程式：

```
const myEmitter = new MyEmitter();
let m = 0;

myEmitter.on('event', () => {
  console.log(++m);
});

myEmitter.emit('event');
// 輸出：1

myEmitter.emit('event');
// 輸出：2
```

用 eventEmitter.once() 方法可以註冊最多可呼叫一次的監聽器。當事件被
觸發時，監聽器會被登出，然後再呼叫，見以下程式：

```
const EventEmitter = require('events');

class MyEmitter extends EventEmitter { }

const myEmitter = new MyEmitter();
let m = 0;

myEmitter.once('event', () => {
    console.log(++m);
});

myEmitter.emit('event');
// 列印：1
myEmitter.emit('event');
// 不觸發
```

📁 本節實例的原始程式碼可以在本書搭配資源的 "events-demo/emitter-
once.js" 檔案中找到。

6.3 事件類型

Node.js 的事件是透過類型進行區分。

6.3.1 事件類型的定義

觀察以下範例：

```
const EventEmitter = require('events');
```

```
class MyEmitter extends EventEmitter {}

const myEmitter = new MyEmitter();

// 註冊監聽器
myEmitter.on('event', () => {
  console.log(' 觸發事件 ');
});

// 觸發事件
myEmitter.emit('event');
```

事件的類型是用字串表示。在上述範例中，事件的類型是 "event"。

事件類型可以定義為任意的字串，但事件類型通常是由不包含空格的小寫單字組成。

由於定義事件類型具有靈活性，所以我們無法透過程式設計來判斷事件發射器到底能夠發射哪些類型的事件，因為事件發射器 API 沒有內省機制，所以只能透過 API 文件來檢視它能夠發射的事件類型有哪些。

6.3.2 內建的事件類型

事件類型可以靈活定義，但有些事件是由 Node.js 本身定義的，例如前面章節所有關的 newListener 事件和 removeListener 事件。EventEmitter 類別實例在新增監聽器時會觸發 newListener 事件；在移除已存在的監聽器時會觸發 removeListener 事件。

還有一種特殊的事件——error 事件。

6.3.3 error 事件

當 EventEmitter 實例出錯時會觸發 error 事件。

如果沒有為 error 事件註冊監聽器，當 error 事件被觸發時會拋出錯誤、列印堆疊追蹤，並退出 Node.js 處理程序。

```
const EventEmitter = require('events');

class MyEmitter extends EventEmitter { }

const myEmitter = new MyEmitter();

// 模擬觸發 error 事件
myEmitter.emit('error', new Error(' 錯誤訊息 '));
// 拋出錯誤
```

執行上述程式，可以看到主控台拋出以下錯誤訊息：

```
events.js:173
    throw er; // Unhandled 'error' event
    ^

Error: 錯誤訊息
    at Object.<anonymous> (D:\workspaceGitosc\nodejs-book\samples\events-
demo\error-event.js:8:25)
    at Module._compile (internal/modules/cjs/loader.js:759:30)
    at Object.Module._extensions..js (internal/modules/cjs/loader.js:770:10)
    at Module.load (internal/modules/cjs/loader.js:628:32)
    at Function.Module._load (internal/modules/cjs/loader.js:555:12)
    at Function.Module.runMain (internal/modules/cjs/loader.js:826:10)
    at internal/main/run_main_module.js:17:11
Emitted 'error' event at:
    at Object.<anonymous> (D:\workspaceGitosc\nodejs-book\samples\events-
demo\error-event.js:8:11)
```

```
at Module._compile (internal/modules/cjs/loader.js:759:30)
[... lines matching original stack trace ...]
at internal/main/run_main_module.js:17:11
```

如果沒有對上述錯誤做進一步處理，則極易導致 Node.js 處理程序當機。
為了防止處理程序當機，有以下兩種解決方法。

1. 使用 domain 模組

早期 Node.js 的 domain 模組用於簡化非同步程式的例外處理，可以捕捉處
理 try-catch 區塊無法捕捉處理的例外。引用 domain 模組的語法格式如下：

```
var domain =require("domain")
```

domain 模組會把多個不同的 I/O 操作作為一個組。在發生一個錯誤事件或
拋出一個錯誤時 domain 物件會被通知，所以不會遺失上下文環境，也不
會導致程式錯誤立即退出。

以下是一個 domain 的範例：

```
var domain = require('domain');
var connect = require('connect');


var app = connect();


// 引用一個 domain 的中介軟體，將所有請求都包裹在一個獨立的 domain 中
// 用 domain 處理例外
app.use(function (req,res, next) {
  var d = domain.create();
  // 監聽 domain 的錯誤事件
  d.on('error', function (err) {
    logger.error(err);
    res.statusCode = 500;
    res.json({sucess:false, messag: ' 伺服器例外 '});
    d.dispose();
```

```
  });

  d.add(req);
  d.add(res);
  d.run(next);
});

app.get('/index', function (req, res) {
  // 處理業務
});
```

需要注意的是，目前 domain 模組已經被廢棄了，不建議在新專案中使用。

2. 為 error 事件註冊監聽器

應該始終為 error 事件註冊監聽器。

```
const EventEmitter = require('events');

class MyEmitter extends EventEmitter { }

const myEmitter = new MyEmitter();

// 為 error 事件註冊監聽器
myEmitter.on('error', (err) => {
    console.error(' 錯誤訊息 ');
});

// 模擬觸發 error 事件
myEmitter.emit('error', new Error(' 錯誤訊息 '));
```

📁 本節實例的原始程式碼可以在本書搭配資源的 "events-demo/error-event.js" 檔案中找到。

6.4 事件的操作

本節介紹 Node.js 事件的常用操作。

6.4.1 實例 5：設定最大監聽器

在預設情況下，每個事件最多可以註冊 10 個監聽器。可以使用 emitter.
setMaxListeners(n) 方法改變單一 EventEmitter 實例的限制值，也可以使用
EventEmitter.defaultMaxListeners 屬性來改變所有 EventEmitter 實例的預設
值。

> 💡 設定 EventEmitter.defaultMaxListeners 屬性要謹慎，因為該屬性會影
> 響所有 EventEmitter 實例，包含之前建立的。因此，推薦優先使用 emitter.
> setMaxListeners(n) 方法，而非 EventEmitter. defaultMaxListeners 屬性。

雖然可以設定最大監聽器，但這個限制不是硬性的。EventEmitter 實例
可以增加超過限制的監聽器，但只會向 stderr 輸出追蹤警告，表明可能
檢測到了記憶體洩漏。對於單一 EventEmitter 實例，可以使用 emitter.
getMaxListeners() 和 emitter.setMaxListeners() 方法暫時地消除警告：

```
emitter.setMaxListeners(emitter.getMaxListeners() + 1);

emitter.once('event', () => {
  // 做些操作
  emitter.setMaxListeners(Math.max(emitter.getMaxListeners() - 1, 0));
});
```

如果想顯示這種警告的堆疊追蹤資訊，則可以使用 "–trace-warnings" 命令
列參數。

觸發的警告可以透過 process.on('warning') 進行檢查，並具有附加的
emitter、type 和 count 屬性，分別指向事件觸發器實例、事件名稱和附加
的監聽器數量。其中 name 屬性被設定為 MaxListenersExceededWarning。

6.4.2 實例 6：取得已註冊事件的名稱

可以透過 emitter.eventNames() 方法傳回已註冊事件的名稱陣列。陣列中的
值可以是字串或 Symbol。以下是範例：

```
const EventEmitter = require('events');

class MyEmitter extends EventEmitter { }

const myEmitter = new MyEmitter();

myEmitter.on('foo', () => {});
myEmitter.on('bar', () => {});

const sym = Symbol('symbol');
myEmitter.on(sym, () => {});

console.log(myEmitter.eventNames());
```

上述程式在主控台輸出的內容為：

```
[ 'foo', 'bar', Symbol(symbol) ]
```

> 📁 本節實例的原始程式碼可以在本書搭配資源的 "events-demo/event-
> names.js" 檔案中找到。

6.4.3 實例 7：取得監聽器陣列的備份

可以透過 emitter.listeners（eventName）方法傳回名為 eventName 的事件監聽器陣列的備份。以下是範例：

```
const EventEmitter = require('events');

class MyEmitter extends EventEmitter { }

const myEmitter = new MyEmitter();

myEmitter.on('foo', () => {});

console.log(myEmitter.listeners('foo'));
```

上述程式在主控台輸出的內容為：

```
[ [Function] ]
```

📁 本節實例的原始程式碼可以在本書搭配資源的 "events-demo/event-listeners.js" 檔案中找到。

6.4.4 實例 8：將事件監聽器增加到監聽器陣列的開頭

透過 emitter.on(eventName, listener) 方法可以將監聽器 listener 增加到監聽器陣列的尾端。透過 emitter.prependListener() 方法可以將事件監聽器增加到監聽器陣列的開頭。以下是範例：

```
const EventEmitter = require('events');

class MyEmitter extends EventEmitter { }

const myEmitter = new MyEmitter();
```

```
myEmitter.on('foo', () => console.log('a'));
myEmitter.prependListener('foo', () => console.log('b'));
myEmitter.emit('foo');
```

在預設情況下，事件監聽器會按照增加的順序依次呼叫。由於 prependListener() 方法讓監聽器提前到了陣列的開頭，因此該監聽器會被優先執行。因此主控台輸出的內容為：

```
b
a
```

在註冊監聽器時，不會檢查該監聽器是否已被註冊過，因此多次呼叫並傳入相同的 eventName 與 listener 會導致 listener 會被註冊多次，這是合法的。

 本節實例的原始程式碼可以在本書搭配資源的 "events-demo/prepend-listener.js" 檔案中找到。

6.4.5 實例 9：移除監聽器

透過 emitter.removeListener(eventName, listener) 方法可以從名為 "eventName" 的事件監聽器陣列中移除指定的 listener。以下是範例：

```
const EventEmitter = require('events');

class MyEmitter extends EventEmitter { }

const myEmitter = new MyEmitter();

let listener1 = function () {
    console.log(' 監聽器 listener1');
}
```

```
// 取得監聽器的個數
let getListenerCount = function () {

    let count = myEmitter.listenerCount('foo');
    console.log("監聽器監聽個數為：" + count);
}

myEmitter.on('foo', listener1);

getListenerCount();

myEmitter.emit('foo');

// 移除監聽器
myEmitter.removeListener('foo', listener1);

getListenerCount();
```

在上述範例中，透過 listenerCount() 方法取得監聽器的個數。透過比較採用 removeListener() 方法前後的監聽器個數可以看到，removeListener() 方法已經移除了 foo 監聽器。

以下是主控台的輸出內容：

```
監聽器監聽個數為：1
監聽器 listener1
監聽器監聽個數為：0
```

removeListener() 方法最多只能從監聽器陣列中移除一個監聽器。如果監聽器被多次註冊到指定 eventName 的監聽器陣列中，則必須多次呼叫 removeListener() 方法。

如果要快速刪除某個 eventName 所具有的監聽器，則可以使用 emitter. removeAllListeners ([eventName]) 方法。以下是範例：

```javascript
const EventEmitter = require('events');

class MyEmitter extends EventEmitter { }

const myEmitter = new MyEmitter();

let listener1 = function () {
    console.log('監聽器 listener1');
}

// 取得監聽器的個數
let getListenerCount = function () {

    let count = myEmitter.listenerCount('foo');
    console.log("監聽器監聽個數為：" + count);
}

// 註冊多個監聽器
myEmitter.on('foo', listener1);
myEmitter.on('foo', listener1);
myEmitter.on('foo', listener1);

getListenerCount();

// 移除所有監聽器
myEmitter.removeAllListeners(['foo']);

getListenerCount();
```

在上述範例中，透過 listenerCount() 方法取得監聽器的個數。透過比較採用 removeListener() 方法前後的監聽器個數可以看到，removeListener() 方法已經移除了 foo 監聽器。

以下是主控台的輸出內容：

```
監聽器監聽個數為：3
監聽器監聽個數為：0
```

> 📁 本節實例的原始程式碼可以在本書搭配資源的 "events-demo/remove-listener.js" 檔案中找到。

07

Node.js 檔案處理

本章將介紹如何以 Node.js 的 fs 模組為基礎實現檔案處理操作。

7.1 了解 fs 模組

Node.js 的檔案處理能力主要由 fs 模組提供。fs 模組提供了一組 API，透過模仿標準 UNIX（POSIX）函數的方式與檔案系統進行互動。

使用 fs 模組的方式如下：

```
const fs =require('fs');
```

7.1.1 同步與非同步作業檔案

所有檔案操作都具有同步和非同步方式。

非同步作業總是將完成回呼作為其最後一個參數。傳給完成回呼的參數取決於實際方法，但第 1 個參數始終預留給例外。如果操作成功完成，則第 1 個參數為 null 或 undefined。

以下是一個非同步作業檔案時的例外處理範例：

```
const fs = require('fs');

fs.unlink('/tmp/hello', (err) => {
  if (err) throw err;
  console.log('已成功刪除 /tmp/hello');
});
```

同步操作出現的例外會被立即拋出，可以使用 try-catch 區塊處理，也可以將例外繼續向上拋出。

以下是一個同步操作檔案的範例：

```
const fs = require('fs');

try {
  fs.unlinkSync('/tmp/hello');
  console.log('已成功刪除 /tmp/hello');
} catch (err) {
  // 處理錯誤
}
```

使用非同步方法無法保障順序，因此以下操作容易出錯，因為 fs.stat() 操作可能在 fs.rename() 操作之前完成。

```
fs.rename('/tmp/hello', '/tmp/world', (err) => {
  if (err) {
      throw err;
  }

  console.log('重新命名完成');
});

fs.stat('/tmp/world', (err, stats) => {
  if (err) {
```

```
    throw err;
  }

  console.log(`檔案屬性：${JSON.stringify(stats)}`);
});
```

要正確地排序這些操作，則需要將 fs.stat() 操作移動到 fs.rename() 操作的回呼中：

```
fs.rename('/tmp/hello', '/tmp/world', (err) => {
  if (err) {
    throw err;
  }

  fs.stat('/tmp/world', (err, stats) => {
    if (err) {
      throw err;
    }

    console.log(`檔案屬性：${JSON.stringify(stats)}`);
  });
});
```

> 💡 在繁忙的處理程序中，強烈建議使用這些呼叫的非同步方式，因為同步方式將阻塞整個處理程序直到它們完成（停止所有連結）。

大多數 fs 函數允許省略回呼參數，在這種情況下，應使用一個會重新拋出錯誤的預設回呼。如要取得原發起呼叫叫點的追蹤，則需要設定環境變數 NODE_DEBUG：

```
$ cat script.js
function bad() {
  require('fs').readFile('/');
```

```
}
bad();

$ env NODE_DEBUG=fs node script.js
fs.js:88
        throw backtrace;
        ^
Error: EISDIR: illegal operation on a directory, read
<stack trace.>
```

不推薦在非同步的 fs 函數上省略回呼函數，因為這可能導致將來拋出錯誤。

7.1.2 檔案描述符號

在 POSIX（Portable OperaTIng System Interface of UNIX，UNIX 的可攜式作業系統介面）系統上，對於每個處理程序，核心都維護著一張目前開啟的檔案和資源的表格。每個開啟的檔案都被分配了一個被稱為「檔案描述符號」（File Descriptor）的簡單數位識別碼符。在系統層，所有檔案系統操作都使用這些檔案描述符號來標識並追蹤每個特定的檔案。Windows 系統使用了一個類似的機制來追蹤資源。

為了簡化使用者的工作，Node.js 抽象出不同作業系統之間的差異，並為所有開啟的檔案分配了一個數字型的檔案描述符號。

fs.open() 方法用於分配新的檔案描述符號。一旦檔案描述符號被分配，則它會從檔案讀取資料、向檔案寫入資料，或請求關於檔案的資訊。以下是範例：

```
fs.open('/open/some/file.txt', 'r', (err, fd) => {
  if (err) {
      throw err;
```

```
  }

  fs.fstat(fd, (err, stat) => {
    if (err) {
      throw err;
    }

    // 始終關閉檔案描述符號
    fs.close(fd, (err) => {
      if (err) {
        throw err;
      }
    });
  });
});
```

大多數系統都限制了同時開啟檔案描述符號的數量,因此在操作完成後即時關閉描述符號非常重要。如果不這樣做,則會導致記憶體洩漏,甚至導致應用程式當機。

7.2 處理檔案路徑
· · · · · · · · · · · · · · · ·

大多數 fs 操作接收的檔案路徑可以用字串、Buffer 或 file 協定的 URL 物件表示。file 協定主要用於存取本機電腦中的檔案,就如同在 Windows 資源管理員中開啟檔案。

file 協定基本的格式是「file:/// *檔案路徑*」。舉例來說,要開啟 F 磁碟 flash 資料夾中的 1.swf 檔案,則在資源管理員或瀏覽器網址列中輸入 "file:///f:/flash/1.swf" 這樣的 URL。

7.2.1 字串形式的路徑

字串形式的路徑會被解析為標識絕對或相對檔案名稱的 UTF-8 字元序列。相對路徑用於解析用 process.cwd() 指定的目前工作目錄。

下面是在 POSIX 系統上使用絕對路徑的範例：

```
const fs = require('fs');

fs.open('/open/some/file.txt', 'r', (err, fd) => {
  if (err) {
      throw err;
  }

  fs.close(fd, (err) => {
    if (err) {
        throw err;
    }
  });
});
```

下面是在 POSIX 系統上使用相對路徑（相對於 process.cwd()）的範例：

```
const fs = require('fs');

fs.open('file.txt', 'r', (err, fd) => {
  if (err) {
      throw err;
  }

  fs.close(fd, (err) => {
    if (err) {
        throw err;
    }
  });
});
```

7.2.2 Buffer 形式的路徑

Buffer 形式的路徑只對某些 POSIX 系統有用。在這樣的系統上，單一檔案路徑可以包含用多種字元編碼的子序列。與字串路徑一樣，Buffer 形式的路徑可以是相對路徑或絕對路徑。

下面是在 POSIX 系統上使用絕對路徑的範例：

```
fs.open(Buffer.from('/open/some/file.txt'), 'r', (err, fd) => {
  if (err) {
      throw err;
  }

  fs.close(fd, (err) => {
    if (err) {
        throw err;
    }
  });
});
```

在 Windows 上，Node.js 遵循驅動器工作目錄的概念。如果使用沒有反斜線的驅動器路徑，例如 fs.readdirSync('c:\\')，則可能傳回與 fs.readdirSync('c:') 不同的結果。

7.2.3 URL 物件的路徑

對於大多數 fs 模組的函數，path 或 filename 參數可以傳入遵循 WHATWG 標準的 URL 物件。Node.js 僅支援使用 file 協定的 URL 物件。

以下是使用 URL 物件的範例：

```
const fs = require('fs');
const fileUrl = new URL('file:///tmp/hello');

fs.readFileSync(fileUrl);
```

> file 協定的 URL 始終是絕對路徑。

遵循 WHATWG 標準的 URL 物件可能具有特定於平台的行為。例如在 Windows 上，帶有主機名稱的 URL 會被轉為 UNC 路徑，帶有磁碟機代號的 URL 會被轉為本機絕對路徑，而沒有主機名稱和磁碟機代號的 URL 則會拋出錯誤。觀察下面的範例：

```
// 在 Windows 上

// 帶有主機名稱的 WHATWG 檔案的 URL 會被轉為 UNC 路徑
// file://hostname/p/a/t/h/file => \\hostname\p\a\t\h\file
fs.readFileSync(new URL('file://hostname/p/a/t/h/file'));

// 帶有磁碟機代號的 WHATWG 檔案的 URL 會被轉為絕對路徑
// file:///C:/tmp/hello => C:\tmp\hello
fs.readFileSync(new URL('file:///C:/tmp/hello'));

// 沒有主機名稱的 WHATWG 檔案的 URL 必須包含磁碟機代號
fs.readFileSync(new URL('file:///notdriveletter/p/a/t/h/file'));
fs.readFileSync(new URL('file:///c/p/a/t/h/file'));
// TypeError [ERR_INVALID_FILE_URL_PATH]: File URL path must be absolute
```

如果是帶有磁碟機代號的 URL，則必須在磁碟機代號後面加上 ":" 作為分隔符號。如果使用其他分隔符號，則會拋出錯誤。

在 Windows 以外的所有其他平台上，不支援帶有主機名稱的 URL。在使用時將拋出錯誤：

```
// 在其他平台上

// 不支援帶有主機名稱的 WHATWG 檔案的 URL
// file://hostname/p/a/t/h/file => throw!
fs.readFileSync(new URL('file://hostname/p/a/t/h/file'));
```

```
// TypeError [ERR_INVALID_FILE_URL_PATH]: must be absolute

// WHATWG 檔案的 URL 會被轉為絕對路徑
// file:///tmp/hello => /tmp/hello
fs.readFileSync(new URL('file:///tmp/hello'));
```

包含編碼後的斜線字元（%2F）的 URL 在所有平台上都會拋出錯誤：

```
// 在 Windows 系統上
fs.readFileSync(new URL('file:///C:/p/a/t/h/%2F'));
fs.readFileSync(new URL('file:///C:/p/a/t/h/%2f'));
/* TypeError [ERR_INVALID_FILE_URL_PATH]: File URL path must not include encoded
\ or / characters */

// 在 POSIX 系統上
fs.readFileSync(new URL('file:///p/a/t/h/%2F'));
fs.readFileSync(new URL('file:///p/a/t/h/%2f'));
/* TypeError [ERR_INVALID_FILE_URL_PATH]: File URL path must not include encoded
/ characters */
```

在 Windows 上，包含編碼後的反斜線字元（%5C）的 URL 會拋出錯誤：

```
// 在 Windows 上
fs.readFileSync(new URL('file:///C:/path/%5C'));
fs.readFileSync(new URL('file:///C:/path/%5c'));
/* TypeError [ERR_INVALID_FILE_URL_PATH]: File URL path must not include encoded
\ or / characters */
```

7.3 開啟檔案

Node.js 提供了 fs.open(path[, flags[, mode]], callback) 方法，用於非同步開啟檔案。其參數說明如下。

■ Path：檔案的路徑。

- flags <string> | <number>：所支援的檔案系統標示。預設值是 r。
- mode <integer>：檔案模式，其預設值是 0o666（讀寫）。在 Windows 上，只能操作「寫入」許可權。
- callback：回呼函數。

如果想同步開啟檔案，則應使用 fs.openSync(path[, flags, mode]) 方法。

7.3.1 檔案系統標示

檔案系統標示選項在採用字串時，可以使用以索引示。

- a：開啟檔案用於追加。如果檔案不存在，則建立該檔案。
- ax：與 a 相似，但如果路徑已存在則失敗。
- a+：開啟檔案用於讀取和追加。如果檔案不存在，則建立該檔案。
- ax+：與 a+ 相似，但如果路徑已存在則失敗。
- as：以同步模式開啟檔案用於追加。如果檔案不存在，則建立該檔案。
- as+：以同步模式開啟檔案用於讀取和追加。如果檔案不存在，則建立該檔案。
- r：開啟檔案用於讀取。如果檔案不存在，則出現例外。
- r+：開啟檔案用於讀取和寫入。如果檔案不存在，則出現例外。
- rs+：以同步模式開啟檔案用於讀取和寫入。指示作業系統繞過本機的檔案系統快取。這對於在 NFS 掛載上開啟檔案非常有用，因為它允許跳過逾時的本機快取。它對 I/O 效能有非常重要的影響，因此，除非必要，否則不建議使用此標示。這不會將 fs.open() 或 fsPromises.open() 方法轉為同步的阻塞呼叫。如果需要同步的操作，則應使用 fs.openSync() 之類的方法。
- w：開啟檔案用於寫入。如果檔案不存在則建立檔案，如果檔案已存在則截斷檔案。

- wx：與 w 相似，如果路徑已存在則失敗。
- w+：開啟檔案用於讀取和寫入。如果檔案不存在則建立檔案，如果檔案已存在則截斷檔案。
- wx+：與 w+ 相似，如果路徑已存在則失敗。

檔案系統標示也可以是一個數字。常用的常數定義在 fs.constants 中。在 Windows 上，檔案系統標示會被適當地轉為相等的標示。舉例來說，O_ WRONLY 會被轉為 FILE_GENERIC_ WRITE，O_EXCL|O_CREAT 會被轉為能被 CreateFileW 接收的 CREATE_NEW。

特有的 "x" 標示可以確保路徑是新建立的。在 POSIX 系統上，即使路徑是一個符號連結且指向了一個不存在的檔案，它也會被視為已存在。該特有標示不一定適用於網路檔案系統。

如果在 Linux 上以追加模式開啟檔案，則在寫入時無法指定位置。核心會忽略位置參數，並始終將資料追加到檔案的尾端。

如果要修改檔案而非覆蓋檔案，則標示模式應選為 r+ 模式，而非預設的 w 模式。

某些標示的行為是特定於平台的。舉例來說，在 macOS 和 Linux 上用 a+ 標示開啟目錄會傳回一個錯誤；而在 Windows 和 FreeBSD 上執行同樣的操作，會則傳回一個檔案描述符號或 FileHandle。見下面的範例：

```
// 在 macOS 和 Linux 上
fs.open('<目錄>', 'a+', (err, fd) => {
  // => [Error: EISDIR: illegal operation on a directory, open <目錄>]
});

// 在 Windows 和 FreeBSD 上
fs.open('<目錄>', 'a+', (err, fd) => {
  // => null, <fd>
});
```

在 Windows 上，用 w 標示開啟現存的隱藏檔案（透過 fs.open()、
fs.writeFile() 或 fsPromises.open() 方法）會拋出 EPERM。現存的隱藏檔案
可以使用 r+ 標示開啟用於寫入。

呼叫 fs.ftruncate() 或 fsPromises.ftruncate() 方法可以重置檔案的內容。

7.3.2 實例 10：開啟檔案的實例

以下是一個開啟檔案的實例：

```
const fs = require('fs');

fs.open('data.txt', 'r', (err, fd) => {
    if (err) {
        throw err;
    }

    fs.fstat(fd, (err, stat) => {
        if (err) {
            throw err;
        }

        // 始終關閉檔案描述符號！
        fs.close(fd, (err) => {
            if (err) {
                throw err;
            }
        });
    });
});
```

上述程式將開啟目前的目錄下的 data.txt 檔案。如果在目前的目錄下沒有
data.txt 檔案，則拋出以下例外：

```
D:\workspaceGitosc\nodejs-book\samples\fs-demo\fs-open.js:5
      throw err;
      ^

Error: ENOENT: no such file or directory, open
'D:\workspaceGitosc\nodejs-book\samples\fs-demo\data.txt'
```

如果在目前的目錄下存在 data.txt 檔案，則程式將正常執行完成。

> 📂 本節實例的原始程式碼可以在本書搭配資源的 "fs-demo/fs-open.js" 檔
> 案中找到。

7.4 讀取檔案

Node.js 為讀取檔案的內容提供了以下 API：

- fs.read(fd, buffer, offset, length, position, callback)
- fs.readSync(fd, buffer, offset, length, position)
- fs.readdir(path[, options], callback)
- fs.readdirSync(path[, options])
- fs.readFile(path[, options], callback)
- fs.readFileSync(path[, options])

這些 API 都包含非同步方法，以及與之對應的同步方法。

7.4.1 實例 11：用 fs.read() 方法讀取檔案

fs.read(fd, buffer, offset, length, position, callback) 方法用於非同步地從由 fd
指定的檔案中讀取資料。

觀察下面的範例：

```
const fs = require('fs');

fs.open('data.txt', 'r', (err, fd) => {
    if (err) {
        throw err;
    }

    var buffer = Buffer.alloc(255);

    // 讀取檔案
    fs.read(fd, buffer, 0, 255, 0, (err, bytesRead, buffer) => {
        if (err) {
            throw err;
        }

        // 列印出 buffer 中存入的資料
        console.log(bytesRead, buffer.slice(0, bytesRead).toString());

        // 始終關閉檔案描述符號
        fs.close(fd, (err) => {
            if (err) {
                throw err;
            }
        });
    });
});
```

在上述實例中，用 fs.open() 方法開啟檔案，接著用 fs.read() 方法讀取檔案裡面的內容，並將其轉為字串列印到主控台。主控台輸出內容如下：

128 江上吟──唐朝李白
興酣落筆搖五嶽，詩成笑傲凌滄洲。
功名富貴若長在，漢水亦應西北流。

與 fs.read(fd, buffer, offset, length, position, callback) 方法對應的同步方法是
fs.readSync (fd, buffer, offset, length, position)。

📁 本節實例的原始程式碼可以在本書搭配資源的 "fs-demo/fs-read.js" 檔案
中找到。

7.4.2 實例 12：用 fs.readdir() 方法讀取檔案

fs.readdir(path[, options], callback) 方法用於非同步地讀取目錄中的內容。

觀察下面的範例：

```
const fs = require("fs");

console.log(" 檢視目前的目錄下所有的檔案 ");

fs.(".", (err, files) => {
    if (err) {
        throw err;
    }

    // 列出檔案名稱
    files.forEach(function (file) {
        console.log(file);
    });
});
```

在上述實例中，用 fs.readdir() 方法取得目前的目錄所有的檔案列表，並將
檔案名稱列印到主控台。主控台輸出的內容如下：

```
檢視目前的目錄下所有的檔案
data.txt
fs-open.js
fs-read-dir.js
fs-read.js
```

與 fs.readdir(path[, options], callback) 方法對應的同步方法是 fs.readdirSync (path[, options])。

📁 本節實例的原始程式碼可以在本書搭配資源的 "fs-demo/fs-read-dir.js" 檔案中找到。

7.4.3 實例 13：用 fs.readFile() 方法讀取檔案

fs.readFile(path[, options], callback) 方法用於非同步地讀取檔案的全部內容。

觀察下面的範例：

```
const fs = require('fs');

fs.readFile('data.txt', (err, data) => {
    if (err) {
        throw err;
    }

    console.log(data);
});
```

fs.readFile() 方法回呼會傳導入參數 err 和 data，其中 data 是檔案的內容。

由於沒有指定編碼格式，所以主控台輸出的是原始的 Buffer：

```
<Buffer e6 b19f e4 b88a e5909f e28094 e28094 e59490 e69c 9d 20 e69d 8e e799
bd 0d 0a e585 b4 e985 a3 e890 bd e7 ac 94 e69187 e4 ba 94 e5 b2 ... 78 more
bytes>
```

如果 options 是字串，並且已經指定字元編碼，像下面這樣：

```
const fs = require('fs');
```

```
// 指定為 UTF-8
fs.readFile('data.txt', 'utf8', (err, data) => {
    if (err) {
        throw err;
    }

    console.log(data);
});
```

則會把字串正常列印到主控台：

江上吟——唐朝李白
興酣落筆搖五嶽，詩成笑傲凌滄洲。
功名富貴若長在，漢水亦應西北流。

與 fs.read(fd, buffer, offset, length, position, callback) 對應的非同步方法是
fs.readSync(fd, buffer, offset, length, position)。

如果 path 是目錄，則 fs.readFile() 方法與 fs.readFileSync() 方法的行為是特
定於平台的。在 macOS、Linux 和 Windows 上，將傳回錯誤；在 FreeBSD
上，將傳回目錄內容。

```
// 在 macOS、Linux 和 Windows 上
fs.readFile('<目錄>', (err, data) => {
  // => [Error: EISDIR: illegal operation on a directory, read <目錄>]
});

// 在 FreeBSD 上
fs.readFile('<目錄>', (err, data) => {
  // => null, <data>
});
```

由於 fs.readFile() 方法會緩衝整個檔案，因此為了最小化記憶體成本，應
盡可能透過 fs.createReadStream() 方法進行資料流。

> 📂 本節實例的原始程式碼可以在本書搭配資源的 "fs-demo/fs-read-file.js"
> 檔案中找到。

7.5 寫入檔案

Node.js 為向檔案中寫入內容提供了以下 API：

- fs.write(fd, buffer[, offset[, length[, position]]], callback)
- fs.writeSync(fd, buffer[, offset[, length[, position]]])
- fs.write(fd, string[, position[, encoding]], callback)
- fs.writeSync(fd, string[, position[, encoding]])
- fs.writeFile(file, data[, options], callback)
- fs.writeFileSync(file, data[, options])

這些 API 都包含非同步方法，以及與之對應的同步方法。

7.5.1 實例 14：將 Buffer 寫入檔案

fs.write(fd, buffer[, offset[, length[, position]]], callback) 方法用於將 buffer 寫入由 fd 指定的檔案。其中，

- offset：決定 buffer 中要被寫入的部位。
- length：一個整數，指定要寫入的位元組數。
- position：指定檔案開頭的偏移量（資料應被寫入的位置）。如果是 typeof position !== 'number'，則資料會被寫入目前位置。
- 回呼有 3 個參數──err、bytesWritten 和 buffer，其中 bytesWritten 用於指定 buffer 中被寫入的位元組數。

以下是 fs.write(fd, buffer[, offset[, length[, position]]], callback) 方法的範例：

```
const fs = require('fs');

// 開啟檔案用於寫入。如果檔案不存在，則建立檔案
fs.open('write-data.txt', 'w', (err, fd) => {
    if (err) {
        throw err;
    }

    let buffer = Buffer.from("《Node.js 企業級應用程式開發實戰》");

    // 寫入檔案
    fs.write(fd, buffer, 0, buffer.length, 0, (err, bytesWritten, buffer) => {
        if (err) {
            throw err;
        }

        // 列印出 buffer 中存入的資料
        console.log(bytesWritten, buffer.slice(0, bytesWritten).toString());

        // 始終關閉檔案描述符號
        fs.close(fd, (err) => {
            if (err) {
                throw err;
            }
        });
    });
});
```

成功執行上述程式後，可以發現在目前的目錄下已經新增了一個 "write-data.txt" 檔案。開啟該檔案可以看到以下內容：

```
《Node.js 企業級應用程式開發實戰》
```

這說明程式中的 Buffer 資料已經成功寫入檔案。

在同一個檔案上多次使用 fs.write() 方法且不等待回呼是不安全的。對於這種情況，建議使用 fs.createWriteStream() 方法。

如果在 Linux 上以追加模式開啟檔案，則在寫入時無法指定位置，核心會忽略位置參數，並始終將資料追加到檔案的尾端。

與 fs.write(fd, buffer[, offset[, length[, position]]], callback) 方法對應的同步方法是 fs.writeSync(fd, buffer[, offset[, length[, position]]])。

📁　本節實例的原始程式碼可以在本書搭配資源的 "fs-demo/fs-write.js" 檔案中找到。

7.5.2 實例 15：將字串寫入檔案

如果事先知道待寫入檔案的資料是字串格式的，則可以使用 fs.write(fd, string[, position[, encoding]], callback) 方法。該方法用於將字串寫入由 fd 指定的檔案。如果 string 不是一個字串，則該值會被強制轉為字串。

- Position：指定檔案開頭的偏移量（資料應被寫入的位置）。如果是 typeof position !== 'number'，則資料會被寫入目前的位置。
- Encoding：期望的字元。預設值是 "utf8"。
- 回呼會接收到參數 err、written 和 string。其中 written 用於指定傳入的字串中被要求寫入的位元組數。被寫入的位元組數不一定與被寫入的字串字元數相同。

以下是 fs.write(fd, string[, position[, encoding]], callback) 方法的範例：

```
const fs = require('fs');

// 開啟檔案用於寫入。如果檔案不存在則建立檔案
fs.open('write-data.txt', 'w', (err, fd) => {
```

```
  if (err) {
      throw err;
  }

  let string = "《Node.js 企業級應用程式開發實戰》";

  // 寫入檔案
  fs.write(fd, string, 0, 'utf8', (err, written, buffer) => {
      if (err) {
          throw err;
      }

      // 列印出存入的位元組數
      console.log(written);

      // 始終關閉檔案描述符號
      fs.close(fd, (err) => {
          if (err) {
              throw err;
          }
      });
  });
});
```

在成功執行上述程式後，可以發現在目前的目錄下已經新增了一個 "write-data.txt" 檔案。開啟該檔案可以看到以下內容：

《Node.js 企業級應用程式開發實戰》

這說明程式中的字串已經成功寫入檔案。

在同一個檔案上多次使用 fs.write() 方法且不等待回呼是不安全的。對於這種情況，建議使用 fs.createWriteStream() 方法。

如果在 Linux 上以追加模式開啟檔案，則在寫入時無法指定位置。核心會忽略位置參數，並始終將資料追加到檔案的尾端。

在 Windows 上，如果檔案描述符號連結到主控台（例如 fd == 1 或 stdout），則無論使用何種編碼（包含非 ASCII 字元的字串），在預設情況下都不會被正確地繪製。使用 "chcp 65001" 指令更改活動的內碼表，可以將主控台設定為正確地繪製 UTF-8。

與 fs.write(fd, string[, position[, encoding]], callback) 方法對應的同步方法是 fs.writeSync (fd, string[, position[, encoding]])。

> 📁 本節實例的原始程式碼可以在本書搭配資源的 "fs-demo/fs-write-string. js" 檔案中找到。

7.5.3 實例 16：將資料寫入檔案

fs.writeFile(file, data[, options], callback) 方法用於將資料非同步地寫入一個檔案中，如果檔案已存在則覆蓋該檔案。

data 可以是字串或 Buffer。

如果 data 是一個 Buffer，則 encoding 選項會被忽略；如果 options 是一個字串，則 encoding 選項用於指定字串的編碼。

以下是 fs.writeFile(file, data[, options], callback) 方法的範例：

```
const fs = require('fs');

let data = "《Node.js 企業級應用程式開發實戰》";

// 將資料寫入檔案。如果檔案不存在則建立檔案
fs.writeFile('write-data.txt', data, 'utf-8', (err) => {
```

```
    if (err) {
        throw err;
    }
});
```

在成功執行上述程式後,可以發現在目前的目錄下已經新增了一個 "write-data.txt" 檔案。開啟該檔案可以看到以下內容:

《Node.js 企業級應用程式開發實戰》

這說明程式中的字串已經成功寫入檔案。

在同一個檔案上多次使用 fs.writeFile() 方法且不等待回呼是不安全的。對於這種情況,建議使用 fs.createWriteStream() 方法。

與 fs.writeFile(file, data[, options], callback) 方法對應的同步方法是 fs.writeFileSync(file, data[, options])。

> 📁 本節實例的原始程式碼可以在本書搭配資源的 "fs-demo/fs-write-file.js" 檔案中找到。

08

Node.js HTTP 程式設計

HTTP 協定是伴隨著 WWW 而產生的，用於將伺服器中的內容透過超文字傳輸到本機瀏覽器。目前，主流的網際網路應用都採用 HTTP 協定來發佈 REST API，實現用戶端與伺服器的輕鬆互連。

本章將介紹如何以 Node.js 為基礎來開發 HTTP 協定的應用。

8.1 建立 HTTP 伺服器

在 Node.js 中，要使用 HTTP 伺服器和用戶端，需要使用 http 模組。用法如下：

```
const http =require('http');
```

Node.js 中的 HTTP 介面旨在全方位地支援傳統協定的特性，特別是大的、塊狀的訊息。介面永遠不會緩衝整個請求或回應，使用者能夠以資料流的方式傳輸資料。

8.1.1 實例 17：用 http.Server 建立伺服器

HTTP 伺服器主要由 http.Server 類別提供功能。該類別繼承自 net.Server，因此它很多 net.Server 的方法和事件，例如以下範例中的 server.listen() 方法：

```
const http = require('http');

const hostname = '127.0.0.1';
const port = 8080;

const server = http.createServer((req, res) => {
  res.statusCode = 200;
  res.setHeader('Content-Type', 'text/plain');
  res.end('Hello World\n');
});

server.listen(port, hostname, () => {
  console.log(`伺服器執行在 http://${hostname}:${port}/`);
});
```

在上述程式中，

- http.createServer() 方法：用於建立 HTTP 伺服器。
- server.listen() 方法：用於指定伺服器啟動時所要綁定的通訊埠。
- res.end() 方法：用於回應內容給用戶端。當用戶端存取伺服器時，伺服器會傳回文字 "Hello World" 給用戶端。

圖 8-1 是在瀏覽器存取 http://127.0.0.1:8080 時傳回的 Hello World 程式介面。

圖 8-1 Hello World 程式

📁 本節實例的原始程式碼可以在本書搭配資源的 "http-demo/hello-world.
js" 檔案中找到。

8.1.2 了解 http.Server 事件的用法

相比 net.Server，http.Server 還具有以下事件。

1. checkContinue 事件

每次收到 "HTTP Expect: 100-continue" 請求時都會觸發 checkContinue 事件。如果未監聽此事件，則伺服器將自動回應 "100 Continue"。

在處理此事件時，如果用戶端繼續發送請求主體，則呼叫 response.
writeContinue() 方法；如果用戶端不繼續發送請求主體，則產生適當的 HTTP 回應（例如 "400 Bad Request"）。

 在觸發和處理此事件時，不會觸發 request 事件。

2. checkExpectation 事件

每次收到帶有 "HTTP Expect" 請求標頭的請求時會觸發該事件，其中的值不是 "100 continue"。如果未監聽此事件，則伺服器將根據需要自動回應 "417 Expectation Failed"。

3. clientError 事件

如果用戶端連結發出 error 事件，則會在 clientError 事件中轉發該事件。此事件的監聽器負責關閉或銷毀底層通訊端。舉例來説，人們可能希望透過自訂 HTTP 回應更優雅地關閉通訊端，而非突然切斷連結。

預設使用 HTTP 的 "400 Bad Request" 關閉通訊端，或在 HPE_ HEADER_ OVERFLOW 錯誤的情況下嘗試使用 "431 Request Header Fields Too Large" 關閉 HTTP。如果通訊端不寫入，則會被立即銷毀。

以下是一個監聽的範例：

```
const http = require('http');

const server = http.createServer((req, res) => {
  res.end();
});
server.on('clientError', (err, socket) => {
  socket.end('HTTP/1.1400 Bad Request\r\n\r\n');
});
server.listen(8000);
```

當 clientError 事件發生時，由於沒有請求或回應物件，所以必須將發送的所有 HTTP 回應（包含回應標頭和有效負載）直接寫入 socket 物件。注意，必須確保回應是格式正確的 HTTP 回應訊息。

4. close 事件

在伺服器關閉時會觸發 close 事件。

5. connect 事件

在每次用戶端請求 HTTP CONNECT 方法時觸發該事件。如果未監聽此事件，則請求 HTTP CONNECT 方法的用戶端將關閉其連結。

在觸發此事件後，由於請求的通訊端沒有 data 事件監聽器，因此它需要綁定 data 事件監聽器才能處理發送到該通訊端伺服器的資料。

6. connection 事件

在建立新的 TCP 流時會觸發此事件。socket 通常是 net.Socket 類型的物件。通常使用者不需要處理和存取該事件。特別是當協定解析器沒有附加到通訊端時，通訊端不會發出 readable 事件。也可以在 request.connection 上存取通訊端。

使用者也可以顯性觸發此事件，以連結植入 HTTP 的伺服器。在這種情況下可以傳遞任何 Duplex 流。

如果在 connection 事件中呼叫 socket.setTimeout() 方法，當通訊端已提供請求時（如果 server. keepAliveTimeout 非零），逾時由 server.keepAliveTimeout 決定。

7. request 事件

每次有請求時都會觸發該事件。請注意，在 HTTP Keep-Alive 連結下每個連結可能會有多個請求。

8. upgrade 事件

每次用戶端請求 HTTP 升級時都觸發該事件。監聽此事件是可選的，用戶端無法更改協定。

在觸發此事件後，由於請求的通訊端沒有 data 事件監聽器，因此它需要綁定 data 事件監聽器才能處理發送到該通訊端上的伺服器的資料。

8.2 處理 HTTP 的常用操作

處理 HTTP 的常用操作包含 GET、POST、PUT、DELETE 等。在 Node.js 中，這些操作方法被定義在 http.request() 方法的請求參數中：

```
const http = require('http');
```

```
const req = http.request({
  host: '127.0.0.1',
  port: 8080,
  method: 'POST' // POST 操作
}, (res) => {
  res.resume();
  res.on('end', () => {
      console.log('請求完成！');
  });
});
```

在上面程式中，method 的值是 "POST"，表示 http.request() 方法將發送 POST 請求操作。method 的預設值是 "GET"。

8.3 請求物件和回應物件

在 Node.js 中，HTTP 請求物件和回應物件被定義在 http.ClientRequest 和 http. ServerResponse 類別中。

8.3.1 了解 http.ClientRequest 類別

http.ClientRequest 物件是由 http.request() 方法建立並傳回的。它表示正在進行的請求，且其請求標頭已進入佇列。請求標頭仍然可以使用 setHeader(name, value)、getHeader(name) 或 removeHeader(name) 來改變。實際的請求標頭將與第 1 個資料區塊一起發送，或在呼叫 request.end() 方法時發送。

以下是建立 http.ClientRequest 物件 req 的範例：

```
const http = require('http');
```

```
const req = http.request({
  host: '127.0.0.1',
  port: 8080,
  method: 'POST'  // POST 操作
}, (res) => {
  res.resume();
  res.on('end', () => {
      console.info('請求完成！');
  });
});
```

要獲得回應，則需要為請求物件增加 response 事件監聽器。伺服器接收到回應標頭後，會從請求物件觸發 response 事件。在 response 事件即時執行有一個參數，該參數是 http.Incoming Message 的實例。

在 response 事件期間，可以增加監聽器到回應物件，例如監聽 data 事件。

如果沒有增加 response 事件處理函數，則回應將完全捨棄。如果增加了 response 事件處理函數，則必須消費完回應物件中的資料。每當有 readable 事件時，程式會呼叫 response.read() 方法，或增加 data 事件處理函數，或呼叫 .resume() 方法。在消費完資料之前不會觸發 end 事件。此外，在讀取資料之前回應物件會佔用記憶體，最後可能導致處理程序記憶體不足的錯誤。

Node.js 不檢查 Content-Length 和已傳輸的主體的長度是否相等。

http.ClientRequest 繼承自 Stream，並另外實現以下內容。

1. 終止請求

request.abort() 方法用於將請求標記為終止。呼叫此方法將導致回應中剩餘的資料被捨棄且通訊端被銷毀。

當請求被用戶端中止時將觸發 abort 事件。該事件僅在第一次呼叫 abort() 方法時被觸發。

2. connect 事件

當伺服器用 CONNECT() 方法回應請求時會發出 connect 事件。如果未監聽此事件，則接收 CONNECT() 方法的用戶端將關閉其連結。

下面範例示範了如何監聽 connect 事件：

```javascript
const http = require('http');
const net = require('net');
const url = require('url');

// 建立 HTTP 代理伺服器
const proxy = http.createServer((req, res) => {
  res.writeHead(200, { 'Content-Type': 'text/plain' });
  res.end('okay');
});
proxy.on('connect', (req, cltSocket, head) => {
  // 連結到原始伺服器
  const srvUrl = url.parse(`http://${req.url}`);
  const srvSocket = net.connect(srvUrl.port, srvUrl.hostname, () => {
    cltSocket.write('HTTP/1.1200 Connection Established\r\n' +
                    'Proxy-agent: Node.js-Proxy\r\n' +
                    '\r\n');
    srvSocket.write(head);
    srvSocket.pipe(cltSocket);
    cltSocket.pipe(srvSocket);
  });
});

// 代理伺服器在執行
proxy.listen(1337, '127.0.0.1', () => {

  // 建立一個到代理伺服器的請求
  const options = {
    port: 1337,
    host: '127.0.0.1',
```

```
    method: 'CONNECT',
    path: 'www.google.com:80'
};

const req = http.request(options);
req.end();

req.on('connect', (res, socket, head) => {
    console.log('got connected!');

    // 建立請求
    socket.write('GET / HTTP/1.1\r\n' +
                 'Host: www.google.com:80\r\n' +
                 'Connection: close\r\n' +
                 '\r\n');
    socket.on('data', (chunk) => {
        console.log(chunk.toString());
    });
    socket.on('end', () => {
        proxy.close();
    });
});
});
```

3. information 事件

在伺服器發送 1xx 回應（不包含 "101 Upgrade"）時發出 information 事件。該事件的監聽器將接收包含狀態碼的物件。

以下是使用 information 事件的案例：

```
const http = require('http');

const options = {
    host: '127.0.0.1',
    port: 8080,
```

```
  path: '/length_request'
};

// 建立請求
const req = http.request(options);
req.end();

req.on('information', (info) => {
  console.log(`Got information prior to main response: ${info.statusCode}`);
});
```

"101 Upgrade" 狀態不會觸發此事件,因為它與傳統的 HTTP 請求／回應鏈中斷了。舉例來說,在 WebSocket 中 HTTP 被升級為 TLS 或 HTTP 2.0,也會是 "101 Upgrade" 狀態。如果要接收到 "101 Upgrade" 的通知,則需要額外監聽 "upgrade" 事件。

4. upgrade 事件

每次伺服器回應升級請求時都會觸發 upgrade 事件。如果未監聽此事件且回應狀態碼為 "101 Switching Protocols",則接收升級標頭的用戶端將關閉其連結。

以下是使用 upgrade 事件的範例:

```
const http = require('http');

// 建立一個 HTTP 伺服器
const srv = http.createServer((req, res) => {
  res.writeHead(200, { 'Content-Type': 'text/plain' });
  res.end('okay');
});
srv.on('upgrade', (req, socket, head) => {
  socket.write('HTTP/1.1101 Web Socket Protocol Handshake\r\n' +
               'Upgrade: WebSocket\r\n' +
```

```
              'Connection: Upgrade\r\n' +
              '\r\n');

  socket.pipe(socket);
});

// 執行伺服器
srv.listen(1337, '127.0.0.1', () => {

  // 請求參數
  const options = {
    port: 1337,
    host: '127.0.0.1',
    headers: {
      'Connection': 'Upgrade',
      'Upgrade': 'websocket'
    }
  };

  const req = http.request(options);
  req.end();

  req.on('upgrade', (res, socket, upgradeHead) => {
    console.log('got upgraded!');
    socket.end();
    process.exit(0);
  });
});
```

5. request.end() 方法

request.end([data[, encoding]][, callback]) 方法用於發送請求。如果部分請求
主體還未發送，則將它們更新到流中。如果請求被分段，則發送結束字元
"0"。

- 如果指定了 data，則先呼叫 request.write(data, encoding) 再呼叫 request.
  end(callback)。
- 如果指定了 callback，則在請求流完成時呼叫它。

6. request.setHeader() 方法

request.setHeader(name, value) 方法用於設定單一請求標頭的值。如果此請求標頭已存在於待發送的請求標頭中，則其值將被取代。可以使用字串陣列來發送具有相同名稱的多個請求標頭。非字串值將被原樣儲存。因此，request.getHeader() 方法可能傳回非字串值。但是非字串值將被轉為字串以進行網路傳輸。

以下是使用該方法的範例：

```
request.setHeader('Content-Type', 'application/json');

request.setHeader('Cookie', ['type=ninja', 'language=javascript']);
```

7. request.write() 方法

request.write(chunk[, encoding][, callback]) 方法用於發送一個請求主體的資料區塊。透過多次呼叫此方法，可以將請求主體發送到伺服器。在這種情況下，建議在建立請求時使用 "['Transfer-Encoding', 'chunked']" 請求標頭。其中：

- encoding 參數是可選的，僅當 chunk 是字串時才可用。預設值為 "utf8"。
- callback 參數是可選的，僅當資料區塊不可為空時才可呼叫。

如果將整個資料成功更新到核心緩衝區中，則傳回 true。如果全部或部分資料在使用者記憶體中排隊，則傳回 false。當緩衝區再次空閒時會觸發 drain 事件。

在使用空字串或 buffer 呼叫 write 函數時，則什麼也不做，等待更多輸入。

8.3.2 了解 http.ServerResponse 類別

http.ServerResponse 物件由 HTTP 伺服器在其內部建立,而非由使用者建立。它作為第 2 個參數傳給 request 事件。

ServerResponse 繼承自 Stream,並實現了以下內容。

1. close 事件

該事件用於表示底層連結已終止。

2. finish 事件

在回應發送後觸發。更具體地説,當回應標頭和主體的最後一部分已被交給作業系統透過網路進行傳輸時,觸發該事件。但這並不表示用戶端已收到任何資訊。

3. response.addTrailers() 方法

response.addTrailers() 方法用於將 HTTP 尾部回應標頭(一種在訊息尾端的回應標頭)增加到回應中。

只有在使用分段編碼進行回應時才會發出尾部回應標頭;如果不是(舉例來説,請求是 HTTP/1.0),則它們將被預設捨棄。

 iler 回應標頭才能發出尾部回應標頭,並在其值中包含回應標頭欄位清單。例如:

```
response.writeHead(200, { 'Content-Type': 'text/plain',
                          'Trailer': 'Content-MD5' });
response.write(fileData);
response.addTrailers({ 'Content-MD5': '7895bf4b8828b55ceaf47747b4bca667' });
response.end();
```

如果在設定回應標頭欄位名稱或值時包含了無效字元，則會拋出
TypeError。

4. response.end() 方法

response.end([data][, encoding][, callback]) 方法用於向伺服器發出訊號，表示已發送所有回應標頭和正文。必須在每個回應上呼叫 response.end() 方法。

如果指定了 data，則相當於先呼叫 response.write(data, encoding) 方法再呼叫 response.end() 方法。

如果指定了 callback，則在回應流完成時呼叫它。

5. response.getHeader() 方法

response.getHeader() 方法用於讀出已排隊但未發送到用戶端的回應標頭。需要注意的是，該方法的參數名稱不區分大小寫。傳回值的類型取決於提供給 response.setHeader() 方法的參數。

以下是使用範例：

```
response.setHeader('Content-Type', 'text/html');
response.setHeader('Content-Length', Buffer.byteLength(body));
response.setHeader('Set-Cookie', ['type=ninja', 'language=javascript']);

const contentType = response.getHeader('content-type');
// contentType 是 "text/html"

const contentLength = response.getHeader('Content-Length');
// contentLength 的類型為數值

const setCookie = response.getHeader('set-cookie');// setCookie 的類型為字串陣列
```

6. response.getHeaderNames() 方法

該方法傳回一個陣列，其中包含目前傳出的回應標頭的唯一名稱。所有回應標頭名稱都應是小寫的。

以下是使用範例：

```
response.setHeader('Foo', 'bar');
response.setHeader('Set-Cookie', ['foo=bar', 'bar=baz']);


const headerNames = response.getHeaderNames();
// headerNames === ['foo', 'set-cookie']
```

7. response.getHeaders() 方法

該方法用於傳回目前傳出的回應標頭的「淺層拷貝」。由於是使用「淺層拷貝」，所以可以更改陣列的值而無須額外呼叫各種與回應標頭相關的 http 模組方法。傳回物件的鍵是回應標頭名稱，值是各自的回應標頭值。所有回應標頭名稱都是小寫的。

response.getHeaders() 方法傳回的物件不是從 JavaScript Object 原型繼承的。這表示，典型的 Object 方法（如 obj.toString()、obj.hasOwnProperty() 等）都沒有被定義並且不起作用。

以下是使用範例：

```
response.setHeader('Foo', 'bar');
response.setHeader('Set-Cookie', ['foo=bar', 'bar=baz']);


const headers = response.getHeaders();
// headers === { foo: 'bar', 'set-cookie': ['foo=bar', 'bar=baz'] }
```

8. response.setTimeout() 方法

response.setTimeout() 方法用於將通訊端的逾時值設定為 msecs。

如果提供了回呼函數，則會將其作為監聽器增加到回應物件的 timeout 事件中。

如果沒有 timeout 監聽器增加到請求、回應或伺服器，則通訊端在逾時將被銷毀。如果有回呼處理函數分配給請求、回應或伺服器的 timeout 事件，則必須顯性處理逾時的通訊端。

9. response.socket 屬性

該屬性用於指向底層的通訊端。以下是使用範例：

```
const http = require('http');

const server = http.createServer((req, res) => {
  const ip = res.socket.remoteAddress;
  const port = res.socket.remotePort;
  res.end(`你的 IP 位址是 ${ip}，通訊埠是 ${port}`);
}).listen(3000);
```

通常使用者不需要存取該物件的屬性，因為協定解析器是附加到通訊端的，所以通訊端不會觸發 readable 事件。在呼叫 response.end() 方法後，此屬性為空。也可以透過 response.connection 來存取 socket 屬性。

10. response.write() 方法

如果呼叫 response.write() 方法並且尚未呼叫 response.writeHead() 方法，則將切換到隱式回應標頭模式並更新隱式回應標頭。此時會發送一塊回應主體。可以多次呼叫該方法以提供連續的回應主體片段。

> 在 http 模組中，當請求是 HEAD 請求時會省略回應主體。同樣，204 和 304 回應也會省略訊息主體。

chunk 可以是字串或 Buffer。如果 chunk 是一個字串，則第 2 個參數指定
如何將其編碼為位元組流。當更新此資料區塊時將呼叫回呼函數。

- 在第 1 次呼叫 response.write() 方法時，會將緩衝的回應標頭資訊和主體
  的第 1 個資料區塊發送給用戶端。
- 在第 2 次呼叫 response.write() 方法時，Node.js 假設資料將被資料流，
  並分別發送新資料（即回應被緩衝到主體的第 1 個資料區塊中）。
- 如果將整個資料成功更新到核心緩衝區中，則傳回 true。如果全部或部
  分資料在使用者記憶體中排隊，則傳回 false。當緩衝區再次空閒時會
  觸發 drain 事件。

8.4 REST 概述

以 HTTP 為主的網路通訊應用非常廣泛，REST 是以 HTTP 為基礎的一種非
常流行的架構風格。REST 風格（RESTful）的 API 具有平台獨立性、語言
獨立性等特點，因此在網際網路應用、Cloud Native 架構中經常將 REST 作
為主要的通訊風格。那麼，是否所有使用 HTTP 的 API 都算是 REST 呢？

8.4.1 REST 的定義

一說到 REST，很多人的第一反應是——它是前端請求後端的一種通訊方
式，甚至有人將 REST 和 RPC 混為一談，認為兩者都是以 HTTP 為基礎
的。實際上，很少有人能詳細說明 REST 所提出的各個約束、風格特點及
如何架設 REST 服務。

REST（Representational State Transfer，表述性狀態傳輸）描述了一個架構
樣式的網路系統，如 Web 應用程式。它第一次出現在 2000 年 Roy Fielding
的博士論文 *Architectural Styles and the Design of Network-based Software*

Architectures 中。Roy Fielding 是 HTTP 標準的主要撰寫者之一，也是 Apache HTTP 伺服器專案的共同創立者。這篇文章一經發表就引起了相當大的反響。很多公司或組織都宣稱自己的應用服務實現了 REST API。但該論文實際上只是描述了一種架構風格，並未對實際的實現做出標準，所以在各大廠商中不免存在渾水摸魚或誤用和濫用 REST 者。在這種背景下，Roy Fielding 不得不再次發文澄清，坦言了他的失望，並對 SocialSite REST API 提出了批評。同時他還指出，除非應用狀態引擎是由超文字驅動的，否則它就不是 REST 或 REST API。據此，他列出了 REST API 應該具備的條件：

（1）REST API 不應該依賴任何通訊協定，儘管要成功對映到某個協定可能會依賴中繼資料的可用性、所選的方法等。
（2）REST API 不應該包含對通訊協定的任何改動，除非是為了補充標準協定中未規定的部分。
（3）REST API 應該將大部分的描述工作放在定義表示資源和驅動應用狀態的媒體類型上。
（4）REST API 絕不應該定義一個固定的資源名稱或層次結構（用戶端和伺服器之間的明顯耦合）。
（5）REST API 永遠不應該有那些會影響用戶端的「類型化」資源。
（6）REST API 不應該要求有先驗知識（Prior Knowledge），初始 URI 和適合目標使用者的一組標準化的媒體類型除外（即它能被任何潛在使用該 API 的用戶端了解）。

8.4.2 REST 的設計原則

REST 並非標準，而是一種開發 Web 應用的架構風格，可以將其了解為一種設計模式。REST 基於 HTTP、URI 及 XML 這些現有且廣泛流行的協定和標準。伴隨著 REST 的應用，HTTP 協定獲得了更加正確地使用。

REST 是指一組架構的限制條件和原則。滿足這些限制條件和原則的應用程式或設計就是 REST 風格。相較於以 SOAP 和 WSDL 為基礎的 Web 服務，REST 風格提供了更為簡潔的實現方案。REST Web 服務（RESTful Web Services）是鬆散耦合的，特別適用於建立在網際網路上傳播的輕量級的 Web 服務 API。REST 應用程式是以「資源表述的傳輸」（the Transfer of Representations of Resources）為中心來做請求和回應的。資料和功能均被視為資源，並使用統一的資源識別符號（URI）來存取資源。

網頁中的連結就是典型的 URI。該資源由文件表述，並透過一組簡單的、定義明確的操作來執行。舉例來說，一個 REST 資源可能是一個城市目前的天氣情況。該資源的表述可能是一個 XML 檔案、影像檔或 HTML 頁面。用戶端可以檢索特定表述，透過更新其資料來修改資源，或完全刪除該資源。

目前，越來越多的 Web 服務開始採用 REST 風格來設計和實現，比較知名的 REST 服務包含 Google 的 AJAX 搜尋 API、Amazon 的 Simple Storage Service（Amazon S3）等。以 REST 風格為基礎的 Web 服務需遵循以下的基本設計原則，這會使 RESTful 應用程式更加簡單、輕量，開發速度也更快。

（1）透過 URI 來標識資源。系統中的每一個物件或資源都可以透過唯一的 URI 來進行定址，URI 的結構應該簡單、可預測且易於了解，例如定義目錄結構式的 URI。

（2）介面統一。以遵循 RFC-26161 所定義的協定方式顯性地使用 HTTP 方法，建立、檢索、更新和刪除（Create、Retrieve、Update、Delete，CRUD）操作與 HTTP 方法的一對一對映。

（3）若要在伺服器上建立資源，應該使用 POST 方法。

（4）若要檢索某個資源，應該使用 GET 方法。

（5）若要更新或增加資源，應該使用 PUT 方法。

（6）若要刪除某個資源，應該使用 DELETE 方法。

（7）資源多重表述。URI 所存取的每個資源都可以使用不同的形式來表示（如 XML 或 JSON），實際的表現形式取決於存取資源的用戶端，用戶端與服務提供者使用一種內容協商機制（請求標頭與 MIME 類型）來選擇合適的資料格式，最小化彼此之間的資料耦合。在 REST 的世界中，資源即狀態，而網際網路就是一個極大的狀態機，每個網頁都是它的狀態；URI 是狀態的表述；REST 風格的應用程式則是從一個狀態遷移到另一個狀態的狀態傳輸過程。早期的網際網路只有靜態頁面，透過超連結在靜態網頁之間跳躍瀏覽模式就是一種典型的狀態傳輸過程，即早期的網際網路就是天然的 REST 風格。

（8）無狀態。對伺服器端的請求應該是無狀態的，完整、獨立的請求不要求伺服器在處理請求時檢索任何類型的應用程式上下文或狀態。無狀態約束使伺服器的變化對用戶端是不可見的，因為在兩次連續的請求中，用戶端並不依賴同一台伺服器。一個用戶端從某台伺服器上收到一份包含連結的文件，當它要做一些處理時這台伺服器當機了（可能是硬碟壞掉而被拿去修理，也可能是軟體需要升級重新啟動），如果這個用戶端存取了從這台伺服器接收的連結，那它不會察覺到後端的伺服器已經改變了。透過超連結實現有狀態互動，即請求訊息是自包含的（每次互動都包含完整的資訊），由多種技術實現不同請求間狀態資訊的傳輸，如 URI、Cookies 和隱藏表單欄位等，狀態可以嵌入回應訊息中。這樣一來，狀態在接下來的互動中仍然有效。

REST 風格應用程式可以實現互動，但它卻天然具有伺服器無狀態的特徵。在狀態遷移過程中，伺服器不需要記錄任何 Session，所有的狀態都透過 URI 的形式記錄在用戶端。更準確地說，這裡的無狀態伺服器是指伺服器不儲存階段狀態（Session）；而資源本身則是天然的狀態，通常是需要被儲存的。這裡的無狀態伺服器均指無階段狀態伺服器。

8.5 成熟度模型

正如前文所述，正確、完整地使用 REST 是困難的，關鍵在於 Roy Fielding 所定義的 REST 只是一種架構風格，並不是標準，所以也就缺少可以直接參考的依據。好在 Leonard Richardson 改進了這方面的不足，他提出了 REST 的成熟度模型（Richardson Maturity Model），將 REST 的實現劃分為不同的等級。圖 8-2 展示了 REST 的成熟度模型。

圖 8-2 REST 的成熟度模型

8.5.1 第 0 級：用 HTTP 作為傳輸方式

在第 0 級中，Web 服務只是用 HTTP 作為傳輸方式，實際上只是遠端方法呼叫（RPC）的一種實際形式。SOAP 和 XML-RPC 都屬於此等級。

舉例來說，在一個醫院掛號系統中，醫院會先透過某個 URI 來曝露出該掛號服務端點（Service Endpoint）。然後患者會向該 URL 發送一個文件作為請求，文件中包含請求的所有細節。

```
POST /appointmentService HTTP/1.1
[ 省略了其他頭的資訊 ...]

<openSlotRequest date = "2010-01-04" doctor = "mjones"/>
```

然後伺服器會傳回一個包含了患者所需資訊的文件：

```
HTTP/1.1200 OK
[ 省略了其他標頭的資訊 ...]

<openSlotList>
<slot start = "1400" end = "1450">
<doctor id = "mjones"/>
</slot>
<slot start = "1600" end = "1650">
<doctor id = "mjones"/>
</slot>
</openSlotList>
```

在這個實例中我們使用了 XML，但是內容實際上可以是任何格式，例如 JSON、YAML、鍵值對，或其他自訂的格式。

有了這些資訊後，下一步就是建立一個預約。可以透過向某個端點（Endpoint）發送一個文件來完成：

```
POST /appointmentService HTTP/1.1
[ 省略了其他頭的資訊 ...]

<appointmentRequest>
<slot doctor = "mjones" start = "1400" end = "1450"/>
<patient id = "jsmith"/>
</appointmentRequest>
```

如果一切正常，則開發者會收到一個預約成功的回應：

```
HTTP/1.1200 OK
[ 省略了其他頭的資訊 ...]
```

```
<appointment>
<slot doctor = "mjones" start = "1400" end = "1450"/>
<patient id = "jsmith"/>
</appointment>
```

如果發生了問題（例如有人先預約上了），則開發者會在回應本體中收到
某種錯誤訊息：

```
HTTP/1.1200 OK
[ 省略了其他頭的資訊 ...]

<appointmentRequestFailure>
<slot doctor = "mjones" start = "1400" end = "1450"/>
<patient id = "jsmith"/>
<reason>Slot not available</reason>
</appointmentRequestFailure>
```

到目前為止，這是一個非常直觀的以 RPC 風格為基礎的系統。它是簡單
的，因為只有 Plain Old XML（POX）在這個過程中被傳輸。如果你使用
SOAP 或 XML-RPC，則原理也大致相同，唯一的不同是——XML 訊息會
被包含在了某種特定的格式中。

8.5.2 第 1 級：引用了資源的概念

在第 1 級中，Web 服務引用了資源的概念，每個資源都有對應的識別
符號和表達。所以，不是將所有的請求發送到單一服務端點（Service
Endpoint），而是和單獨的資源進行互動。

因此在我們的首個請求中讓指定醫生有一個對應的資源：

```
POST /doctors/mjones HTTP/1.1
[ 省略了其他頭的資訊 ...]

<openSlotRequest date = "2010-01-04"/>
```

回應會包含一些基本資訊，其中包含各個時間段的就診時間資訊。這些資訊可以被單獨處理：

```
HTTP/1.1200 OK
[ 省略了其他頭的資訊 ... ]

<openSlotList>
<slot id = "1234" doctor = "mjones" start = "1400" end = "1450"/>
<slot id = "5678" doctor = "mjones" start = "1600" end = "1650"/>
</openSlotList>
```

有了這些資源後，建立一個預約就是向某個特定的就診時間發送請求：

```
POST /slots/1234 HTTP/1.1
[ 省略了其他頭的資訊 ... ]

<appointmentRequest>
<patient id = "jsmith"/>
</appointmentRequest>
```

如果一切順利，則會收到和前面類似的回應：

```
HTTP/1.1200 OK
[ 省略了其他頭的資訊 ... ]

<appointment>
<slot id = "1234" doctor = "mjones" start = "1400" end = "1450"/>
<patient id = "jsmith"/>
</appointment>
```

8.5.3 第 2 級：根據語義使用 HTTP 動詞

在第 2 級中，Web 服務使用不同的 HTTP 方法來進行不同的操作，並且使用 HTTP 狀態碼來表示不同的結果。舉例來說，GET 方法用來取得資源，DELETE 方法用來刪除資源。

在醫院掛號系統中，取得醫生的就診時間資訊需要使用 GET 方法：

```
GET /doctors/mjones/slots?date=20100104&status=open HTTP/1.1
Host: royalhope.nhs.uk
```

回應和之前使用 POST 發送請求時一致：

```
HTTP/1.1200 OK
[省略了其他頭的資訊 ...]

<openSlotList>
<slot id = "1234" doctor = "mjones" start = "1400" end = "1450"/>
<slot id = "5678" doctor = "mjones" start = "1600" end = "1650"/>
</openSlotList>
```

像上面那樣使用 GET 方法來發送一個請求是非常重要的。HTTP 將 GET 方法定義為一個安全的操作，它並不會對任何事物的狀態造成影響。這也就允許我們用不同的順序許多次呼叫 GET 方法，每次都能夠獲得相同的結果。一個重要的結論是，GET 方法允許路由中的參與者使用快取機制，該機制是讓目前的 Web 運轉得如此良好的關鍵因素之一。HTTP 包含許多方法來支援快取，這些方法可以在通訊過程中被所有的參與者使用。透過遵守 HTTP 的規則，我們可以極佳地利用該快取。

為了建立一個預約，我們需要使用一個能夠改變狀態的請求方式。這裡使用和前面相同的 POST 請求：

```
POST /slots/1234 HTTP/1.1
[省略了其他頭的資訊 ...]

<appointmentRequest>
<patient id = "jsmith"/>
</appointmentRequest>
```

如果一切順利，則服務會傳回一個 201 回應來表明新增了一個資源。這與第 1 級的 POST 回應完全不同，第 2 級中的操作回應都有統一的傳回狀態碼。

```
HTTP/1.1201 Created
Location: slots/1234/appointment
[ 省略了其他頭的資訊 ...]

<appointment>
<slot id = "1234" doctor = "mjones" start = "1400" end = "1450"/>
<patient id = "jsmith"/>
</appointment>
```

在 201 回應中包含了一個 Location 屬性，它是一個 URI。將來用戶端可以透過 GET 請求獲得該資源的狀態。以上的回應還包含該資源的資訊，進一步省去了一個取得該資源的請求。

在出現問題時，第 2 級和第 1 級還有一個不同之處。例如某人預約了該時段：

```
HTTP/1.1409 Conflict
[various headers]

<openSlotList>
<slot id = "5678" doctor = "mjones" start = "1600" end = "1650"/>
</openSlotList>
```

在上述程式中，409 表明該資源已經被更新了。相比使用 200 作為回應碼再附帶一個錯誤訊息，在第 2 級中我們會明確回應碼的含義，以及其對應的回應資訊。

8.5.4 第 3 級：使用 HATEOAS

在第 3 級中，Web 服務使用 HATEOAS。HATEOAS 是 Hypertext As The Engine Of Application State 的縮寫，是指在資源的表達中包含了連結資訊，用戶端可以根據連結資訊來發現可以執行的動作。

從上述 REST 成熟度模型中可以看到，使用 HATEOAS 的 REST 服務是成熟度最高的，也是 Roy Fielding 所推薦的「超文字驅動」做法。對於不使用 HATEOAS 的 REST 服務，用戶端和伺服器之間是緊密耦合的。用戶端需要根據伺服器提供的相關文件來了解所曝露的資源和對應的操作。當伺服器發生變化（如修改了資源的 URI）時，用戶端也需要進行對應的修改。而在使用 HATEOAS 的 REST 服務中，用戶端可以透過伺服器提供的資源的表達來智慧地發現可以執行的操作。當伺服器發生變化後，用戶端並不需要做出修改，因為資源的 URI 和其他資訊都是被動態發現的。

下面是一個 HATEOAS 的實例：

```
{
  "id": 711,
  "manufacturer": "bmw",
  "model": "X5",
  "seats": 5,
  "drivers": [
   {
    "id": "23",
    "name": "Way Lau",
    "links": [
     {
     "rel": "self",
     "href": "/api/v1/drivers/23"
     }
    ]
   }
  ]
}
```

回到我們的醫院掛號系統案例中，還是使用在第 2 級中使用過的 GET 方法進行首個請求：

```
GET /doctors/mjones/slots?date=20100104&status=open HTTP/1.1
Host: royalhope.nhs.uk
```

但是在回應中增加了一個新元素：

```
HTTP/1.1200 OK
[ 省略了其他頭的資訊 ...]

<openSlotList>
<slot id = "1234" doctor = "mjones" start = "1400" end = "1450">
<link rel = "/linkrels/slot/book"
        uri = "/slots/1234"/>
</slot>
<slot id = "5678" doctor = "mjones" start = "1600" end = "1650">
<link rel = "/linkrels/slot/book"
        uri = "/slots/5678"/>
</slot>
</openSlotList>
```

每個就診時間資訊現在都包含一個 URI，用來告訴我們如何建立一個預約。

超媒體控制（Hypermedia Control）的關鍵在於：它告訴我們下一步能夠做什麼，以及對應資源的 URI。舉例來說，我們可以事先知道去哪個位址發送預約請求，因為回應中的超媒體控制直接在回應本體中告訴了我們該如何做。

預約的 POST 請求和第 2 級中的類似：

```
POST /slots/1234 HTTP/1.1
[ 省略了其他表頭的資訊 ...]

<appointmentRequest>
<patient id = "jsmith"/>
</appointmentRequest>
```

在回應中包含了一系列的超媒體控制，用來告訴我們後面可以進行什麼操作：

```
HTTP/1.1201 Created
Location: http://royalhope.nhs.uk/slots/1234/appointment
[省略了其他頭的資訊 ...]

<appointment>
<slot id = "1234" doctor = "mjones" start = "1400" end = "1450"/>
<patient id = "jsmith"/>
<link rel = "/linkrels/appointment/cancel"
      uri = "/slots/1234/appointment"/>
<link rel = "/linkrels/appointment/addTest"
      uri = "/slots/1234/appointment/tests"/>
<link rel = "self"
      uri = "/slots/1234/appointment"/>
<link rel = "/linkrels/appointment/changeTime"
      uri = "/doctors/mjones/slots?date=20100104@status=open"/>
<link rel = "/linkrels/appointment/updateContactInfo"
      uri = "/patients/jsmith/contactInfo"/>
<link rel = "/linkrels/help"
      uri = "/help/appointment"/>
</appointment>
```

超媒體控制的顯著優點是：它能夠在確保用戶端不受影響的條件下，改變伺服器傳回的 URI 方案。只要用戶端查詢 "addTest" 這個 URI，後端開發團隊就可以根據需要隨意修改與之對應的 URI（只有最初的入口 URI 不能被修改）。

超媒體控制的另一個優點是：它能夠幫助用戶端開發人員進行探索。其中的連結告訴了用戶端開發人員接下來可能需要執行的操作。它並不會告訴所有的資訊，但至少提供了一個思考的起點，可以啟動開發人員去協定文件中檢視對應的 URI。

它也讓伺服器端的團隊可以透過在回應中增加新的連結來增加功能。例如用戶端開發人員發現了一個之前未知的連結，那他們就可以知道這個連結是伺服器端提供的新的功能。

8.6 實例 18：建置 REST 服務的實例

本節將以 Node.js 為基礎來實現一個簡單的「使用者管理」應用。該應用將透過 REST API 來實現使用者的新增、修改和刪除。

在前面章節介紹過，REST API 與 HTTP 操作之間有一定的對映關係。在本實例中，將使用 POST 來新增使用者，用 PUT 來修改使用者，用 DELETE 來刪除使用者。

應用的主結構如下：

```
const http = require('http');

const hostname = '127.0.0.1';
const port = 8080;

const server = http.createServer((req, res) => {

  req.setEncoding('utf8');
  req.on('data', function (chunk) {
    console.log(req.method + user);

    // 判斷不同的方法類型
    switch (req.method) {
      case 'POST':
        // ...
        break;
      case 'PUT':
```

```
    // ...
      break;
    case 'DELETE':
      // ...
      break;
    }

  });

});

server.listen(port, hostname, () => {
  console.log(`伺服器執行在 http://${hostname}:${port}/`);
});
```

8.6.1 新增使用者

為了儲存新增的使用者，在程式中使用 Array() 方法將使用者儲存在記憶體中。

```
let users = new Array();
```

當使用者發送 POST 請求時，則在 users 陣列中新增一個元素。程式如下：

```
let users = new Array();
let user;

const server = http.createServer((req, res) => {

  req.setEncoding('utf8');
  req.on('data', function (chunk) {
    user = chunk;
    console.log(req.method + user);

    // 判斷不同的方法類型
```

```
  switch (req.method) {
    case 'POST':
      users.push(user);
      console.log(users);
      break;
    case 'PUT':
      // ...
      break;
    case 'DELETE':
      // ...
      break;
  }

  });

});
```

在本例中，為求簡單，使用者的資訊只有使用者名稱。

8.6.2 修改使用者

修改使用者是指，將 users 中的使用者取代為指定的使用者。由於本實例中只有使用者名稱一個資訊，因此只是簡單地將 users 的使用者名稱取代為傳入的使用者名稱。

程式如下：

```
let users = new Array();
let user;

const server = http.createServer((req, res) => {

  req.setEncoding('utf8');
  req.on('data', function (chunk) {
```

```javascript
      user = chunk;
      console.log(req.method + user);

      // 判斷不同的方法類型
      switch (req.method) {
        case 'POST':
          users.push(user);
          console.log(users);
          break;
        case 'PUT':
          for (let i = 0; i < users.length; i++) {
            if (user == users[i]) {
              users.splice(i, 1, user);
              break;
            }
          }
          console.log(users);
          break;
        case 'DELETE':
          // ...
          break;
      }

    });

  });
```

正如上面的程式所示，當使用者發起 PUT 請求時，會用傳入的 user 取代掉 users 中相同使用者名稱的元素。

8.6.3 刪除使用者

刪除使用者是指將 users 中指定的使用者刪除。

程式如下：

```javascript
let users = new Array();
let user;

const server = http.createServer((req, res) => {

  req.setEncoding('utf8');
  req.on('data', function (chunk) {
    user = chunk;
    console.log(req.method + user);

    // 判斷不同的方法類型
    switch (req.method) {
      case 'POST':
        users.push(user);
        console.log(users);
        break;
      case 'PUT':
        for (let i = 0; i < users.length; i++) {
          if (user == users[i]) {
            users.splice(i, 1, user);
            break;
          }
        }
        console.log(users);
        break;
      case 'DELETE':
        or (let i = 0; i < users.length; i++) {
          if (user == users[i]) {
            users.splice(i, 1);
            break;
          }
        }
        break;
    }
```

```
    });

});
```

8.6.4 回應請求

回應請求是指，伺服器在處理完成使用者的請求後，將資訊返給使用者的過程。

在本實例，我們將記憶體中所有的使用者資訊作為回應請求的內容。

程式如下：

```
let users = new Array();
let user;

const server = http.createServer((req, res) => {

  req.setEncoding('utf8');
  req.on('data', function (chunk) {
    user = chunk;
    console.log(req.method + user);

    // 判斷不同的方法類型
    switch (req.method) {
      case 'POST':
        users.push(user);
        console.log(users);
        break;
      case 'PUT':
        for (let i = 0; i < users.length; i++) {
          if (user == users[i]) {
            users.splice(i, 1, user);
            break;
```

```
        }
      }
      console.log(users);
      break;
    case 'DELETE':
      or (let i = 0; i < users.length; i++) {
        if (user == users[i]) {
          users.splice(i, 1);
          break;
        }
      }
      break;
    }

    // 回應請求
    res.statusCode = 200;
    res.setHeader('Content-Type', 'text/plain');
    res.end(JSON.stringify(users));
  });

});
```

8.6.5 執行應用

透過以下指令啟動伺服器：

```
$ node rest-service
```

在啟動成功後，可以透過 REST 用戶端來進行 REST API 測試。在本實例中，使用是 RESTClient（一款 Firefox 外掛程式）。

1. 測試建立使用者 API

在 RESTClient 中，選擇 POST 請求方法，並填入 "waylau" 作為使用者的請求內容，並點擊「發送」按鈕。在發送成功後，可以看到如圖 8-3 所示的內容。

圖 8-3 用 POST 請求建立使用者

可以看到，已傳回增加的使用者資訊，如圖 8-4 所示。可以增加多個使用者以進行測試。

2. 測試修改使用者 API

在 RESTClient 中，選擇 PUT 請求方法，並填入 "waylau" 作為使用者的請求內容，然後點擊「發送」按鈕。在發送成功後，可以看到如圖 8-5 所示的回應內容。

雖然最後的回應結果看上去並無變化，實際上 "waylau" 的值已經被取代過了。

3. 測試刪除使用者 API

在 RESTClient 中，選擇 DELETE 請求方法，並填入 "waylau" 作為使用者的請求內容，然後點擊「發送」按鈕。在發送成功後，可以看到如圖 8-6 所示的回應內容。

從最後的回應結果中可以看到 "waylau" 的資訊被刪除了。

> 📂 本節實例的原始程式碼可以在本書搭配資源的 "http-demo/rest-service. js" 檔案中找到。

圖 8-4 用 POST 請求建立並傳回多個使用者

圖 8-5 用 PUT 請求修改使用者

圖 8-6 用 DELETE 請求刪除使用者

第三篇

Express -- Web 伺服器

09

Express 基礎

透過前面幾章的學習，讀者應該基本會使用 Node.js 來建置一些簡單的 Web 應用範例。但實際上這些範例離真實的專案還有很大差距，歸根結底是由於這些都是以原生的 Node.js 為基礎的 API。這些 API 都太偏向底層，要實現真實的專案還需要做很多工作。

中介軟體是為了簡化真實專案的開發而準備的。它的應用非常廣泛，例如有 Web 伺服器中介軟體、訊息中介軟體、ESB（企業服務匯流排）中介軟體、記錄檔中介軟體、資料庫中介軟體等。借助中介軟體可以快速實現專案的業務功能，而無須關心中介軟體底層的技術細節。

本章介紹 Node.js 專案中常用的 Web 中介軟體——Express。

9.1 安裝 Express

Express 具有一系列強大特性，可以幫助使用者建立各種 Web 應用。同時，Express 也是一款功能非常強大的 HTTP 工具。

使用 Express 可以快速地架設一個具有完整功能的網站。其核心特性包含：

- 可以設定中介軟體來回應 HTTP 請求。
- 可以定義路由表，用於執行不同的 HTTP 請求動作。
- 可以透過向範本傳遞參數來動態繪製 HTML 頁面。

接下來介紹如何安裝 Express。

1. 初始化應用目錄

初始化一個名為 "express-demo" 的應用：

```
$ mkdir express-demo
$ cd express-demo
```

2. 初始化應用的結構

透過 "npm init" 指令來初始化該應用的結構：

```
$ npm init

This utility will walk you through creating a package.json file.
It only covers the most common items, and tries to guess sensible defaults.

See `npm help json` for definitive documentation on these fields
and exactly what they do.

Use `npm install <pkg>` afterwards to install a package and
save it as a dependency in the package.json file.

Press ^C at any time to quit.
package name: (express-demo)
version: (1.0.0)
description:
entry point: (index.js)
test command:
git repository:
keywords:
author: waylau.com
```

```
license: (ISC)
About to write to D:\workspaceGithub\mean-book-samples\samples\express-demo\
package.json:

{
  "name": "express-demo",
  "version": "1.0.0",
  "description": "",
  "main": "index.js",
  "scripts": {
    "test": "echo \"Error: no test specified\" && exit 1"
  },
  "author": "waylau.com",
  "license": "ISC"
}

Is this OK? (yes) yes
```

3. 在應用中安裝 Express

透過 "npm install" 指令來安裝 Express：

```
$ npm install express --save

npm notice created a lockfile as package-lock.json. You should commit this file.
npm WARN express-demo@1.0.0 No description
npm WARN express-demo@1.0.0 No repository field.

+ express@4.17.1
added 50 packages from 37 contributors in 4.655s
```

9.2 實例 19：撰寫 "Hello World" 應用

在安裝完成 Express 後就可以透過 Express 來撰寫 Web 應用了。以下是 "Hello World" 應用的程式：

```
const express = require('express');
const app = express();
const port = 8080;

app.get('/', (req, res) => res.send('Hello World!'));

app.listen(port, () => console.log(`Server listening on port ${port}!`));
```

該範例非常簡單，當伺服器啟動之後，會佔用 8080 通訊埠。當使用者存取應用的 "/" 路徑時，會回應 "Hello World!" 給用戶端。

9.3 實例 20：執行 "Hello World" 應用

執行以下指令以啟動伺服器：

```
$ node index.js

Server listening on port 8080!
```

在伺服器啟動後，透過瀏覽器存取 http://localhost:8080，可以看到如圖 9-1 所示的介面。

圖 9-1 "Hello World!" 介面

> 📂 本節實例的原始程式碼可以在本書搭配資源的 "express-demo" 檔案中
> 找到。

10

Express 路由 -- 頁面的導覽員

在 Web 伺服器中，路由用於在不同的頁面間進行導覽。

10.1 路由方法

路由方法是從某個 HTTP 方法衍生的，並附加到 express 類別的實例。

以下程式是為應用根目錄的 GET 和 POST 方法定義的路由範例。

```
// 發送 GET 請求到應用的根目錄
app.get('/', (req, res) => res.send('GET request to the homepage!'));

// 發送 POST 請求到應用的根目錄
app.post('/', (req, res) => res.send('POST request to the homepage!'));
```

Express 支援與所有 HTTP 請求方法相對應的方法，包含 get、post、put、delete 等。下面是 Express 提供的路由方法的完整列表：

- checkout
- copy
- delete
- get
- head
- lock
- merge
- mkactivity

- mkcol
- move
- m-search
- notify
- options
- patch
- post
- purge

- put
- report
- search
- subscribe
- trace
- unlock
- unsubscribe
- all

路由方法 all 較為特殊，該方法用於在路由上為所有 HTTP 請求方法載入中介軟體函數。舉例來說，無論是使用 get、post、put、delete 方法，還是 http 模組支援的任何其他 HTTP 請求方法，都會對路由 "/secret" 的請求執行以下處理常式。

```
app.all('/secret', function (req, res, next) {
  console.log('Accessing the secret section ...')
  next()
})
```

10.2 路由路徑

路由路徑與請求方法相結合，便可以定義進行請求的端點。路由路徑可以是字串、字串模式或正規表示法。

字元 "?"、"+"、"*" 和 "()" 會按照正規表示法進行處理。連字元號 "-" 和點 "." 則不會按照正規表示法進行處理。

如果需要在路徑字串中使用字元 "$"，則需要將其包含在 "([" 和 "])" 內。舉例來說，對 "/data/$book" 的請求，其路徑字串將是 "/data/([\$])book"。Express 使用 Path-To-RegExp 函數庫來比對路由路徑。

10.2.1　實例 21：以字串為基礎的路由路徑

以下是以字串為基礎的路由路徑的一些範例。

- 以下是路由路徑對根路由 "/" 請求的處理。

```
app.get('/', function (req, res) {
  res.send('root')
})
```

- 以下是路由路徑對 "/about" 請求的處理。

```
app.get('/about', function (req, res) {
  res.send('about')
})
```

- 以下是路由路徑對 "/random.text" 請求的處理。

```
app.get('/random.text', function (req, res) {
  res.send('random.text')
})
```

10.2.2　實例 22：以字串模式為基礎的路由路徑

以下是以字串模式為基礎的路由路徑的一些範例。

- 以下是路由路徑比對 acd 和 abcd 時的處理。

```
app.get('/ab?cd', function (req, res) {
  res.send('ab?cd')
})
```

- 以下是路由路徑比對 abcd、abbcd、abbbcd 時的處理。

```
app.get('/ab+cd', function (req, res) {
  res.send('ab+cd')
})
```

■ 以下是路由路徑比對 abcd、abxcd、abRANDOMcd、dab123cd 時的處理。

```
app.get('/ab*cd', function (req, res) {
  res.send('ab*cd')
})
```

■ 以下是路由路徑比對 abe、abcde 時的處理。

```
app.get('/ab(cd)?e', function (req, res) {
  res.send('ab(cd)?e')
})
```

10.2.3 實例 23：以正規表示法為基礎的路由路徑

以下是以正規表示法為基礎的路由路徑範例。

■ 以下路由路徑將比對其中包含 "a" 的任何內容。

```
app.get(/a/, function (req, res) {
  res.send('/a/')
})
```

■ 以下路由路徑將比對 butterfly 和 dragonfly，但不會比對 butterflyman 和 dragonflyman 等。

```
app.get(/.*fly$/, function (req, res) {
  res.send('/.*fly$/')
})
```

10.3 路由參數

路由參數是一種在 URL 中傳遞參數的方式，用於捕捉在 URL 中指定的值。捕捉的值將填充在 req.params 物件中。

觀察下面的請求：

```
Route path: /users/:userId/books/:bookId
Request URL: http://localhost:3000/users/34/books/8989
req.params: { "userId": "34", "bookId": "8989" }
```

要使用路由參數定義路由，只需在路由路徑中指定路由參數，如下所示。

```
app.get('/users/:userId/books/:bookId', function (req, res) {
  res.send(req.params)
})
```

如果要更進一步地控制路由參數，則應在括號 "()" 中附加正規表示法：

```
Route path: /user/:userId(\d+)
Request URL: http://localhost:3000/user/42
req.params: {"userId": "42"}
```

10.4 路由處理器

路由處理器可以提供多個回呼函數，其行為類似用中介軟體的方式來處理請求。唯一的例外是：這些回呼可能會呼叫 "next('route')" 來繞過剩餘的路由回呼。如果沒有理由繼續目前路由，則可以使用此機制對路由增加前置條件將控制權傳遞給後續路由。

路由處理常式可以是函數、函數陣列或兩者的組合形式，見以下範例。

10.4.1 實例 24：單一回呼函數

單一回呼函數可以處理路由，例如：

```
app.get('/example/a', function (req, res) {
  res.send('Hello from A!')
})
```

10.4.2　實例 25：多個回呼函數

多個回呼函數也可以處理路由（確保指定下一個物件），例如：

```
app.get('/example/b', function (req, res, next) {
  console.log('the response will be sent by the next function ...')
  next()
}, function (req, res) {
  res.send('Hello from B!')
})
```

10.4.3　實例 26：一組回呼函數

一組回呼函數也可以處理路由，例如：

```
var cb0 = function (req, res, next) {
  console.log('CB0')
  next()
}

var cb1 = function (req, res, next) {
  console.log('CB1')
  next()
}

var cb2 = function (req, res) {
  res.send('Hello from C!')
}

app.get('/example/c', [cb0, cb1, cb2])
```

10.4.4　實例 27：獨立函數和函數陣列的組合

獨立函數和函數陣列的組合也可以處理路由，例如：

```
var cb0 = function (req, res, next) {
```

```
  console.log('CB0')
  next()
}


var cb1 = function (req, res, next) {
  console.log('CB1')
  next()
}


app.get('/example/d', [cb0, cb1], function (req, res, next) {
  console.log('the response will be sent by the next function ...')
  next()
}, function (req, res) {
  res.send('Hello from D!')
})
```

10.5 回應方法

以下回應物件中的方法可以向用戶端發送回應,並終止請求 - 回應週期。
如果沒有從路由處理常式呼叫這些方法,則用戶端請求將保持暫停狀態。

- res.download():提示下載檔案。
- res.end():結束回應過程。
- res.json():發送 JSON 回應。
- res.jsonp():使用 JSONP 支援發送 JSON 回應。
- res.redirect():重新導向請求。
- res.render():繪製視圖範本。
- res.send():發送各種類型的回覆。
- res.sendFile():以 8 位元位元組流的形式發送檔案。
- res.sendStatus():設定回應狀態碼,並將其字串表示形式作為回應主體
  發送。

10.6 實例 28：以 Express 為基礎建置 REST API

在 8.6 節中，我們透過 Node.js 的 http 模組實現了一個簡單的「使用者管理」應用。本節將示範如何以 Express 為基礎來更加簡潔地實現 REST API。

為了能順利解析 JSON 格式的資料，需要引用以下模組：

```
const express = require('express');
const app = express();
const port = 8080;
const bodyParser = require('body-parser');// 從 req.body 中取得值
app.use(bodyParser.json());
```

同時，我們在記憶體中定義了一個 Array 來模擬使用者資訊的儲存：

```
// 儲存使用者資訊
let users = new Array();
```

可以透過不同的 HTTP 操作來識別不同的對於使用者的操作。我們使用 POST 請求新增使用者，用 PUT 請求修改使用者，用 DELETE 請求刪除使用者，用 GET 請求取得所有使用者的資訊。程式如下：

```
// 儲存使用者資訊
let users = new Array();

app.get('/', (req, res) => res.json(users).end());

app.post('/', (req, res) => {
    let user = req.body.name;

    users.push(user);

    res.json(users).end();
```

```
});

app.put('/', (req, res) => {
    let user = req.body.name;

    for (let i = 0; i < users.length; i++) {
        if (user == users[i]) {
            users.splice(i, 1, user);
            break;
        }
    }

    res.json(users).end();
});

app.delete('/', (req, res) => {
    let user = req.body.name;

    for (let i = 0; i < users.length; i++) {
        if (user == users[i]) {
            users.splice(i, 1);
            break;
        }
    }

    res.json(users).end();
});
```

本應用的完整程式如下：

```
const express = require('express');
const app = express();
const port = 8080;
const bodyParser = require('body-parser');// 從 req.body 中取得值
app.use(bodyParser.json());
```

```
// 儲存使用者資訊
let users = new Array();

app.get('/', (req, res) => res.json(users).end());

app.post('/', (req, res) => {
    let user = req.body.name;

    users.push(user);

    res.json(users).end();
});

app.put('/', (req, res) => {
    let user = req.body.name;

    for (let i = 0; i < users.length; i++) {
        if (user == users[i]) {
            users.splice(i, 1, user);
            break;
        }
    }

    res.json(users).end();
});

app.delete('/', (req, res) => {
    let user = req.body.name;

    for (let i = 0; i < users.length; i++) {
        if (user == users[i]) {
            users.splice(i, 1);
            break;
        }
    }
```

```
    res.json(users).end();
});

app.listen(port, () => console.log(`Server listening on port ${port}!`));
```

📁 本節實例的原始程式碼可以在本書搭配資源的 "express-rest" 資料夾中
找到。

10.7 測試 Express 的 REST API

執行實例 28，並在 REST 用戶端中偵錯 REST API。

10.7.1 測試用於建立使用者的 API

在 RESTClient 中，選擇 POST 請求方法，並填入 "{"name": "waylau"}" 作
為使用者的請求內容，然後點擊「發送」按鈕。在發送成功後，可以看到
已傳回所增加的使用者資訊。也可以增加多個使用者以進行測試，如圖
10-1 所示。

10.7.2 測試用於刪除使用者的 API

在 RESTClient 中，選擇 DELETE 請求方法，並填入 "{"name":"tom"}" 作
為使用者的請求內容，然後點擊「發送」按鈕。在發送成功後，可以看到
如圖 10-2 所示的回應內容。

圖 10-1 用 POST 請求建立使用者

圖 10-2 用 DELETE 請求刪除使用者

從最後的回應結果可以看到，"tom" 的資訊被刪除了。

10.7.3 測試用於修改使用者的 API

在 RESTClient 中，選擇 PUT 請求方法，並填入 "{"name": "john"}" 作為使用者的請求內容，然後點擊「發送」按鈕。在發送成功後，可以看到如圖 10-3 所示的回應內容。

圖 10-3　用 PUT 請求修改使用者

雖然最後的回應結果看上去並無變化，但實際上 "john" 的值已經被取代過了。

10.7.4 測試用於查詢使用者的 API

在 RESTClient 中選擇 GET 請求方法，並點擊「發送」按鈕。在發送成功後可以看到如圖 10-4 所示的回應內容。

圖 10-4 回應內容

最後將記憶體中的所有使用者資訊都返給了用戶端。

11

Express 錯誤處理器

本章將介紹 Express 對於錯誤的處理。錯誤處理是指，Express 捕捉並處理在同步和非同步處理時發生的錯誤。Express 預設提供錯誤處理器，因此開發者無須撰寫自己的錯誤處理常式即可使用。

11.1 捕捉錯誤

在程式執行過程中有可能會發生錯誤，而對於錯誤的處理非常重要。Express 可以捕捉執行時期的錯誤，處理也比較簡單。

1. 捕捉錯誤的範例

以下範例展示了在 Express 中捕捉並處理錯誤的過程：

```
app.get('/', function (req, res) {
  throw new Error('BROKEN') // Express 會自己捕捉這個錯誤
})
```

2. 非同步函數的錯誤處理

對於由路由處理器和中介軟體呼叫非同步函數傳回的錯誤，則必須將它們傳遞給 next() 函數，這樣 Express 才能捕捉並處理它們。例如：

```
app.get('/', function (req, res, next) {
  fs.readFile('/file-does-not-exist', function (err, data) {
    if (err) {
      next(err) // 傳遞錯誤給 Express
    } else {
      res.send(data)
    }
  })
})
```

除字串 "route" 外，如果將其他內容傳遞給 next() 函數，則 Express 將目前請求視為錯誤，並跳過任何剩餘的非錯誤處理路由和中介軟體函數。

如果序列中的回呼不提供資料，只提供錯誤，則可以將上述程式簡化為：

```
app.get('/', [
  function (req, res, next) {
    fs.writeFile('/inaccessible-path', 'data', next)
  },
  function (req, res) {
    res.send('OK')
  }
])
```

在上面的範例中，next 作為 fs.writeFile() 函數的回呼提供，在呼叫時可能有錯誤也可能沒有錯誤。如果沒有錯誤，則執行第 2 個處理常式，否則 Express 會捕捉並處理錯誤。

3. 使用 try-catch 區塊處理錯誤

必須捕捉在由路由處理器或中介軟體呼叫的非同步程式中發生的錯誤，並將它們傳遞給 Express 進行處理。例如：

```
app.get('/', function (req, res, next) {
```

```
setTimeout(function () {
  try {
    throw new Error('BROKEN')
  } catch (err) {
    next(err)
  }
}, 100)
})
```

上面的範例中，使用 try-catch 區塊來捕捉非同步程式中的錯誤並將它們傳遞給 Express。如果省略 try-catch 區塊，則 Express 不會捕捉錯誤，因為它不是同步處理常式程式中的一部分。

4. 使用 promise 處理錯誤

使用 promise 可以避免 try-catch 區塊的負擔。例如：

```
app.get('/', function (req, res, next) {
  Promise.resolve().then(function () {
    throw new Error('BROKEN')
  }).catch(next) // 傳遞錯誤給 Express
})
```

promise 會自動捕捉同步錯誤和拒絕的 promise，因此可以簡單地將 next 作為最後的 catch 處理常式。Express 會捕捉錯誤，因為 catch 處理常式會將錯誤作為第 1 個參數。

5. 使用處理常式鏈的方法處理錯誤

還可以使用處理常式鏈的方法來進一步減少非同步程式。例如：

```
app.get('/', [
  function (req, res, next) {
    fs.readFile('/maybe-valid-file', 'utf-8', function (err, data) {
      res.locals.data = data
      next(err)
```

```
    })
  },
  function (req, res) {
    res.locals.data = res.locals.data.split(',')[1]
    res.send(res.locals.data)
  }
])
```

上面的範例中有一些來自 readFile() 方法呼叫的簡單敘述。如果 readFile()
方法導致錯誤，則會將錯誤傳給 Express 錯誤處理器，或快速返給鏈中下
一個錯誤處理器進行處理。

無論使用哪種方法，如果要呼叫 Express 錯誤處理器並使應用始終可用，
則必須確保 Express 錯誤處理器收到錯誤。

11.2 預設錯誤處理器

Express 錯誤處理器用來處理應用程式中可能遇到的錯誤。Express 錯誤處
理器分為內建的預設錯誤處理器和自訂的錯誤處理器。Express 內建了許
多預設錯誤處理器。

如果將錯誤傳遞給 next() 函數，並且沒有在自訂錯誤處理器中處理它，則
它將由內建預設錯誤處理器處理。錯誤將透過堆疊追蹤寫入用戶端。堆疊
追蹤不包含在生產環境中。

如果在開始撰寫回應後呼叫 next() 函數並出現錯誤（例如在將回應資料流到
用戶端時遇到錯誤），則 Express 預設錯誤處理器將關閉連結並使請求失敗。

因此，開發者在增加自訂錯誤處理器時，必須在發送前在 header 中增加預
設的 Express 錯誤處理器。範例如下：

```
function errorHandler (err, req, res, next) {
```

```
if (res.headersSent) {
  return next(err)
}
res.status(500)
res.render('error', { error: err })
}
```

請注意，如果因程式中的錯誤而多次呼叫 next() 函數，則會觸發預設錯誤
處理器，即使自訂錯誤處理器中介軟體已就緒也會如此。

11.3 自訂錯誤處理器

自訂錯誤處理器中介軟體函數的方法，與定義其他中介軟體函數的方法大
致相同，校正誤處理函數外還有 4 個參數（err、req、res、next），而非 3
個，見下方程式：

```
app.use(function (err, req, res, next) {
  console.error(err.stack)
  res.status(500).send('Something broke!')
})
```

1. 定義錯誤處理中介軟體函數

可以在其他 app.use() 函數和路由呼叫之後定義錯誤處理中介軟體函數，
例如：

```
var bodyParser = require('body-parser')
var methodOverride = require('method-override')

app.use(bodyParser.urlencoded({
  extended: true
}))
app.use(bodyParser.json())
```

```
app.use(methodOverride())
app.use(function (err, req, res, next) {
  // logic
})
```

中介軟體函數內的回應可以是任何格式的，例如 HTML 錯誤頁面、簡單訊息或 JSON 字串。

2. 定義多個錯誤處理中介軟體函數

也可以定義多個錯誤處理中介軟體函數，就像使用正常中介軟體函數一樣。在以下實例中定義了多個錯誤處理器：

```
var bodyParser = require('body-parser')
var methodOverride = require('method-override')

app.use(bodyParser.urlencoded({
  extended: true
}))
app.use(bodyParser.json())
app.use(methodOverride())
app.use(logErrors)            // 錯誤處理器 1
app.use(clientErrorHandler)   // 錯誤處理器 2
app.use(errorHandler)         // 錯誤處理器 3
```

在上述範例中，可以通用 logErrors 錯誤處理器將請求和錯誤訊息寫入 stderr，例如：

```
function logErrors (err, req, res, next) {
  console.error(err.stack)
  next(err)
}
```

在上述範例中，clientErrorHandler 錯誤處理器會將錯誤明確地傳遞給下一個錯誤處理器。需要注意的是，在錯誤處理函數中，如果不呼叫 next，則開發者需要結束回應，否則這些請求將被「暫停」且不符合垃圾回收的條件。以下是 clientErrorHandler 錯誤處理器的程式：

```
function clientErrorHandler (err, req, res, next) {
  if (req.xhr) {
    res.status(500).send({ error: 'Something failed!' })
  } else {
    next(err)
  }
}
```

errorHandler 錯誤處理器用於捕捉所有的錯誤：

```
function errorHandler (err, req, res, next) {
  res.status(500)
  res.render('error', { error: err })
}
```

如果是具有多個回呼函數的路由處理常式，則可以使用 route 參數跳躍到下一個路由處理常式，例如：

```
app.get('/a_route_behind_paywall',
  function checkIfPaidSubscriber (req, res, next) {
    if (!req.user.hasPaid) {
      // 繼續處理請求
      next('route')
    } else {
      next()
    }
  }, function getPaidContent (req, res, next) {
    PaidContent.find(function (err, doc) {
      if (err) return next(err)
      res.json(doc)
    })
  })
```

上述程式在執行時期將跳過 getPaidContent 處理常式，但其餘的處理常式會繼續執行。

第四篇

MongoDB 篇 --
NoSQL 資料庫

12

MongoDB 基礎

MongoDB 是強大的非關聯式資料庫（NoSQL）。

12.1 MongoDB 簡介

MongoDB Server 是用 C++ 撰寫的、開放原始碼的、文件導向的資料庫（Document Database），它的特點是：高性能、高可用，可以實現自動化擴充，儲存資料非常方便。

- MongoDB 將資料儲存為一個文件，資料結構由 field-value（欄位 - 值）對組成。
- MongoDB 文件類似 JSON 物件，欄位的值可以包含其他文件、陣列及文件陣列。

MongoDB 的文件結構如圖 12-1 所示。

```
{
  name: "sue",              ◄──── field: value
  age: 26,                  ◄──── field: value
  status: "A",              ◄──── field: value
  groups: [ "news", "sports" ]  ◄──── field: value
}
```

圖 12-1 MongoDB 的文件結構

使用文件的優點是：

- 文件（即物件）在許多程式語言裡對應於原生資料類型。
- 使用巢狀結構文件和陣列可以減少頻繁的連結操作。
- 動態模式支援可變的資料模式，不要求每個文件都具有完全相同的結構。它對很多異質資料場景的支援都非常好。

MongoDB 的主要功能特性如下。

1. 高性能

MongoDB 提供了高性能的資料持久化，尤其是：

- 對於嵌入式資料模型的支援，減少了資料庫系統的 I/O 操作。
- 支援索引，用於快速查詢。其索引物件可以是嵌入文件或陣列的 key。

2. 豐富的查詢語言

MongoDB 支援豐富的查詢語言，包含讀取和寫入等操作（CRUD）、資料聚合，以及文字搜尋和地理空間查詢。

3. 高可用

MongoDB 的複製裝置稱為 replica set，是一組用來儲存相同資料集合的 MongoDB 伺服器，它提供了自動容錯移轉和資料容錯功能。

4. 水平擴充

水平擴充是 MongoDB 提供的核心功能，包含以下內容：

- 將資料分片到一組電腦叢集上。
- tag aware sharding（標籤意識分片）允許將資料傳給特定的碎片，例如在分片時考慮碎片的地理分佈。

5. 支援多種儲存引擎

MongoDB 支援多種儲存引擎，例如：

- WiredTiger Storage Engine。
- MMAPv1 Storage Engine。

此外，MongoDB 提供了外掛程式式儲存引擎的 API，允許協力廠商開發 MongoDB 的儲存引擎。

12.2 安裝 MongoDB

從 MongoDB 官網可以免費下載最新版本的 MongoDB 伺服器。
下面示範的是在 Windows 系統中的安裝方法。

（1）根據作業系統的位元數下載 32 位元或 64 位元的 .msi 檔案，然後按提示安裝即可。在安裝過程中，可通過點擊 "Custom" 來設定安裝目錄。本例安裝在 "D:" 目錄下。

（2）設定服務，如圖 12-2 所示。

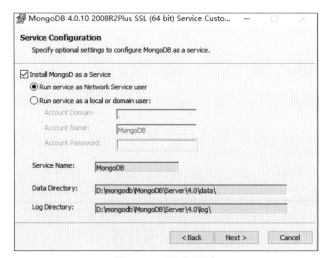

圖 12-2 設定服務

12.3 啟動 MongoDB 服務

在安裝 MongoDB 成功後，MongoDB 服務就被安裝到 Windows 系統中了，可以透過 Windows 服務管理來對 MongoDB 服務進行管理，例如可以啟動、關閉、重新啟動 MongoDB 服務，也可以將其設定為隨 Windows 作業系統自動啟動。

圖 12-3 展示了 MongoDB 服務的管理介面。

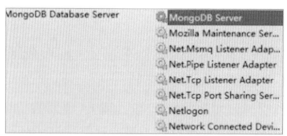

圖 12-3 MongoDB 服務的管理介面

12.4 連結 MongoDB 伺服器

在 MongoDB 服務成功啟動後，就可以透過 MongoDB 用戶端來連結 MongoDB 伺服器了。

切換到 MongoDB 的安裝目錄的 bin 目錄下，執行 mongo.exe 檔案：

```
$ mongo.exe

MongoDB shell version v4.0.10
connecting to: mongodb://127.0.0.1:27017/?gssapiServiceName=mongodb
Implicit session: session { "id" : UUID("50fec0cc-3825-4b83-9b66-
d1665d44c285") }
```

```
MongoDB server version: 4.0.10
Welcome to the MongoDB shell.
For interactive help, type "help".
For more comprehensive documentation, see
        http://docs.mongodb.org/
Questions? Try the support group
        http://groups.google.com/group/mongodb-user
Server has startup warnings:
2019-06-13T06:32:12.213-0700 I CONTROL  [initandlisten]
2019-06-13T06:32:12.213-0700 I CONTROL  [initandlisten] ** WARNING: Access
control is not enabled for the database.
2019-06-13T06:32:12.213-0700 I CONTROL  [initandlisten] ** Read and write
access to data and configuration is unrestricted.
2019-06-13T06:32:12.213-0700 I CONTROL  [initandlisten]
---
Enable MongoDB's free cloud-based monitoring service, which will then receive
and display
metrics about your deployment (disk utilization, CPU, operation statistics, etc).

The monitoring data will be available on a MongoDB website with a unique URL
accessible to you
and anyone you share the URL with. MongoDB may use this information to make
product
improvements and to suggest MongoDB products and deployment options to you.

To enable free monitoring, run the following command:
db.enableFreeMonitoring()
To permanently disable this reminder, run the following command:
db.disableFreeMonitoring()
---

>
```

mongo.exe 檔案是 MongoDB 附帶的用戶端工具，用來對 MongoDB 進行
CURD 操作。

13

MongoDB 的常用操作

本章介紹 MongoDB 的常用操作。

13.1 顯示已有的資料庫

在安裝完 MongoDB 後，可以透過附帶的 mongo.exe 對 MongoDB 進行基本操作。

使用 "show dbs" 指令可以顯示已有的資料庫：

```
> show dbs
admin       0.000GB
config      0.000GB
local       0.000GB
```

使用 "db" 指令可以顯示目前使用的資料庫：

```
> db
test
```

在 MongoDB 伺服器架設完成之後，預設會有一個 test 資料庫。

13.2 建立、使用資料庫

"use" 指令有兩個作用：①切換到指定的資料庫；②在資料庫不存在時建立資料庫。

因此，可以透過以下指令來建立並使用資料庫：

```
> use nodejsBook
switched to db nodejsBook
```

13.3 插入文件

插入文件（Document）可以分為兩種：①插入單一文件；②插入多個文件。MongoDB 中的文件類似 MySQL 中表中的資料。

13.3.1 實例 29：插入單一文件

db.collection.insertOne() 方法用於插入單一文件到集合（Collection）中。「集合」在 MongoDB 中的概念類似 MySQL 中「表」的概念。

以下是插入一本書的資訊的實例：

```
db.book.insertOne(
    { title: "分散式系統常用技術及案例分析", price: 99, press: "電子工業出版社",
author: { age: 32, name: "柳偉衛" } }
)
```

在上述實例中，"book" 就是一個集合。如果該集合不存在，則自動建立一個名為 "book" 的集合。

以下是執行插入指令後主控台輸出的內容：

```
> db.book.insertOne(
...    { title: " 分散式系統常用技術及案例分析 ", price: 99, press: " 電子工業出版
社 ", author: { age: 32, name: " 柳偉衛 " } }
... )
{
        "acknowledged" : true,
        "insertedId" : ObjectId("5d0788c1da0dce67ba3b279d")
}
```

其中，如果沒有指定文件中的 "_id" 欄位，則 MongoDB 會自動給該欄位設定值，其類型是 ObjectId。

要查詢上述插入的文件資訊，可以使用 db.collection.find() 方法，實際如下：

```
> db.book.find( { title: " 分散式系統常用技術及案例分析 " } )

{ "_id" : ObjectId("5d0788c1da0dce67ba3b279d"), "title" : " 分散式系統常用技術及
案例分析 ", "price" : 99, "press" : " 電子工業出版社 ", "author" : { "age" : 32,
"name" : " 柳偉衛 " } }
>
```

13.3.2　實例 30：插入多個文件

db.collection.insertMany() 方法用於插入多個文件到集合中。

以下是插入多本書資訊的實例：

```
db.book.insertMany([
    { title: "Spring Boot 企業級應用程式開發實戰 ", price: 98, press: " 北京大學出
版社 ", author: { age: 32, name: " 柳偉衛 " } },
    { title: "Spring Cloud 微服務架構開發實戰 ", price: 79, press: " 北京大學出版
社 ", author: { age: 32, name: " 柳偉衛 " } },
```

```
    { title: "Spring 5 案例大全 ", price: 119, press: " 北京大學出版社 ", author:
{ age: 32, name: " 柳偉衛 " } }]
)
```

以下是執行插入指令後主控台輸出的內容：

```
> db.book.insertMany([
...    { title: "Spring Boot 企業級應用程式開發實戰 ", price: 98, press: " 北京
大學出版社 ", author: { age: 32, name: " 柳偉衛 " } },
...    { title: "Spring Cloud 微服務架構開發實戰 ", price: 79, press: " 北京大學
出版社 ", author: { age: 32, name: " 柳偉衛 " } },
...    { title: "Spring 5 案例大全 ", price: 119, press: " 北京大學出版社 ",
author: { age: 32, name: " 柳偉衛 " } }]
... )
{
        "acknowledged" : true,
        "insertedIds" : [
                ObjectId("5d078bd1da0dce67ba3b279e"),
                ObjectId("5d078bd1da0dce67ba3b279f"),
                ObjectId("5d078bd1da0dce67ba3b27a0")
        ]
}
```

如果文件中的 "_id" 欄位沒有被指定，則 MongoDB 會自動給該欄位設定
值，其類型是 ObjectId。

要查詢上述插入的文件資訊，可以使用 db.collection.find() 方法，實際如
下：

```
> db.book.find( {} )

{ "_id" : ObjectId("5d0788c1da0dce67ba3b279d"), "title" : " 分散式系統常用技術及
案例分析 ", "price" : 99, "press" : " 電子工業出版社 ", "author" : { "age" : 32,
"name" : " 柳偉衛 " } }
{ "_id" : ObjectId("5d078bd1da0dce67ba3b279e"), "title" : "Spring Boot 企業級
應用程式開發實戰 ", "price" : 98, "press" : " 北京大學出版社 ", "author" : { "age"
```

```
: 32, "name" : " 柳偉衛 " } }
{ "_id" : ObjectId("5d078bd1da0dce67ba3b279f"), "title" : "Spring Cloud 微服務
架構開發實戰 ", "price" : 79, "press" : " 北京大學出版社 ", "author" : { "age" :
32, "name" : " 柳偉衛 " } }
{ "_id" : ObjectId("5d078bd1da0dce67ba3b27a0"), "title" : "Spring 5 案例大全 ",
"price" : 119, "press" : " 北京大學出版社 ", "author" : { "age" : 32, "name" :
" 柳偉衛 " } }
```

13.4 查詢文件

在 13.3 節中已經示範了使用 db.collection.find() 方法來查詢文件，除此之
外還有更多查詢方式。

13.4.1 巢狀結構文件查詢

以下是一個巢狀結構文件的查詢範例，用於查詢指定作者的圖書：

```
> db.book.find( {author: { age: 32, name: " 柳偉衛 " }} )

{ "_id" : ObjectId("5d0788c1da0dce67ba3b279d"), "title" : " 分散式系統常用技術及
案例分析 ", "price" : 99, "press" : " 電子工業出版社 ", "author" : { "age" : 32,
"name" : " 柳偉衛 " } }
{ "_id" : ObjectId("5d078bd1da0dce67ba3b279e"), "title" : "Spring Boot 企業級
應用程式開發實戰 ", "price" : 98, "press" : " 北京大學出版社 ", "author" : { "age"
: 32, "name" : " 柳偉衛 " } }
{ "_id" : ObjectId("5d078bd1da0dce67ba3b279f"), "title" : "Spring Cloud 微服務
架構開發實戰 ", "price" : 79, "press" : " 北京大學出版社 ", "author" : { "age" :
32, "name" : " 柳偉衛 " } }
{ "_id" : ObjectId("5d078bd1da0dce67ba3b27a0"), "title" : "Spring 5 案例大全 ",
"price" : 119, "press" : " 北京大學出版社 ", "author" : { "age" : 32, "name" :
" 柳偉衛 " } }
```

上述查詢將從所有文件中查詢出 author 欄位等於 "{ age: 32, name：" 柳偉衛 " }" 的文件。

需要注意的是，整個巢狀結構文件要與資料中的欄位完全符合，包含欄位的順序。舉例來說，以下查詢將與集合中的任何文件都不符合：

```
> db.book.find( {author: {name: " 柳偉衛 ", age: 32}} )
```

13.4.2　巢狀結構欄位查詢

要在嵌入 / 巢狀結構文件中的欄位上指定查詢準則，請使用點標記法。點標記法是用英文 "." 分隔物件和屬性的表達方式。以下範例查詢作者姓名為「柳偉衛」的所有文件：

```
> db.book.find( {"author.name": " 柳偉衛 "} )

{ "_id" : ObjectId("5d0788c1da0dce67ba3b279d"), "title" : " 分散式系統常用技術及
案例分析 ", "price" : 99, "press" : " 電子工業出版社 ", "author" : { "age" : 32,
"name" : " 柳偉衛 " } }
{ "_id" : ObjectId("5d078bd1da0dce67ba3b279e"), "title" : "Spring Boot 企業級
應用程式開發實戰 ", "price" : 98, "press" : " 北京大學出版社 ", "author" : { "age"
: 32, "name" : " 柳偉衛 " } }
{ "_id" : ObjectId("5d078bd1da0dce67ba3b279f"), "title" : "Spring Cloud 微服務
架構開發實戰 ", "price" : 79, "press" : " 北京大學出版社 ", "author" : { "age" :
32, "name" : " 柳偉衛 " } }
{ "_id" : ObjectId("5d078bd1da0dce67ba3b27a0"), "title" : "Spring 5 案例大全 ",
"price" : 119, "press" : " 北京大學出版社 ", "author" : { "age" : 32, "name" :
" 柳偉衛 " } }
```

13.4.3　使用查詢運算子

查詢篩檢程式文件可以使用查詢運算子。以下範例在 price 欄位中使用了小於運算子（$lt）：

```
> db.book.find( {"price":  {$lt: 100} })

{ "_id" : ObjectId("5d0788c1da0dce67ba3b279d"), "title" : " 分散式系統常用技術及
案例分析 ", "price" : 99, "press" : " 電子工業出版社 ", "author" : { "age" : 32,
"name" : 柳偉衛 " } }
{ "_id" : ObjectId("5d078bd1da0dce67ba3b279e"), "title" : "Spring Boot 企業級
應用程式開發實戰 ", "price" : 98, "press" : " 北京大學出版社 ", "author" : { "age"
: 32, "name" : 柳偉衛 " } }
{ "_id" : ObjectId("5d078bd1da0dce67ba3b279f"), "title" : "Spring Cloud 微服務
架構開發實戰 ", "price" : 79, "press" : " 北京大學出版社 ", "author" : { "age" :
32, "name" : 柳偉衛 " } }
```

上述範例將查詢出單價小於 100 元的所有圖書。

13.4.4 多條件查詢

多個查詢準則可以結合使用。以下範例查詢單價小於 100 元且作者是「柳
偉衛」的所有圖書：

```
> db.book.find( {"price":  {$lt: 100}, "author.name": " 柳偉衛 "} )

{ "_id" : ObjectId("5d0788c1da0dce67ba3b279d"), "title" : " 分散式系統常用技術及
案例分析 ", "price" : 99, "press" : " 電子工業出版社 ", "author" : { "age" : 32,
"name" : " 柳偉衛 " } }
{ "_id" : ObjectId("5d078bd1da0dce67ba3b279e"), "title" : "Spring Boot 企業級
應用程式開發實戰 ", "price" : 98, "press" : " 北京大學出版社 ", "author" : { "age"
: 32, "name" : " 柳偉衛 " } }
{ "_id" : ObjectId("5d078bd1da0dce67ba3b279f"), "title" : "Spring Cloud 微服務
架構開發實戰 ", "price" : 79, "press" : " 北京大學出版社 ", "author" : { "age" :
32, "name" : " 柳偉衛 " } }
```

13.5 修改文件

修改文件有以下 3 種方式：

- db.collection.updateOne()
- db.collection.updateMany()
- db.collection.replaceOne()

下面示範這 3 種方式。

13.5.1 修改單一文件

db.collection.updateOne() 方法用來修改單一文件，其中可以用 "$set" 運算符號修改欄位的值。以下是一個範例：

```
> db.book.updateOne(
...    {"author.name": " 柳偉衛 "},
...    {$set: {"author.name": "Way Lau" } } )

{ "acknowledged" : true, "matchedCount" : 1, "modifiedCount" : 1 }
```

上述指令會將作者名「柳偉衛」修改為 "Way Lau"。由於是修改單一文件，所以即使作者為「柳偉衛」的圖書有多本，也只會修改查詢到的第 1 本。

透過以下指令來驗證修改的內容：

```
> db.book.find( {} )

{ "_id" : ObjectId("5d0788c1da0dce67ba3b279d"), "title" : " 分散式系統常用技術及
案例分析 ", "price" : 99, "press" : " 電子工業出版社 ", "author" : { "age" : 32,
"name" : "Way Lau" } }
{ "_id" : ObjectId("5d078bd1da0dce67ba3b279e"), "title" : "Spring Boot 企業級
應用程式開發實戰 ", "price" : 98, "press" : " 北京大學出版社 ", "author" : { "age"
```

```
: 32, "name" : " 柳偉衛 " } }
{ "_id" : ObjectId("5d078bd1da0dce67ba3b279f"), "title" : "Spring Cloud 微服務
架構開發實戰 ", "price" : 79, "press" : " 北京大學出版社 ", "author" : { "age" :
32, "name" : " 柳偉衛 " } }
{ "_id" : ObjectId("5d078bd1da0dce67ba3b27a0"), "title" : "Spring 5 案例大全 ",
"price" : 119, "press" : " 北京大學出版社 ", "author" : { "age" : 32, "name" :
" 柳偉衛 " } }
```

13.5.2 修改多個文件

db.collection.updateMany() 方法用來修改多個文件。以下是一個範例：

```
> db.book.updateMany(
... {"author.name": " 柳偉衛 "},
... {$set: {"author.name": "Way Lau" } } )

{ "acknowledged" : true, "matchedCount" : 3, "modifiedCount" : 3 }
```

上述指令會將所有文件中的作者名「柳偉衛」修改為 "Way Lau"。

透過以下指令來驗證修改的內容：

```
> db.book.find( {} )} )
```

```
{ "_id" : ObjectId("5d0788c1da0dce67ba3b279d"), "title" : " 分散式系統常用技術及
案例分析 ", "price" : 99, "press" : " 電子工業出版社 ", "author" : { "age" : 32,
"name" : "Way Lau" } }
{ "_id" : ObjectId("5d078bd1da0dce67ba3b279e"), "title" : "Spring Boot 企業級
應用程式開發實戰 ", "price" : 98, "press" : " 北京大學出版社 ", "author" : { "age"
: 32, "name" : "Way Lau" } }
{ "_id" : ObjectId("5d078bd1da0dce67ba3b279f"), "title" : "Spring Cloud 微服務
架構開發實戰 ", "price" : 79, "press" : " 北京大學出版社 ", "author" : { "age" :
32, "name" : "Way Lau" } }
{ "_id" : ObjectId("5d078bd1da0dce67ba3b27a0"), "title" : "Spring 5 案例大全 ",
"price" : 119, "press" : " 北京大學出版社 ", "author" : { "age" : 32, "name" :
"Way Lau" } }
```

13.5.3　取代單一文件

用 db.collection.replaceOne() 方法可以取代除上面實例中除 "_id" 欄位外的整個文件：

```
> db.book.replaceOne(
... {"author.name": "Way Lau"},
... { title: "Cloud Native 分散式架構原理與實作 ", price: 79, press: " 北京大學出
版社 ", author: { age: 32, name: " 柳偉衛 " } }
... )

{ "acknowledged" : true, "matchedCount" : 1, "modifiedCount" : 1 }
```

上述指令會將 author.name 欄位所在的文件取代為一個 title 為「Cloud Native 分散式架構原理與實作」的新文件。由於取代操作是針對單一文件的，所以即使作者為 "Way Lau" 的圖書有多本，也只會取代查詢到的第 1 本。

透過以下指令來驗證修改的內容：

```
> db.book.find( {} )

{ "_id" : ObjectId("5d0788c1da0dce67ba3b279d"), "title" : "Cloud Native 分散式
架構原理與實作 ", "price" : 79, "press" : " 北京大學出版社 ", "author" : { "age"
: 32, "name" : " 柳偉衛 " } }
{ "_id" : ObjectId("5d078bd1da0dce67ba3b279e"), "title" : "Spring Boot 企業級
應用程式開發實戰 ", "price" : 98, "press" : " 北京大學出版社 ", "author" : { "age"
: 32, "name" : "Way Lau" } }
{ "_id" : ObjectId("5d078bd1da0dce67ba3b279f"), "title" : "Spring Cloud 微服務
架構開發實戰 ", "price" : 79, "press" : " 北京大學出版社 ", "author" : { "age" :
32, "name" : "Way Lau" } }
{ "_id" : ObjectId("5d078bd1da0dce67ba3b27a0"), "title" : "Spring 5 案例大全 ",
"price" : 119, "press" : " 北京大學出版社 ", "author" : { "age" : 32, "name" :
"Way Lau" } }
```

13.6 刪除文件

刪除文件有以下兩種方式：

- db.collection.deleteOne()
- db.collection.deleteMany()

下面示範這兩種方式。

13.6.1 刪除單一文件

db.collection.deleteOne() 方法用來刪除單一文件。以下是一個範例：

```
> db.book.deleteOne( {"author.name": " 柳偉衛 "} )

{ "acknowledged" : true, "deletedCount" : 1 }
```

上述指令會刪除作者為「柳偉衛」的文件。由於是刪除單一文件，所以即使作者為「柳偉衛」的圖書有多本，也只會刪除查詢到的第 1 本。

透過以下指令來驗證修改的內容：

```
> db.book.find( {} )

{ "_id" : ObjectId("5d078bd1da0dce67ba3b279e"), "title" : "Spring Boot 企業級
應用程式開發實戰 ", "price" : 98, "press" : " 北京大學出版社 ", "author" : { "age"
: 32, "name" : "Way Lau" } }
{ "_id" : ObjectId("5d078bd1da0dce67ba3b279f"), "title" : "Spring Cloud 微服務
架構開發實戰 ", "price" : 79, "press" : " 北京大學出版社 ", "author" : { "age" :
32, "name" : "Way Lau" } }
{ "_id" : ObjectId("5d078bd1da0dce67ba3b27a0"), "title" : "Spring 5 案例大全 ",
"price" : 119, "press" : " 北京大學出版社 ", "author" : { "age" : 32, "name" :
"Way Lau" } }
```

13.6.2 刪除多個文件

db.collection.deleteMany() 方法用來刪除多個文件。以下是一個範例：

```
> db.book.deleteMany( {"author.name": "Way Lau"} )

{ "acknowledged" : true, "deletedCount" : 3 }
```

上述指令會刪除所有作者為 "Way Lau" 的文件。

透過以下指令來驗證修改的內容：

```
> db.book.find( {} )
```

實例 31：
使用 Node.js 操作 MongoDB

要使用 Node.js 操作 MongoDB，需要安裝 mongodb 模組。本章將介紹如何透過 mongodb 模組來操作 MongoDB。

14.1 安裝 mongodb 模組

為了示範如何使用 Node.js 操作 MongoDB，首先初始化一個名為 "mongodb-demo" 的應用，程式如下：

```
$ mkdir mongodb-demo
$ cd mongodb-demo
```

接著，透過 "npm init" 指令來初始化該應用：

```
$ npm init

This utility will walk you through creating a package.json file.
It only covers the most common items, and tries to guess sensible defaults.

See `npm help json` for definitive documentation on these fields
and exactly what they do.
```

```
Use `npm install <pkg>` afterwards to install a package and
save it as a dependency in the package.json file.

Press ^C at any time to quit.
package name: (mongodb-demo)
version: (1.0.0)
description:
entry point: (index.js)
test command:
git repository:
keywords:
author: waylau.com
license: (ISC)
About to write to D:\workspaceGithub\mean-book-samples\samples\mongodb-demo\
package.json:

{
  "name": "mongodb-demo",
  "version": "1.0.0",
  "description": "",
  "main": "index.js",
  "scripts": {
    "test": "echo \"Error: no test specified\" && exit 1"
  },
  "author": "waylau.com",
  "license": "ISC"
}

Is this OK? (yes) yes
```

mongodb 模組是一個開放原始碼的，用 JavaScript 撰寫的 MongoDB 驅動
程式，用來操作 MongoDB。可以像安裝其他模組那樣來安裝 mongodb 模
組，指令如下：

```
$ npm install mongodb --save
```

```
npm notice created a lockfile as package-lock.json. You should commit this file.
npm WARN mongodb-demo@1.0.0 No description
npm WARN mongodb-demo@1.0.0 No repository field.


+ mongodb@3.3.1
added 6 packages from 4 contributors in 1.784s
```

14.2 存取 MongoDB

在安裝完 mongodb 模組之後，就可以透過 mongodb 模組來存取 MongoDB
了。

以下是一個操作 MongoDB 的簡單範例，操作的是名為 "nodejsBook" 的資
料庫：

```
const MongoClient = require('mongodb').MongoClient;

// 連結 URL
const url = 'mongodb://localhost:27017';

// 資料庫名稱
const dbName = 'nodejsBook';

// 建立 MongoClient 用戶端
const client = new MongoClient(url);

// 使用連結方法連結到伺服器
client.connect(function (err) {
    if (err) {
        console.error('error end: ' + err.stack);
        return;
    }
```

```
    console.log(" 成功連結到伺服器 ");

    const db = client.db(dbName);

    client.close();
});
```

其中：

- MongoClient 是用於建立連結的用戶端。
- client.connect() 方法用於建立連結。
- client.db() 方法用於取得資料庫實例。
- lient.close() 方法用於關閉連結。

> 📁 本節實例的原始程式碼可以在本書搭配資源的 "mongodb-demo" 目錄
> 下找到。

14.3 執行應用

執行以下指令來執行應用。在執行應用之前，請確保 MongoDB 伺服器已
啟動。

```
$ node index.js
```

在應用啟動後，可以在主控台看到以下資訊：

```
$ node index.js

(node:4548) DeprecationWarning: current URL string parser is deprecated, and
will be removed in a future version. To use the new parser, pass option {
useNewUrlParser: true } to MongoClient.connect.
成功連結到伺服器
```

15

mongodb 模組的綜合應用

本章將介紹 mongodb 模組的綜合應用。

15.1 實例 32：建立連接

在 14.2 節中我們已經初步了解了建立 MongoDB 連結的方式：

```
const MongoClient = require('mongodb').MongoClient;

// 連結 URL
const url = 'mongodb://localhost:27017';

// 資料庫名稱
const dbName = 'nodejsBook';

// 建立 MongoClient 用戶端
const client = new MongoClient(url);

// 使用連結方法來連結到伺服器
client.connect(function (err) {
    if (err) {
```

```
        console.error('error end: ' + err.stack);
        return;
    }

    console.log(" 成功連結到伺服器 ");

    const db = client.db(dbName);
    // 省略對 db 的操作邏輯

    client.close();
});
```

我們獲得了 MongoDB 的資料庫實例 db，接下來可以使用 db 進行進一步的操作。

15.2 實例 33：插入文件

以下是插入多個文件的範例：

```
// 插入文件
const insertDocuments = function (db, callback) {
    // 取得集合
    const book = db.collection('book');

    // 插入文件
    book.insertMany([
        { title: "Spring Boot 企業級應用程式開發實戰 ", price: 98, press: " 北京
大學出版社 ", author: { age: 32, name: " 柳偉衛 " } },
        { title: "Spring Cloud 微服務架構開發實戰 ", price: 79, press: " 北京大學
出版社 ", author: { age: 32, name: " 柳偉衛 " } },
        { title: "Spring 5 案例大全 ", price: 119, press: " 北京大學出版社 ",
author: { age: 32, name: " 柳偉衛 " } }], function (err, result) {
        console.log(" 已經插入文件，回應結果是：");
```

```
        console.log(result);
        callback(result);
    });
}
```

執行應用，可以在主控台看到以下輸出內容：

```
$ node index

(node:7188) DeprecationWarning: current URL string parser is deprecated, and
will be removed in a future version. To use the new parser, pass option {
useNewUrlParser: true } to MongoClient.connect.
成功連結到伺服器
已經插入文件，回應結果是：
{
  result: { ok: 1, n: 3 },
  ops: [
    {
      title: 'Spring Boot 企業級應用程式開發實戰 ',
      price: 98,
      press: ' 北京大學出版社 ',
      author: [Object],
      _id: 5d08db85112c291c14cd401b
    },
    {
      title: 'Spring Cloud 微服務架構開發實戰 ',
      price: 79,
      press: ' 北京大學出版社 ',
      author: [Object],
      _id: 5d08db85112c291c14cd401c
    },
    {
      title: 'Spring 5 案例大全 ',
      price: 119,
      press: ' 北京大學出版社 ',
      author: [Object],
```

```
      _id: 5d08db85112c291c14cd401d
    }
  ],
  insertedCount: 3,
  insertedIds: {
    '0': 5d08db85112c291c14cd401b,
    '1': 5d08db85112c291c14cd401c,
    '2': 5d08db85112c291c14cd401d
  }
}
```

15.3 實例 34：尋找文件

以下是查詢全部文件的範例：

```
// 尋找全部文件
const findDocuments = function (db, callback) {
    // 取得集合
    const book = db.collection('book');

    // 查詢文件
    book.find({}).toArray(function (err, result) {
        console.log("查詢所有文件，結果如下：");
        console.log(result)
        callback(result);
    });
}
```

執行應用，可以在主控台看到以下輸出內容：

```
$ node index

(node:4432) DeprecationWarning: current URL string parser is deprecated, and
will be removed in a future version. To use the new parser, pass option {
useNewUrlParser: true } to MongoClient.connect.
```

成功連結到伺服器

查詢所有文件，結果如下：

```
[
  {
    _id: 5d08db85112c291c14cd401b,
    title: 'Spring Boot 企業級應用程式開發實戰 ',
    price: 98,
    press: ' 北京大學出版社 ',
    author: { age: 32, name: ' 柳偉衛 ' }
  },
  {
    _id: 5d08db85112c291c14cd401c,
    title: 'Spring Cloud 微服務架構開發實戰 ',
    price: 79,
    press: ' 北京大學出版社 ',
    author: { age: 32, name: ' 柳偉衛 ' }
  },
  {
    _id: 5d08db85112c291c14cd401d,
    title: 'Spring 5 案例大全 ',
    price: 119,
    press: ' 北京大學出版社 ',
    author: { age: 32, name: ' 柳偉衛 ' }
  }
]
```

在查詢準則中也可以加入過濾條件。舉例來說，下面的實例是查詢指定作者的文件：

```
// 根據作者尋找文件
const findDocumentsByAuthorName = function (db, authorName, callback) {
    // 取得集合
    const book = db.collection('book');

    // 查詢文件
    book.find({ "author.name": authorName }).toArray(function (err, result) {
```

```
        console.log(" 根據作者尋找文件，結果如下 : ");
        console.log(result)
        callback(result);
    });
}
```

在主應用中，可以按以下方式來呼叫上述方法：

```
// 根據作者尋找文件
findDocumentsByAuthorName(db, " 柳偉衛 ", function () {
    client.close();
});
```

執行應用，可以在主控台看到以下輸出內容：

```
$ node index

(node:13224) DeprecationWarning: current URL string parser is deprecated, and
will be removed in a future version. To use the new parser, pass option {
useNewUrlParser: true } to MongoClient.connect.
成功連結到伺服器
根據作者尋找文件，結果如下：
[
  {
    _id: 5d08db85112c291c14cd401b,
    title: 'Spring Boot 企業級應用程式開發實戰 ',
    price: 98,
    press: ' 北京大學出版社 ',
    author: { age: 32, name: ' 柳偉衛 ' }
  },
  {
    _id: 5d08db85112c291c14cd401c,
    title: 'Spring Cloud 微服務架構開發實戰 ',
    price: 79,
    press: ' 北京大學出版社 ',
    author: { age: 32, name: ' 柳偉衛 ' }
```

```
  },
  {
    _id: 5d08db85112c291c14cd401d,
    title: 'Spring 5 案例大全 ',
    price: 119,
    press: ' 北京大學出版社 ',
    author: { age: 32, name: ' 柳偉衛 ' }
  }
]
```

15.4 修改文件

在修改文件時，可以修改單一文件，也可以修改多個文件。

15.4.1 實例 35：修改單一文件

以下是修改單一文件的範例：

```
// 修改單一文件
const updateDocument = function (db, callback) {
    // 取得集合
    const book = db.collection('book');

    // 修改文件
    book.updateOne(
        { "author.name": " 柳偉衛 " },
        { $set: { "author.name": "Way Lau" } }, function (err, result) {
            console.log(" 修改單一文件，結果如下：");
            console.log(result)
            callback(result);
        });
}
```

執行應用，可以在主控台看到以下輸出內容：

```
$ node index

(node:13068) DeprecationWarning: current URL string parser is deprecated, and
will be removed in a future version. To use the new parser, pass option {
useNewUrlParser: true } to MongoClient.connect.
成功連結到伺服器
修改單一文件，結果如下：
CommandResult {
  result: { n: 1, nModified: 1, ok: 1 },
  connection: Connection {
    _events: [Object: null prototype] {
      error: [Function],
      close: [Function],
      timeout: [Function],
      parseError: [Function],
      message: [Function]
    },
    _eventsCount: 5,
    _maxListeners: undefined,
    id: 0,
    options: {
      host: 'localhost',
      port: 27017,
      size: 5,
      minSize: 0,
      connectionTimeout: 30000,
      socketTimeout: 360000,
      keepAlive: true,
      keepAliveInitialDelay: 300000,
      noDelay: true,
      ssl: false,
      checkServerIdentity: true,
      ca: null,
      crl: null,
      cert: null,
      key: null,
```

```
      passPhrase: null,
      rejectUnauthorized: false,
      promoteLongs: true,
      promoteValues: true,
      promoteBuffers: false,
      reconnect: true,
      reconnectInterval: 1000,
      reconnectTries: 30,
      domainsEnabled: false,
      disconnectHandler: [Store],
      cursorFactory: [Function],
      emitError: true,
      monitorCommands: false,
      socketOptions: {},
      promiseLibrary: [Function: Promise],
      clientInfo: [Object],
      read_preference_tags: null,
      readPreference: [ReadPreference],
      dbName: 'admin',
      servers: [Array],
      server_options: [Object],
      db_options: [Object],
      rs_options: [Object],
      mongos_options: [Object],
      socketTimeoutMS: 360000,
      connectTimeoutMS: 30000,
      bson: BSON {}
    },
    logger: Logger { className: 'Connection' },
    bson: BSON {},
    tag: undefined,
    maxBsonMessageSize: 67108864,
    port: 27017,
    host: 'localhost',
    socketTimeout: 360000,
    keepAlive: true,
    keepAliveInitialDelay: 300000,
    connectionTimeout: 30000,
```

```
    responseOptions: { promoteLongs: true, promoteValues: true,
promoteBuffers: false },
    flushing: false,
    queue: [],
    writeStream: null,
    destroyed: false,
    hashedName: '29bafad3b32b11dc7ce934204952515ea5984b3c',
    workItems: [],
    socket: Socket {
      connecting: false,
      _hadError: false,
      _parent: null,
      _host: 'localhost',
      _readableState: [ReadableState],
      readable: true,
      _events: [Object],
      _eventsCount: 5,
      _maxListeners: undefined,
      _writableState: [WritableState],
      writable: true,
      allowHalfOpen: false,
      _sockname: null,
      _pendingData: null,
      _pendingEncoding: '',
      server: null,
      _server: null,
      timeout: 360000,
      [Symbol(asyncId)]: 12,
      [Symbol(kHandle)]: [TCP],
      [Symbol(lastWriteQueueSize)]: 0,
      [Symbol(timeout)]: Timeout {
        _idleTimeout: 360000,
        _idlePrev: [TimersList],
        _idleNext: [TimersList],
        _idleStart: 1287,
        _onTimeout: [Function: bound ],
        _timerArgs: undefined,
        _repeat: null,
```

```
      _destroyed: false,
      [Symbol(refed)]: false,
      [Symbol(asyncId)]: 21,
      [Symbol(triggerId)]: 12
    },
    [Symbol(kBytesRead)]: 0,
    [Symbol(kBytesWritten)]: 0
  },
  buffer: null,
  sizeOfMessage: 0,
  bytesRead: 0,
  stubBuffer: null,
  ismaster: {
    ismaster: true,
    maxBsonObjectSize: 16777216,
    maxMessageSizeBytes: 48000000,
    maxWriteBatchSize: 100000,
    localTime: 2019-06-18T13:12:45.514Z,
    logicalSessionTimeoutMinutes: 30,
    minWireVersion: 0,
    maxWireVersion: 7,
    readOnly: false,
    ok: 1
  },
  lastIsMasterMS: 18
},
message: BinMsg {
  parsed: true,
  raw: <Buffer 3c 0000005500000001000000 dd 07000000000000000027000000106e
0001000000106e 4d 6f 64696669656564400010000000016f 6b ... 10 more bytes>,
  data: <Buffer 0000000000027000000106e 0001000000106e 4d 6f
646966696564400010000000016f 6b 00000000000000 f03f 00>,
  bson: BSON {},
  opts: { promoteLongs: true, promoteValues: true, promoteBuffers: false },
  length: 60,
  requestId: 85,
  responseTo: 1,
  opCode: 2013,
```

```
    fromCompressed: undefined,
    responseFlags: 0,
    checksumPresent: false,
    moreToCome: false,
    exhaustAllowed: false,
    promoteLongs: true,
    promoteValues: true,
    promoteBuffers: false,
    documents: [ [Object] ],
    index: 44,
    hashedName: '29bafad3b32b11dc7ce934204952515ea5984b3c'
  },
  modifiedCount: 1,
  upsertedId: null,
  upsertedCount: 0,
  matchedCount: 1
}
```

15.4.2 實例 36：修改多個文件

也可以修改多個文件，以下是操作範例：

```
// 修改多個文件
const updateDocuments = function (db, callback) {
    // 取得集合
    const book = db.collection('book');

    // 修改文件
    book.updateMany(
        { "author.name": " 柳偉衛 " },
        { $set: { "author.name": "Way Lau" } }, function (err, result) {
            console.log(" 修改多個文件，結果如下：");
            console.log(result)
            callback(result);
        });
}
```

執行應用，可以在主控台看到以下輸出內容：

```
$ node index

(node:7108) DeprecationWarning: current URL string parser is deprecated, and
will be removed in a future version. To use the new parser, pass option {
useNewUrlParser: true } to MongoClient.connect.
成功連結到伺服器
修改多個文件，結果如下：
CommandResult {
  result: { n: 2, nModified: 2, ok: 1 },

    // 省略非核心內容

  },
  modifiedCount: 2,
  upsertedId: null,
  upsertedCount: 0,
  matchedCount: 2
}
```

受限於篇幅，以上輸出內容只保留了核心部分。

15.5 刪除文件

可以刪除單一文件，也可以刪除多個文件。

15.5.1 實例 37：刪除單一文件

以下是刪除單一文件的範例：

```
// 刪除單一文件
const removeDocument = function (db, callback) {
    // 取得集合
```

```
    const book = db.collection('book');

    // 刪除文件
    book.deleteOne({ "author.name": "Way Lau" }, function (err, result) {
        console.log(" 刪除單一文件，結果如下：");
        console.log(result)
        callback(result);
    });
}
```

執行應用，可以在主控台看到以下輸出內容：

```
$ node index

(node:6216) DeprecationWarning: current URL string parser is deprecated, and
will be removed in a future version. To use the new parser, pass option {
useNewUrlParser: true } to MongoClient.connect.
成功連結到伺服器
刪除單一文件，結果如下：
CommandResult {
  result: { n: 1, ok: 1 },

    // 省略非核心內容

  },
  deletedCount: 1
}
```

受限於篇幅，以上輸出內容只保留了核心部分。

15.5.2 實例 38：刪除多個文件

以下是刪除多個文件的範例：

```
// 刪除多個文件
const removeDocuments = function (db, callback) {
```

```
    // 取得集合
    const book = db.collection('book');

    // 刪除文件
    book.deleteMany({ "author.name": "Way Lau" }, function (err, result) {
        console.log(" 刪除多個文件，結果如下：");
        console.log(result)
        callback(result);
    });
}
```

執行應用，可以在主控台看到以下輸出內容：

```
$ node index

(node:6216) DeprecationWarning: current URL string parser is deprecated, and
will be removed in a future version. To use the new parser, pass option {
useNewUrlParser: true } to MongoClient.connect.
成功連結到伺服器
刪除多個文件，結果如下：
CommandResult {
  result: { n: 2, ok: 1 },

    // 省略非核心內容

  },
  deletedCount: 2
}
```

受限於篇幅，以上輸出內容只保留了核心部分。

> 📁 本節實例的原始程式碼可以在本書搭配資源的 "mongodb-demo" 目錄
> 下找到。

第五篇

Angular -- 前端應用開發平台

16

Angular 基礎

企業級應用中少不了 UI 程式設計。UI 就是一個應用的「顏值」。使用者都是「看臉」的,所以一款應用是否可被使用者接受,首先就是看這個應用的 UI 做得是否美觀。

本章説明常見的 UI 程式設計架構——Angular。

16.1 常見的 UI 程式設計架構

Angular 的產生與目前前端開發方式的巨變具有必然關聯。

16.1.1 Angular 與 jQuery 的不同

傳統的 Web 前端開發主要以 jQuery 為核心技術堆疊。jQuery 主要用來操作 DOM(Document Object Model,文件物件模型),其重要特點是消除了各瀏覽器之間的差異,提供了豐富的 DOM API,並簡化了 DOM 的操作,例如 DOM 文件的轉換、事件處理、動畫和 AJAX 互動等。

1. Angular 的優勢

Angular 是一個完整的架構，試圖解決現代 Web 應用程式開發各方面的問題。Angular 具有諸多特性，其核心功能包含 MVC 模式、模組化、自動化雙向資料綁定、語義化標籤、服務、依賴植入等。而這些概念即使對後端開發人員來說也不陌生。舉例來說，Java 開發人員一定知道 MVC 模式、模組化、服務、依賴植入等。

最重要的是，使用 Angular 可以透過一種完全不同的方法來建置使用者介面，可以用宣告的方式指定視圖的模型驅動的變化；而 jQuery 常常需要撰寫以 DOM 為中心的程式，隨著專案的增長（無論是在規模還是在互動性方面），程式會變得越來越難控制。所以，Angular 更適合用來開發現代的大型企業級應用。

2. 舉例說明

下面透過一個簡單的實例來比較 Angular 與 jQuery 的不同。

假設我們需要實現以下的選單清單。

```
<ul class="menus" >
<li><a href="#/sm1">Submenu 1</a></li>
<li><a href="#/sm2">Submenu 2</a></li>
<li><a href="#/sm3">Submenu 3</a></li>
</ul>
```

如果使用 jQuery，我們會這樣實現：

```
<ul class="menus" >
</ul>
$(".menus").each(function (menu) {
 $(".menus").append('<li><a href="'+ menu.url+'">'+ menu.name +'</a></li>');
 })
```

可以看到，在上述檢查過程中需要操作 DOM 元素。在 JavaScript 中撰寫 HTML 程式是一件困難的事，因為 HTML 中包含中括號、屬性、雙引號、單引號和方法等，在 JavaScript 中需要對這些特殊符號進行逸出，程式會變得冗長、易出錯，且難以識別。

下面是一個極端的實例，程式極難閱讀和了解。

```
var str = "<a href=# name=link5 class="menu1 id=link1" + "onmouseover=
    MM_showMenu(window.mm_menu_0604091621_0,-10,20,null,\'link5\');"+ "sel1.
    style.display=\'none
\';sel2.style.display=\'none\';sel3.style.display='none\';"+"
onmouseout=MM_startTimeout();>Free Services</a> ";
document.write(str);
```

如果使用 Angular，則整段程式會變得非常簡潔，且利於了解。

```
<ul class="menus">
<li *ngFor="let menu of menus">
<a href="{{menu.url}}">{{menu.name}}</a>
</li>
</ul>
```

16.1.2 Angular 與 React、Vue.js 優勢比較

在目前的主流 Web 架構中，Angular、React、Vue.js 是備受矚目的 3 個架構。

1. 從市場佔有率來看

Angular 與 React 的歷史更長，而 Vue.js 是後起之秀，所以 Angular 與 React 都比 Vue.js 的市場佔有率更高。但需要注意的是，Vue.js 的使用者增長速度很快，有迎頭趕上之勢。

2. 從支援度來看

Angular 與 React 的背後是大名鼎鼎的 Google 公司和 Facebook 公司，而 Vue.js 屬於個人專案。所以，無論是對開發團隊還是技術社區而言，Angular 與 React 都更有優勢。使用 Vue.js 的風險相對較高，畢竟這種專案在快速地依賴維護者是否能夠繼續維護下去。好在目前大型網際網路公司都在與 Vue.js 展開合作，這在某種程度上會讓 Vue.js 走得更遠。

3. 從開發體驗來看

Vue.js 由 JavaScript 語言撰寫，主要用於開發漸進式的 Web 應用，使用者使用起來會比較簡單，易於入門。以下是一個 Vue.js 應用範例：

```
<div id="app">
 {{ message }}
</div>
var app = new Vue({
 el: '#app',
 data: {
 message: 'Hello Vue!'
 }
})
```

React 同樣由 JavaScript 語言撰寫，採用元件化的方式來開發可重用的使用者 UI。React 的 HTML 元素是嵌在 JavaScript 程式中的，這在某種程度上有助聚焦重點，但不是所有的開發者都能接受這種 JavaScript 與 HTML「混雜」的方式。以下是一個 React 應用範例：

```
class HelloMessage extends React.Component {
 render() {
 return (
<div>
 Hello {this.props.name}
</div>
```

```
);
 }
}

ReactDOM.render(
<HelloMessage name="Taylor" />,
 mountNode
);
```

Angular 具有良好的範本與指令稿相分離的程式組織方式，可以方便地管理和維護大型系統。Angular 完全以新為基礎的 TypeScript 語言開發，擁有更強的類型系統，程式更穩固，也便於後端開發人員掌握。

16.1.3 Angular、React、Vue.js 三者怎麼選

綜上可知，Angular、React、Vue.js 都是非常優秀的架構，具有不同的受眾。選擇什麼樣的架構，要根據實際專案來選擇。整體來説：

- 入門難度順序是 Vue.js ＜ React ＜ Angular。
- 功能強大程度是 Vue.js ＜ React ＜ Angular。

建議如下：

- 如果你只是想快速實現一個小型專案，那麼選擇 Vue.js 無疑是最經濟的。
- 如果你想要建設大型的應用，或準備長期進行維護，那麼建議選擇 Angular。Angular 可以讓你從一開始就採用標準的方式來開發，並能降低出錯的可能性。

16.2 Angular 的安裝

開發 Angular 應用，需要準備必要的環境。我們已經具備了 Node.js 和 npm，還需要再安裝 Angular CLI。

Angular CLI 是一個命令列介面工具，它可以建立專案、增加檔案及執行一大堆開發工作，例如測試、包裝和發佈 Angular 應用。

可透過 npm 採用全域安裝的方式來安裝 Angular CLI，實際指令如下：

```
$ npm install -g @angular/cli
```

如果看到主控台中輸出以下內容，則說明 Angular CLI 已經安裝成功。

```
$ npm install -g @angular/cli

C:\Users\User\AppData\Roaming\npm\ng -> C:\Users\User\AppData\Roaming\npm\
node_modules\@angular\cli\bin\ng

> @angular/cli@8.3.0 postinstall C:\Users\User\AppData\Roaming\npm\
node_modules\@angular\cli
> node ./bin/postinstall/script.js

+ @angular/cli@8.3.0
added 240 packages from 185 contributors in 28.951s
```

16.3 Angular CLI 的常用操作

本節將介紹在實際專案中經常會用到的 Angular CLI 指令。

16.3.1　取得說明

"ng -h" 指令等於 "ng –help"，用於檢視所有指令。執行該指令可以看到
Angular CLI 所有的指令：

```
$ ng -h
Available Commands:
  add Adds support for an external library to your project.
  analytics Configures the gathering of Angular CLI usage metrics. See
https://v8.angular.io/cli/usage-analytics-gathering.
  build (b) Compiles an Angular app into an output directory named dist/ at
the given output path. Must be executed from within a workspace directory.
  deploy (d) Invokes the deploy builder for a specified project or for the
default project in the workspace.
  config Retrieves or sets Angular configuration values in the angular.json
file for the workspace.
  doc (d) Opens the official Angular documentation (angular.io) in a browser,
and searches for a given keyword.
  e2e (e) Builds and serves an Angular app, then runs end-to-end tests using
Protractor.
  generate (g) Generates and/or modifies files based on a schematic.
  help Lists available commands and their short descriptions.
  lint (l) Runs linting tools on Angular app code in a given project folder.
  new (n) Creates a new workspace and an initial Angular app.
  run Runs an Architect target with an optional custom builder configuration
defined in your project.
  serve (s) Builds and serves your app, rebuilding on file changes.
  test (t) Runs unit tests in a project.
  update Updates your application and its dependencies. See https://update.
angular.io/
  version (v) Outputs Angular CLI version.
  xi18n Extracts i18n messages from source code.

For more detailed help run "ng [command name] --help"
```

16.3.2 建立應用

以下範例建立一個名為 "user-management" 的 Angular 應用：

```
$ ng new user-management
```

16.3.3 建立元件

以下範例建立一個名為 "UsersComponent" 的元件：

```
$ ng generate component users
```

16.3.4 建立服務

以下範例建立一個名為 "UserService" 的服務：

```
$ ng generate service user
```

16.3.5 啟動應用

要啟動應用，則執行以下指令：

```
$ ng serve --open
```

此時，應用就會自動在瀏覽器中開啟，位址為 http://localhost:4200。

16.3.6 增加依賴

如果需要在應用中增加依賴，則執行以下指令：

```
$ ng add @ngx-translate/core
$ ng add @ngx-translate/http-loader
```

16.3.7 升級依賴

目前，Angular 社區非常活躍，版本經常更新。升級 Angular 的版本，只需執行以下指令：

```
$ ng update
```

如果想升級整個應用的依賴，則執行以下指令：

```
$ ng update --all
```

16.3.8 自動化測試

Angular 支援自動化測試。Angular 的測試主要基於 Jasmine 和 Karma 函數庫實現。只需執行以下指令：

```
$ ng test
```

如果要產生覆蓋率報告，則執行以下指令：

```
$ ng test --code-coverage
```

16.3.9 下載依賴

只有 Angular 原始程式不足以將 Angular 啟動起來，還需要安裝 Angular 應用所需要的依賴到本機。

在應用目錄下執行以下指令：

```
$ npm install
```

16.3.10 編譯

編譯執行以下指令，Angular 應用將被編譯為可以執行的檔案（HTML、JS），並放到 dist 目錄中。

```
$ ng build
```

16.4 Angular 架構概覽

Angular 是一個用 HTML 和 TypeScript 建置的用戶端應用的平台與架構。TypeScript 是 JavaScript 的子集。Angular 本身是使用 TypeScript 寫成的。它將核心功能和可選功能作為一組 TypeScript 函數庫進行實現，可以把它匯入應用中。圖 16-1 是 Angular 官方列出的架構圖。

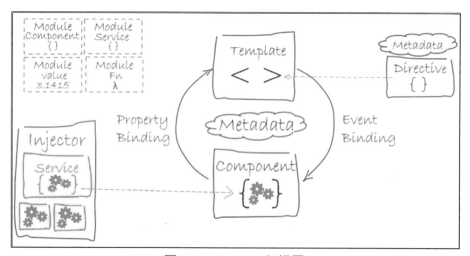

圖 16-1　Angular 架構圖

Angular 的基本建置模組是 NgModule，它為元件提供了編譯的上下文環境。NgModule 把相關的程式收集到一些功能集中。Angular 應用就是由一組 NgModule 定義出來的。應用至少會有一個用於啟動的根模組，通常還會有很多特性模組。

利用元件可以定義視圖。視圖是一組可見的螢幕元素，Angular 將根據程式邏輯和資料來選擇和修改它們。每個應用都至少有一個根元件。

利用元件可以使用服務。服務會提供那些與視圖不直接相關的功能。服務提供者可以被作為依賴植入元件中,這能讓程式更加模組化、可重複使用,而且高效。

元件和服務都是簡單的類別,這些類別使用裝飾器來標出它們的類型,並提供中繼資料以告知 Angular 應該如何使用它們。

元件類別的中繼資料將元件類別和一個用來定義視圖的範本連結起來。範本把普通的 HTML 檔案和指令與綁定標記(Markup)組合起來,這樣 Angular 就可以在呈現 HTML 檔案之前先修改這些 HTML 檔案。

服務的中繼資料提供了一些資訊,Angular 要利用這些資訊來讓元件可以透過依賴植入(Dependency Injection,DI)使用該服務。

應用的元件通常會定義很多視圖,並進行分級組織。Angular 提供了 Router 服務來幫助使用者定義視圖之間的導覽路徑。路由器提供了先進的瀏覽器內導覽功能。

16.4.1 模組

Angular 定義了 NgModule。NgModule 為一個元件集宣告了編譯的上下文環境,它專注於實現某個應用領域、某個工作流或一組緊密相關的能力。NgModule 可以將其元件和一組相關程式(如服務)連結起來,形成功能單元。

每個 Angular 應用都有一個根模組,通常名為 "AppModule"。根模組提供了用來啟動應用的啟動機制。一個應用通常包含很多功能模組。

NgModule 可以從其他 NgModule 中匯入功能,也可以匯出它們自己的功能供其他 NgModule 使用。舉例來說,要在應用中使用路由器(Router)服務,則要匯入 Router 這個 NgModule。

把程式組織成一些清晰的功能模組,可以幫助管理複雜應用的開發工作並實現可重複使用性設計。另外,這項技術還能讓你獲得惰性載入(即隨選載入模組)的優點,以減小啟動時需要載入的程式量。

有關模組的詳細內容將在第 17 章中詳細探討。

16.4.2 元件

每個 Angular 應用至少有一個元件,即根元件,它負責把元件樹和頁面中的 DOM 連結起來。每個元件都會定義一個類別,其中包含應用的資料和邏輯,並與一個 HTML 範本相連結(該範本定義了一個供在目標環境中顯示的視圖)。

@Component 裝飾器表明緊隨它的那個類別是一個元件,並提供範本和該元件專屬的中繼資料。

有關元件的詳細內容將在第 18 章中詳細探討。

16.4.3 範本、指令和資料綁定

範本會把 HTML 和 Angular 的標記(markup)組合起來,可以在 HTML 元素顯示出來之前修改 HTML 元素。範本中的指令會提供程式邏輯,而綁定標記會把應用中的資料和 DOM 連結在一起。

事件綁定讓應用可以透過更新應用的資料來回應目標環境中的使用者輸入。

屬性綁定會將從應用資料中計算出來的值插入 HTML 檔案中。

在視圖顯示出來之前,Angular 會先根據應用資料和邏輯來執行範本中的指令並解析綁定運算式,以修改 HTML 元素和 DOM。Angular 支援雙向資料綁定,這表示,DOM 中發生的變化(例如使用者的選擇)同樣會反映到程式資料中。

在範本中也可以用管線來轉換要顯示的值以增強使用者體驗。舉例來說，可以使用管線來顯示適合使用者所在地區的日期和貨幣格式。Angular 為一些通用的轉換提供了預先定義管線，使用者也可以定義自己的管線。

有關範本、指令和資料綁定的詳細內容將在第 19 章和第 20 章中詳細探討。

16.4.4 服務與依賴植入

對於與特定視圖無關並希望跨元件共用的資料或邏輯，可以建立服務類別。服務類別的定義通常緊接在 "@Injectable" 裝飾器之後。該裝飾器提供的中繼資料可以讓服務作為依賴植入客戶元件中。

依賴植入（DI）可以保持元件類別的精簡和高效。有了 DI，元件就不用從伺服器取得資料、驗證使用者輸入，或直接把記錄檔寫到主控台，而是把這些工作委派給服務。

有關服務與依賴植入的詳細內容將在第 21 章中詳細探討。

16.4.5 路由

Angular 的 Router 模組提供了一個服務，用於定義在應用的各個不同狀態和視圖層次結構之間導覽時要使用的路徑。它的工作模型基於人們熟知的瀏覽器導覽約定：

- 在網址列中輸入 URL，瀏覽器就會導覽到對應的頁面。
- 在頁面中點擊連結，瀏覽器就會導覽到一個新頁面。
- 點擊瀏覽器中的「前進」和「後退」按鈕，瀏覽器就會導覽到瀏覽歷史中的前一個或後一個頁面。

不過路由器會把類似 URL 的路徑對映到視圖，而非頁面。當使用者執行一個動作時（例如點擊連結），本應該在瀏覽器中載入一個新頁面，但是路由器攔截了瀏覽器的這個行為，並顯示或隱藏一個視圖層次結構。

如果路由器認為目前的應用狀態需要某些特定的功能，但定義此功能的模組尚未載入，則路由器就會惰性載入此模組。

路由器會根據應用中的導覽規則和資料狀態來攔截 URL。在使用者點擊按鈕、選擇下拉清單或收到其他任何來源的輸入後，將導覽到一個新視圖。路由器會在瀏覽器的歷史記錄檔中記錄這個動作，所以「前進」和「後退」按鈕也能正常執行。

要定義導覽規則，就要把導覽路徑和元件連結起來。路徑使用類似 URL 的語法來和程式資料整合在一起，就像範本語法會把視圖和程式資料整合起來一樣。然後可以用程式邏輯來決定要顯示或隱藏哪些視圖，或根據制定的存取規則對使用者的輸入做出回應。

有關路由的詳細內容將在第 22 章中詳細探討。

16.5 實例 39：建立第 1 個 Angular 應用

下面將建立第 1 個 Angular 應用 "angular-demo"。借助 Angular CLI 工具，我們甚至不需要撰寫一行程式就能實現一個完整可用的 Angular 應用。

16.5.1 使用 Angular CLI 初始化應用

開啟終端視窗。執行以下指令來產生一個新專案及預設的應用程式。

```
$ ng new angular-demo
```

其中，angular-demo 是指定的應用的名稱。

詳細的產生過程如下：

```
$ ng new angular-demo
? Would you like to add Angular routing? Yes
? Which stylesheet format would you like to use? CSS
CREATE angular-demo/angular.json (3641 bytes)
CREATE angular-demo/package.json (1286 bytes)
CREATE angular-demo/README.md (1028 bytes)
CREATE angular-demo/tsconfig.json (543 bytes)
CREATE angular-demo/tslint.json (1988 bytes)
CREATE angular-demo/.editorconfig (246 bytes)
CREATE angular-demo/.gitignore (631 bytes)
CREATE angular-demo/browserslist (429 bytes)
CREATE angular-demo/karma.conf.js (1024 bytes)
CREATE angular-demo/tsconfig.app.json (270 bytes)
CREATE angular-demo/tsconfig.spec.json (270 bytes)
CREATE angular-demo/src/favicon.ico (948 bytes)
CREATE angular-demo/src/index.html (297 bytes)
CREATE angular-demo/src/main.ts (372 bytes)
CREATE angular-demo/src/polyfills.ts (2838 bytes)
CREATE angular-demo/src/styles.css (80 bytes)
CREATE angular-demo/src/test.ts (642 bytes)
CREATE angular-demo/src/assets/.gitkeep (0 bytes)
CREATE angular-demo/src/environments/environment.prod.ts (51 bytes)
CREATE angular-demo/src/environments/environment.ts (662 bytes)
CREATE angular-demo/src/app/app-routing.module.ts (246 bytes)
CREATE angular-demo/src/app/app.module.ts (393 bytes)
CREATE angular-demo/src/app/app.component.html (25499 bytes)
CREATE angular-demo/src/app/app.component.spec.ts (1116 bytes)
CREATE angular-demo/src/app/app.component.ts (216 bytes)
CREATE angular-demo/src/app/app.component.css (0 bytes)
CREATE angular-demo/e2e/protractor.conf.js (810 bytes)
CREATE angular-demo/e2e/tsconfig.json (214 bytes)
```

```
CREATE angular-demo/e2e/src/app.e2e-spec.ts (645 bytes)
CREATE angular-demo/e2e/src/app.po.ts (262 bytes)
(node:8116) MaxListenersExceededWarning: Possible EventEmitter memory
leak detected. 11 drain listeners added to [TLSSocket]. Use emitter.
setMaxListeners() to increase limit


> core-js@2.6.9 postinstall D:\workspaceGithub\mean-book-samples\samples\
angular-demo\node_modules\babel-runtime\node_modules\core-js
> node scripts/postinstall || echo "ignore"


> core-js@3.2.1 postinstall D:\workspaceGithub\mean-book-samples\samples\
angular-demo\node_modules\core-js
> node scripts/postinstall || echo "ignore"


> core-js@2.6.9 postinstall D:\workspaceGithub\mean-book-samples\samples\
angular-demo\node_modules\karma\node_modules\core-js
> node scripts/postinstall || echo "ignore"


> @angular/cli@8.3.0 postinstall D:\workspaceGithub\mean-book-samples\samples\
angular-demo\node_modules\@angular\cli
> node ./bin/postinstall/script.js


npm WARN optional SKIPPING OPTIONAL DEPENDENCY: fsevents@1.2.9 (node_modules\
webpack-dev-server\node_modules\fsevents):
npm WARN notsup SKIPPING OPTIONAL DEPENDENCY: Unsupported platform
for fsevents@1.2.9: wanted {"os":"darwin","arch":"any"} (current:
{"os":"win32","arch":"x64"})
npm WARN optional SKIPPING OPTIONAL DEPENDENCY: fsevents@1.2.9 (node_modules\
watchpack\node_modules\fsevents):
npm WARN notsup SKIPPING OPTIONAL DEPENDENCY: Unsupported platform
for fsevents@1.2.9: wanted {"os":"darwin","arch":"any"} (current:
{"os":"win32","arch":"x64"})
npm WARN optional SKIPPING OPTIONAL DEPENDENCY: fsevents@1.2.9 (node_modules\
karma\node_modules\fsevents):
```

```
npm WARN notsup SKIPPING OPTIONAL DEPENDENCY: Unsupported platform
for fsevents@1.2.9: wanted {"os":"darwin","arch":"any"} (current:
{"os":"win32","arch":"x64"})
npm WARN optional SKIPPING OPTIONAL DEPENDENCY: fsevents@1.2.9 (node_modules\
@angular\compiler-cli\node_modules\fsevents):
npm WARN notsup SKIPPING OPTIONAL DEPENDENCY: Unsupported platform
for fsevents@1.2.9: wanted {"os":"darwin","arch":"any"} (current:
{"os":"win32","arch":"x64"})
npm WARN optional SKIPPING OPTIONAL DEPENDENCY: fsevents@2.0.7 (node_modules\
fsevents):
npm WARN notsup SKIPPING OPTIONAL DEPENDENCY: Unsupported platform for
fsevents@2.0.7: wanted {"os":"darwin","arch":"any"} (current:
{"os":"win32","arch":"x64"})

added 1177 packages from 1050 contributors in 177.371s
    Directory is already under version control. Skipping initialization of git.
```

最後，在指定的目錄下會產生一個名為 "angular-demo" 的工程目錄。

16.5.2 執行 Angular 應用

執行以下指令來執行應用。

```
$ cd angular-demo
$ ng serve --open
```

其中，

- "ng serve" 指令會啟動開發伺服器、監聽檔案變化，並在修改這些檔案時重新建置此應用。
- 使用 "–open"（或 "-o"）參數可以自動開啟瀏覽器並存取 http://localhost:4200。執行效果如圖 16-2 所示。

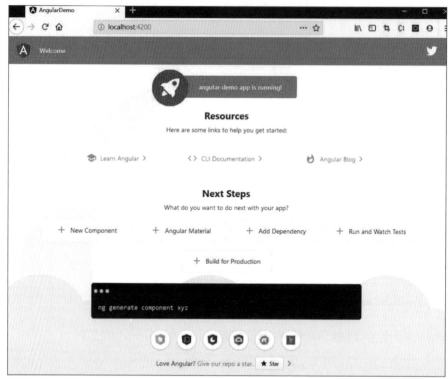

圖 16-2　執行效果

16.5.3　了解 src 資料夾

應用的程式都位於 src 資料夾中。所有的 Angular 元件、範本、樣式、圖片，以及使用者的應用所需的任何內容都在這裡。除這個資料夾外的檔案都是為建置應用提供支援用的。

src 目錄的結構如下：

```
src
  │   favicon.ico
  │   index.html
  │   main.ts
```

```
|   polyfills.ts
|   styles.css
|   test.ts
|
├── app
|       app-routing.module.ts
|       app.component.css
|       app.component.html
|       app.component.spec.ts
|       app.component.ts
|       app.module.ts
|
├── assets
|       .gitkeep
|
└── environments
        environment.prod.ts
        environment.ts
```

其中，各檔案的用途見表 16-1。

表 16-1　src 目錄中各檔案的用途說明

檔案	用途
app/app.component.{ts,html,css,spec.ts}	使用 HTML 範本、CSS 樣式和單元測試定義 AppComponent 元件。它是根元件。隨著應用的成長，它會成為一棵元件樹的根節點
app/app.module.ts	定義 AppModule 模組。該模組是根模組，描述了如何組裝 Angular 應用
assets/*	在這個資料夾下可以儲存圖片等檔案。在建置應用時，這裡的檔案都會被複製到發佈套件中
environments/*	這個資料夾中包含為各個目標環境準備的檔案，它們包含一些應用中要用到的設定變數。這些檔案會在建置應用時被取代。舉例來說，你可能在生產環境下使用不同的 API 端點位址，或使用不同的統計 Token 參數，甚至使用一些模擬服務。所有這些，Angular CLI 都替你考慮到了

檔案	用途
favicon.ico	每個網站都希望自己在書籤欄中能好看一點。請把它換成你自己的圖示
index.html	這是別人造訪你的網站時看到的首頁的 HTML 檔案。在大多數情況下，你都不用編輯它。在建置應用時，Angular CLI 會自動把所有 .js 和 .css 檔案增加進去，所以你不必在這裡手動增加任何 <script> 標籤
main.ts	這是應用的主要進入點。使用 JIT 編譯器編譯本應用，並啟動應用的根模組 AppModule，使其執行在瀏覽器中。你還可以使用 AOT 編譯器，而不用修改任何程式──只要給 "ng build" 或 "ng serve" 傳入 "–aot" 參數即可
polyfills.ts	不同的瀏覽器對 Web 標準的支援程度也不同。臘子指令稿（polyfill）能把這些不同點進行標準化
styles.css	這裡是全域樣式。在大多數情況下，你會希望在元件中使用局部樣式以利於維護。不過，那些會影響整個應用的樣式還是需要集中儲存在這裡
test.ts	這是單元測試的主要進入點。它有一些你不熟悉的自訂設定，不過你並不需要編輯這裡的任何東西

16.5.4 了解根目錄

src 資料夾是專案的根資料夾之一。其他檔案是用來幫助使用者建置、測試、維護、文件化和發佈應用的。它們存在於根目錄下，和 src 資料夾同等 。實際結構如下：

```
D:.
|  .editorconfig
|  .gitignore
|  angular.json
|  browserslist
|  karma.conf.js
|  package.json
|  README.md
|  tsconfig.json
```

```
| tsconfig.app.json
| tsconfig.spec.json
| tslint.json
|
├── e2e
|   | protractor.conf.js
|   | tsconfig.e2e.json
|   |
|   └── src
| app.e2e-spec.ts
| app.po.ts
|
├── node_modules
|   ├── ...
├── src
|   ├── ...
```

其中，各檔案的用途見表 16-2。

表 16-2 根目錄中各檔案的用途説明

檔案	用途
e2e/*	在 e2e/ 下是點對點（end-to-end）測試。它們之所以不在 src/ 下是因為，點對點測試實際上和應用是相互獨立的，它只適用於測試應用而已。這也就是為什麼它會擁有自己的 tsconfig.json
node_modules/*	Node.js 建立了這個資料夾，並且把 package.json 中列舉的所有協力廠商模組都放在其中
.editorconfig	給編輯器看的簡單設定檔，它用來確保參與專案的每個人都具有基本的編輯器設定
.gitignore	Git 的設定檔，用來確保某些自動產生的檔案不會被提交到原始程式控制系統中
angular.json	Angular CLI 的設定檔。在這個檔案中，你可以設定一系列預設值，還可以設定專案編譯時要包含的那些檔案
browserslist	一個設定檔，用來在不同的前端工具之間共用目標瀏覽器

檔案	用途
karma.conf.js	給 Karma 的單元測試設定，在執行 "ng test" 時會用到它
package.json	npm 的設定檔，其中列出了專案用到的協力廠商相依套件。還可以在這裡增加自己的自訂指令稿
README.md	專案的基礎文件，預先寫入了 Angular CLI 指令的資訊。別忘了用專案文件改進它，以便每個檢視此倉庫的人都能據此建置出你的應用
tsconfig.json	TypeScript 編譯器的設定，IDE 會借助它來給你提供更好的幫助
tsconfig.{app|spec}.json	TypeScript 編譯器的設定檔。tsconfig.app.json 是為 Angular 應用準備的，而 tsconfig.spec.json 是為單元測試準備的
tslint.json	額外的 Linting 設定。當執行 "ng lint" 時，它會供帶有 Codelyzer 的 TSLint 使用。檢查工具（Linting）可以幫你保持程式風格統一

> 📁 本實例的原始程式碼可以在本書搭配資源的 "angular-demo" 目錄下找到。

17

Angular 模組 --
大型前端應用管理之道

Angular 支援模組化開發。透過模組化，能讓每個模組專注於特定的業務領域。同時，模組也是「可重複使用軟體元件」的基本單元。模組化是大型前端應用管理之道。

17.1 模組概述

Angular 模組（NgModule）是透過 @NgModule 裝飾器進行裝飾的類別。在 Angular 中，帶有 @NgModule 標記的類別就是 NgModule。

NgModule 描述了如何編譯元件的範本，以及如何在執行時期建立植入器。@NgModule 會標出該模組自己的元件、指令和管線，並透過 exports 屬性公開其中的一部分，以便外部元件使用它們。

NgModule 還能把一些服務提供者增加到應用的依賴植入器中。

17.1.1 什麼是模組化

模組是組織應用和使用外部函數庫擴充應用的最佳途徑。Angular 透過分模組開發的方式來實現模組化。

Angular 提供的所有的函數庫都是以 NgModule 形式提供的,換言之,這些函數庫是可重複使用的模組,例如 FormsModule、HttpClientModule 和 RouterModule 等模組。當然,很多協力廠商軟體函數庫也是以 NgModule 形式提供的,例如:Material Design、NG-ZORRO、Ionic、AngularFire2 等。

Angular 模組包含元件、指令和管線,這三者被 Angular 一起包裝成內聚的功能區塊(模組)。這樣每個模組就能聚焦於一個特定的業務領域或工作流程。

模組還可以把服務加入應用中。這些服務可能是內部開發的,或來自外部(例如 Angular 的路由和 HTTP 用戶端)。

模組可以在應用啟動時被立即載入,也可以由路由器進行非同步的惰性載入。

模組的中繼資料會做以下工作:

- 宣告哪些元件、指令和管線屬於這個模組。
- 公開其中的部分元件、指令和管線,以便其他模組中的元件範本使用它們。
- 匯入其他帶有元件、指令和管線的模組,這些模組中的元件都是本模組所需的。
- 提供一些供應用中其他元件使用的服務。

每個 Angular 應用至少有一個模組（即根模組）。透過啟動根模組可以啟動應用。在大型專案中，根模組被重組成許多特性模組，它們代表一組密切相關的功能集。需要把這些特性模組匯入根模組中。

17.1.2　認識基本模組

透過 Angular CLI 工具產生的新專案中就包含了基本模組（根模組）。以下是在 angular-demo 應用中產生的根模組程式（app/app.module.ts）：

```
import { BrowserModule } from '@angular/platform-browser';
import { NgModule } from '@angular/core';

import { AppRoutingModule } from './app-routing.module';
import { AppComponent } from './app.component';

@NgModule({
  declarations: [
    AppComponent
  ],
  imports: [
    BrowserModule,
    AppRoutingModule
  ],
  providers: [],
  bootstrap: [AppComponent]
})
export class AppModule { }
```

在該程式中，前面 4 行 import 是匯入敘述，用來匯入應用所依賴的模組。接下來是設定 NgModule 的地方，用於規定哪些元件和指令屬於它（declarations），以及它使用了哪些其他模組（imports）。

17.1.3 認識特性模組

所謂特性模組是指聚焦於特定業務功能的模組。可以説,除根模組外,其他模組都是特性模組。

1. 為什麼需要特性模組

一般來説不同特性模組之間有清晰的邊界。使用特性模組,可以把與特定的功能或特性有關的程式從其他程式中分離出來。

這樣的好處是:為應用勾勒出清晰的邊界,有助開發人員之間、團隊之間的協作,有助分離各個指令,並管理根模組的大小。

2. 建立特性模組

在專案的根目錄下,可以透過輸入以下指令來建立特性模組:

```
ng generate module CustomerDashboard
```

特性模組與根模組類似,其 NgModule 結構都是一樣的。

以下是一個特性模組的實例:

```
import { NgModule } from '@angular/core';
import { CommonModule } from '@angular/common';

@NgModule({    // 模組用 @NgModule 進行標記
  imports: [
    CommonModule
  ],
  declarations: []
})
export class CustomerDashboardModule { }
```

17.2 啟動

在 Angular 應用中，根模組用來啟動此應用。按照慣例，根模組通常命名為 "AppModule"。

以下是在命令列透過 "ng new" 指令產生最簡單根模組的程式：

```
import { BrowserModule } from '@angular/platform-browser';
import { NgModule } from '@angular/core';

import { AppComponent } from './app.component';

@NgModule({
  declarations: [    // 宣告該應用所擁有的元件
    AppComponent
  ],
  imports: [         // 匯入模組
    BrowserModule
  ],
  providers: [],     // 服務提供者
  bootstrap: [AppComponent] // 根元件
})
export class AppModule { }
```

其中 @NgModule 中的屬性說明如下。

- declarations：該應用所擁有的元件。
- imports：匯入 BrowserModule 以取得瀏覽器特有的服務，例如 DOM 繪製、無害化處理和位置（location）等。
- providers：各種服務提供者。
- bootstrap：根元件。該元件的宿主頁面會被插入 index.html 頁面中。

由於 Angular CLI 預設建立的應用只有一個元件 AppComponent，所以它會同時出現在 declarations 和 bootstrap 陣列中。

17.2.1 了解 declarations 陣列

declarations 陣列告訴 Angular 哪些元件屬於該模組。在建立更多元件時，要把它們增加到 declarations 中。

每個元件都應該（且只能）宣告在一個 NgModule 類別中。如果使用了未宣告過的元件，則 Angular 會顯示出錯。

declarations 陣列只能接受可宣告物件。可宣告物件包含元件、指令和管線。一個模組的所有可宣告物件都必須放在 declarations 陣列中。可宣告物件只能屬於一個模組。如果同一個類別被宣告在了多個模組中，則編譯器會顯示出錯。

這些可宣告的類別在目前模組中是可見的，但對其他模組中的元件是不可見的——除非把它們從目前模組匯出，並讓對方模組匯入本模組。

17.2.2 了解 imports 陣列

imports 陣列只會出現在模組的中繼資料物件中。它告訴 Angular 該模組想要正常執行需要依賴哪些模組（就想 Java 的導入模組一樣）。

元件的範本可以參考在目前模組中宣告的，或從其他模組中匯入的元件、指令和管線。

17.2.3 了解 providers 陣列

providers 陣列中列出了該應用所需的服務。如果直接把服務列在這裡，則代表它們是全應用範圍的。在使用特性模組和惰性載入時，模組中提供的服務會有一定的範圍限制。要了解更多，請參見第 21 章中的內容。

17.2.4 了解 bootstrap 陣列

應用是透過啟動根模組 AppModule 啟動的，根模組還參考了 entryComponent。此外，啟動過程還會建立 bootstrap 陣列中列出的元件，並把它們一個一個插入瀏覽器的 DOM 中。

每個被啟動的元件都是它自己元件樹的根。插入一個被啟動的元件通常會觸發一系列元件的建立並形成元件樹。

雖然也可以在宿主頁面中放多個元件，但是在大多數應用中只有一個元件樹，並且只從一個根元件開始啟動。這個根元件通常叫作 AppComponent，位於根模組的 bootstrap 陣列中。

17.3 常用模組

Angular 平台提供了豐富的模組，以支援建立各種簡單和複雜的應用。

17.3.1 常用模組

Angular 應用需要不止一個模組，它們都為根模組服務。如果想把某些特性增加到應用中，則可以透過增加模組來實現。以下是一些常用的 Angular 模組及其使用場景。

- BrowserModule：來自 @angular/platform-browser，在瀏覽器中執行應用時使用。
- CommonModule：來自 angular/common，在使用 NgIf 和 NgFor 時使用。
- FormsModule：來自 @angular/forms，在建置範本驅動表單時使用。
- ReactiveFormsModule：來自 @angular/forms，在建置響應式表單時使用。

■ RouterModule： 來 自 @angular/router， 在 使 用 路 由 功 能 且 用 到 RouterLink、.forRoot() 方法和 .forChild() 方法時使用。

■ HttpClientModule：來自 @angular/common/http，在和伺服器互動時使用。

17.3.2 BrowserModule 和 CommonModule

BrowserModule 匯入了 CommonModule，它貢獻了很多通用的指令，例如 ngIf 和 ngFor 等。另外，BrowserModule 重新匯出了 CommonModule，以便它所有的指令在任何匯入了 BrowserModule 的 Angular 模組中都可以使用。

所 有 執 行 在 瀏 覽 器 中 的 應 用，都 必 須 在 根 模 組 AppModule 中 匯 入 BrowserModule，因為它提供了啟動和執行瀏覽器應用所需的某些服務。 BrowserModule 的提供商是針對整個應用的，所以它只能在根模組中使用，而不能在特性模組中使用。特性模組只需要包含 CommonModule 中的常用指令即可，它們不需要重新安裝所有全應用級的服務。

17.4 特性模組

一般來說特性模組分為以下 5 大類：

■ 領域特性模組。
■ 帶路由的特性模組。
■ 路由模組。
■ 服務特性模組
■ 可視套件特性模組。

17.4.1 領域特性模組

領域特性模組給使用者提供了應用程式中特有的使用者體驗，例如編輯客戶資訊和下訂單等。它們通常會有一個頂級元件來充當該特性的根元件，並且通常是私有的，用來支援它的各級子元件。

領域特性模組大部分由 declarations 組成，只有頂級元件才能被匯出。

領域特性模組很少有服務提供者。如果有，那這些服務的生命週期必須和該模組的生命週期完全相同。

領域特性模組通常由更高一級的特性模組匯出且只能匯出一次。

對於缺少路由的小型應用，它們可能只會被根模組 AppModule 匯入一次。

17.4.2 帶路由的特性模組

帶路由的特性模組是一種特殊的領域特性模組，但它的頂層元件會作為路由導航時的目標群元件。根據這個定義，所有惰性載入的模組都是路由特性模組。

帶路由的特性模組不會匯出任何東西，因為它們的元件永遠不會出現在外部元件的範本中。

惰性載入的路由特性模組不應該被任何模組匯入。如果那樣做就會導致它被立即載入，進一步破壞惰性載入的設計用途。換言之，路由特性永遠不出現在 AppModule 的 imports 中。立即載入的路由特性模組必須被其他模組匯入，以便編譯器能了解它所包含的元件。

路由特性模組很少有服務提供者。如果那樣做，那麼它所提供的服務的生命週期必須與該模組的生命週期完全相同。不要在路由特性模組或被路由特性模組所匯入的模組中提供全應用級的單例服務。

17.4.3 路由模組

路由模組為其他模組提供路由設定。單獨將路由作為一個模組，是希望把路由和其他的模組分開，實現重點的分離。

路由模組通常會做以下工作：

（1）定義路由。

（2）把路由設定增加到該模組的 imports 敘述中。

（3）把路由守衛和解析器的服務提供者增加到該模組的 providers 敘述中。

（4）路由模組應該與其搭配模組名稱相同，並加上 "Routing" 副檔名。舉例來說，foo.module.ts 檔案中的 FooModule 函數就有一個位於 foo-routing.module.ts 檔案中的 FooRoutingModule 路由模組。如果其搭配模組是根模組 AppModule，那麼 AppRoutingModule 就要使用 RouterModule.forRoot(routes) 來把路由器設定增加到它的 imports 敘述中。所有其他路由模組都是子模組，要使用 RouterModule. forChild(routes)。

（5）按照慣例，路由模組會重新匯出這個 RouterModule，以便其搭配模組中的元件可以存取路由器指令，例如 RouterLink 和 RouterOutlet。

（6）路由模組沒有自己的可宣告物件。元件、指令和管線都是特性模組的，而非路由模組的。路由模組只能被它的搭配模組匯入。

17.4.4 服務特性模組

服務模組提供了諸如資料存取和訊息等服務。理論上，它們應該完全由服務提供者組成，不應該有可宣告物件。Angular 的 HttpClientModule 模組就是一個服務模組的好實例。

根模組 AppModule 是唯一可匯入服務模組的模組。

17.4.5 可視套件特性模組

可視套件模組為外部模組提供元件、指令和管線。很多協力廠商 UI 元件函數庫都是可視套件模組。

可視套件模組完全由可宣告物件組成，它們中的大部分都可以被匯出。

可視套件模組很少有服務提供者。

如果在任何模組的元件範本中需要用到這些可視套件，則需要匯入對應的可視套件模組。

17.5 入口元件

所謂入口元件，是指 Angular 透過指令載入的元件，即沒有在範本中參考過的元件。

可以在模組中啟動入口元件，或把入口元件包含在路由定義中來指定。

17.5.1 啟動用的入口元件

在以下實例中指定了一個啟動用的元件 AppComponent：

```
import { BrowserModule } from '@angular/platform-browser';
import { NgModule } from '@angular/core';

import { AppComponent } from './app.component';

@NgModule({
  declarations: [
    AppComponent
```

```
  ],
  imports: [
    BrowserModule
  ],
  providers: [],
  bootstrap: [AppComponent] // 入口元件
})
export class AppModule { }
```

啟動元件是一個入口元件，Angular 會在啟動過程中把它載入到 DOM 中。其他入口元件是在應用執行過程中動態載入的。

Angula 會動態載入根元件 AppComponent，因為它的類型作為參數傳給了 @NgModule. bootstrap 函數。

元件也可以在該模組的 ngDoBootstrap() 方法中進行指令式啟動。@NgModule.bootstrap 屬性告訴編譯器，這裡是一個入口元件，它應該產生程式，以便使用該元件啟動應用。

啟動用的元件必須是入口元件，因為啟動過程是指令式的，所以它需要一個入口元件。

17.5.2 路由用的入口元件

入口元件的第二種類型出現在路由定義中，就像下面這樣：

```
import { UsersComponent } from './users/users.component'

const routes: Routes = [
  { path: 'users', component: UsersComponent }
];
```

路由定義使用元件類型參考了一個元件 "component：UsersComponent"。

所有路由元件都必須是入口元件。這需要把同一個元件增加到兩個地方（路由中和 entryComponents 中），但編譯器足夠聰明，可以識別出這裡是一個路由定義，因此它會自動把這些路由元件增加到 entryComponents 陣列中。

17.5.3 entryComponents

雖然 @NgModule 裝飾器具有一個 entryComponents 陣列，但在大多數情況下開發者並不需要顯性設定入口元件，因為 Angular 會自動把 @NgModule.bootstrap 中的元件和路由定義中的元件增加到入口元件中。雖然這兩種機制可以自動增加大多數入口元件，但如果要用其他方式根據類型來指令式地啟動或動態載入某個元件，則必須把它們顯性增加到 entryComponents 陣列中。

17.5.4 編譯最佳化

一款專注於效能的應用是希望載入盡可能小的程式。這些程式應該只包含實際使用到的類別，並且排除那些從未用到的元件。因此，Angular 編譯器只會為那些可以從 entryComponents 陣列中直接或間接存取到的元件產生程式。

實際上，很多函數庫宣告和匯出的元件都是從未用過的。舉例來說，Material Design 函數庫會匯出其中的所有元件，因為它不知道你會用哪一個。很顯然在應用中不可能全都用到這些元件。對於那些沒有參考過的類別元件，Tree-shaking 最佳化工具會把它們從最後的程式套件中排除出去。

如果一個元件既不是入口元件，也沒有在範本中被使用過，則 Tree-shaking 最佳化工具會把它排除出去。所以，最好只增加那些真正的入口元件，以便應用盡可能保持精簡。

18

Angular 元件 -- 獨立的開發單元

Angular 元件用於控制視圖的顯示。

18.1 資料展示

元件所在的類別一般被命名為 "*.component.ts"。在該類別中可以定義元件的邏輯，為視圖提供支援。元件透過 API 與視圖進行互動。

18.1.1 實例 40：資料展示的實例

觀察下面範例。

> 📁 本實例的原始程式碼可以在本書搭配資源的 "basic-component" 目錄下找到。

```
01 import { Component } from '@angular/core';
02
03 @Component({
04   selector: 'app-root',
```

```
05   templateUrl: './app.component.html',
06   styleUrls: ['./app.component.css']
07 })
08 export class AppComponent {
09   title = 'basic-component';
10
11   users = ['劉一', '陳二', '張三', '李四', '王五', '趙六', '孫七',
     '周八', '吳九', '鄭十'];
12 }
```

元件類別用 @Component 進行裝飾。在上述程式中，AppComponent 類別
（見程式第 08 行）就是一個 Angular 應用的元件。

下面介紹這個元件的兩個屬性。

1. selector 屬性

@Component 裝飾器中的 selector 屬性用於指定一個名叫 "app-root" 的元
素。該元素是 index.html 檔案裡的預留位置。

index.html 的完整程式如下：

```
<!doctype html>
<html lang="en">
<head>
<meta charset="utf-8">
<title>BasicComponent</title>
<base href="/">
<meta name="viewport" content="width=device-width, initial-scale=1">
<link rel="icon" type="image/x-icon" href="favicon.ico">
</head>
<body>
<app-root></app-root>
</body>
</html>
```

在透過 main.ts 檔案中的 AppComponent 類別啟動應用時，Angular 會在 index.html 中尋找 <app-root> 元素，然後產生實體一個 AppComponent 類別，並將其繪製到 <app-root> 標籤中。

2. templateUrl 屬性

templateUrl 屬性用於設定元件所使用的範本的位置。app.component.html 的程式如下：

```
<h1>{{title}}</h1>

<ul class="users">
<li *ngFor="let user of users">
    {{user}}
</li>
</ul>
```

執行應用就能在頁面顯示出標題和使用者清單資訊，如圖 18-1 所示。

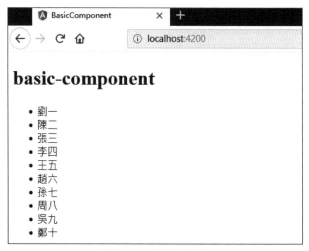

圖 18-1 執行效果

18.1.2 使用內插運算式顯示元件屬性

要顯示元件的屬性，最簡單的方式就是——透過內插運算式來綁定屬性名稱。要使用內插運算式，則需要把屬性名稱包裹在雙大括號裡並將其放進視圖範本中，例如 app.component.html 程式中的 {{title}}。Angular 會自動從元件中分析 title 屬性的值，並把這些值插入瀏覽器中。當這些屬性發生變化時，Angular 會自動更新顯示。

18.1.3 元件連結範本的兩種方式

在 18.1.1 節第 1 段程式的第 05 行中，透過 templateUrl 屬性把一個範本（app.component.html）和 AppComponent 元件連結了起來。元件及其所連結的範本共同描述了一個視圖。元件連結範本主要有兩種方式：

（1）參考外部檔案。可以透過 templateUrl 屬性來參考一個獨立的 HTML 檔案。

（2）將 HTML 直接內聯在 temple 屬性中。以下是一個內嵌範本的實例：

```
import { Component } from '@angular/core';

@Component({
selector: 'app-root',
template: `
<h1>{{title}}</h1>
  `,
styleUrls: ['./app.component.css']
})export class AppComponent {
  title = 'basic-component';
}
```

在上述實例中，範本 HTML 內容直接內聯在 template 屬性中。內聯範本是包在 ECMAScript 2015 反引號（`）中的多行字串。

到底選擇內聯 HTML 內容的方式還是參考外部獨立 HTML 方式，取決於個人喜好、實際狀況和組織策略。

- 如果範本很小（例如上面的實例），則可以選擇使用內聯 HTML。因為這樣會讓程式更加內聚，沒有額外的 HTML 檔案，程式看上去比較簡單。
- 如果 HTML 檔案過大，則使用外聯的方式更加適合。
- 如果考慮組織級的統一標準，則建議一律採用外聯的方式，因為這樣能使所有開發人員的程式都遵循一致的標準，利於維護。

18.1.4　在範本中使用指令

在範本中，可以使用 Angular 提供的豐富的指令。這些指令利於簡化程式的開發過程。*ngFor 是 Angular 的複寫器（repeater）指令，它可以為清單中的每項資料複寫它的宿主元素，類似 Java 或 JavaScript 中的 forEach 循環。*ngFor 的用法如下：

```
<li *ngFor="let user of users">
    {{user}}
</li>
```

在上述程式中：

- <li> 標籤是 *ngFor 的宿主元素。
- users 是來自 AppComponent 類別的列表。
- 在依次檢查這個列表時，user 列表會為每個反覆運算儲存目前的使用者物件。

指令還將在第 20 章詳細探討，此處不再贅述。

18.2 生命週期

每個元件都有一個被 Angular 管理的生命週期。生命週期決定了 Angular 如何建立、繪製元件及其子元件，檢查元件所綁定的屬性的發生，並在「元件被從 DOM 中移除」前銷毀它。

18.2.1 生命週期鉤子

Angular 提供了生命週期鉤子。這些生命週期鉤子可以把關鍵生命週期的關鍵時刻給曝露出來，使開發者能夠在生命週期的某些階段採取一些行動。

每個介面都有唯一的鉤子方法，它們的名字由 "ng" 加上「介面名稱」組成。舉例來說，OnInit 介面的鉤子方法叫作 "ngOnInit"。Angular 在建立元件後會立刻呼叫它。

18.2.2 實例 41：生命週期鉤子的實例

以下實例將示範所有生命週期鉤子的用法。

> 📁 本實例的原始程式碼可以在本書搭配資源的 "life-cycle" 目錄下找到。

app.component.ts 的完整程式如下：

```
import {
  Component, OnInit, OnChanges, DoCheck, AfterContentChecked,
  AfterContentInit, AfterViewChecked,
  AfterViewInit, SimpleChanges, Input
} from '@angular/core';


@Component({
```

```
  selector: 'app-root',
  templateUrl: './app.component.html',
  styleUrls: ['./app.component.css']
})
export class AppComponent implements OnInit, OnChanges,
  DoCheck, AfterContentChecked,
  AfterContentInit, AfterViewChecked, AfterViewInit {

  title = '生命週期鉤子的實例';
  logIndex: number = 1; // 計數器
  @Input() name: string;

  constructor() {
    this.logIt("constructor");
  }

  logIt(msg: string) {
    console.log(`#${this.logIndex++} ${msg}`);
  }

  ngAfterViewInit(): void {
    this.logIt("ngAfterViewInit");
  }

  ngAfterViewChecked(): void {
    this.logIt("ngAfterViewChecked");
  }

  ngAfterContentInit(): void {
    this.logIt("ngAfterContentInit");
  }

  ngAfterContentChecked(): void {
    this.logIt("ngAfterContentChecked");
  }
```

```
ngDoCheck(): void {
  this.logIt("ngDoCheck");
}


ngOnChanges(changes: SimpleChanges): void {
  //changes, 輸入屬性的所有變化的值
  let nameCurrentValue = changes['name'].currentValue; // 屬性的目前值
  let namePreviousValue = changes['name'].previousValue; // 屬性的前一個值

  this.logIt("ngOnChanges 的 currentValue 值是 " + nameCurrentValue);
  this.logIt("ngOnChanges 的 previousValue 值是 " + namePreviousValue);
}


ngOnInit() {
  this.logIt("ngOnInit");
}


}
```

在真實的專案中可能很少（或者永遠不會）像這個實例這樣實現所有這些介面。在該實例中之所以這麼做，只是為了示範 Angular 是如何按照期望的順序呼叫這些鉤子的。

app.component.html 的完整程式如下：

```
<h1>{{title}}</h1>
<input type="text" [(ngModel)]="name">
```

需要注意的是，上述程式使用了表單元件 <input>，因此，要使應用能夠正常執行，則需確保在根模組中已經引用了 FormsModule 模組，見下方程式：

```
import { BrowserModule } from '@angular/platform-browser';
import { FormsModule } from '@angular/forms';
import { NgModule } from '@angular/core';

import { AppComponent } from './app.component';

@NgModule({
  declarations: [
    AppComponent
  ],
  imports: [
    BrowserModule,
    FormsModule  // 表單元件
  ],
  providers: [],
  bootstrap: [AppComponent]
})
export class AppModule { }
```

執行專案可以看到如圖 18-2 所示的介面及主控台效果。

圖 18-2 介面及主控台效果

在輸入架構中輸入文字可以觀察 Angular 生命週期鉤子的順序。

18.2.3　生命週期鉤子的順序

在執行應用後，在主控台中可以看到輸出以下內容：

```
#1 constructor
#2 ngOnInit
#3 ngDoCheck
#4 ngAfterContentInit
#5 ngAfterContentChecked
#6 ngAfterViewInit
#7 ngAfterViewChecked
#8 ngDoCheck
#9 ngAfterContentChecked
#10 ngAfterViewChecked
```

以下歸納了生命週期鉤子的順序，該順序也驗證了上面實例中生命週期鉤子的執行順序。

- ngOnChanges()：當 Angular（重新）設定資料綁定輸入屬性時回應。該方法可接收目前屬性值和上一個屬性值的 SimpleChanges 物件。在被綁定的輸入屬性的值發生變化時呼叫。第一次呼叫一定會發生在 ngOnInit() 之前。
- ngOnInit()：在 Angular 第 1 次顯示資料綁定和設定指令 / 元件的輸入屬性後，初始化指令 / 元件。在第 1 輪 ngOnChanges() 完成之後呼叫，只呼叫一次。
- ngDoCheck()：檢測變化。在每個 Angular 變更檢測週期中呼叫。在 ngOnChanges() 方法和 ngOnInit() 之後。
- ngAfterContentInit()：在把內容投影進元件之後呼叫；在第一次執行 ngDoCheck() 方法之後呼叫，只呼叫一次。

- ngAfterContentChecked()：每次完成被投影元件內容的變更檢測之後呼叫。在執行 ngAfterContentInit() 和 ngDoCheck() 方法之後呼叫。
- ngAfterViewInit()：初始化完元件視圖及其子視圖之後呼叫。在第一次執行 ngAfterContentChecked() 方法之後呼叫，只呼叫一次。
- ngAfterViewChecked()：在每次做完元件視圖和子視圖的變更檢測之後呼叫。在執行 ngAfterViewInit() 和 ngAfterContentChecked() 方法之後呼叫。
- ngOnDestroy()：在 Angular 每次銷毀指令 / 元件之前呼叫並清掃，在這裡反訂閱可觀察物件和分離事件處理器，以防記憶體洩漏。在 Angular 銷毀指令 / 元件之前呼叫。

接下來將重點介紹這些生命週期鉤子的實際用法。

18.2.4 了解 OnInit() 鉤子

OnInit() 鉤子對應的函數是 ngOnInit()。ngOnInit() 主要用於以下場景：

- 在建置函數之後馬上執行複雜的初始化邏輯。
- 在 Angular 設定完輸入屬性之後對元件進行準備。

一般不建議在元件的建置函數中取得資料。在建置函數中，除使用簡單的值對區域變數進行初始化外，其他什麼都不應該做。另外，應該避免複雜的建置函數邏輯。因此，在建置函數中不適合的初始化操作可以移至 ngOnInit() 中。

下面是初始化使用者列表資料的實例。

```
import { Component, OnInit } from '@angular/core';

import { User } from '../user';
import { UserService } from '../user.service';
```

```
@Component({
selector: 'app-users',
templateUrl: './users.component.html',
styleUrls: ['./users.component.css']
})
export class UsersComponent implements OnInit {

users: User[];

constructor(private userService: UserService) { }

ngOnInit() {
this.getUsers();
  }

getUsers(): void {
this.userService.getUsers()
      .subscribe(users => this.users = users);
  }

  // 省略其他非核心程式
}
```

18.2.5 了解 OnDestroy() 鉤子

如果有一些清理操作必須在 Angular 銷毀指令之前執行，則可以把它們放在 ngOnDestroy() 鉤子中。這是在該元件消失之前可用來通知應用程式中其他部分的最後一個時間點。

在這個鉤子中可以釋放那些不會被垃圾收集器自動回收的資源，以防止記憶體洩漏。例如：

- 取消那些對可觀察物件和 DOM 事件的訂閱。
- 停止計時器。
- 登出該指令曾註冊到全域服務或應用級服務中的各種回呼函數。

18.2.6 了解 OnChanges() 鉤子

一旦檢測到該元件（或指令）的輸入屬性發生了變化，Angular 就會呼叫它的 ngOnChanges() 鉤子。ngOnChanges() 鉤子獲得了一個物件，該物件會把每個發生變化的屬性名稱都對映到一個 SimpleChange 物件中，該物件中有屬性的目前值和前一個值。這個鉤子會在這些發生了變化的屬性上進行反覆運算，並記錄它們。

以下是一個使用 OnChanges() 鉤子的實例：

```
ngOnChanges(changes: SimpleChanges): void {
    let nameCurrentValue = changes['name'].currentValue;   // 屬性的目前值
    let namePreviousValue = changes['name'].previousValue; // 屬性的前一個值

    this.logIt("ngOnChanges 的 currentValue 值是 " + nameCurrentValue);
    this.logIt("ngOnChanges 的 previousValue 值是 " + namePreviousValue);
}
```

18.2.7 了解 DoCheck() 鉤子

ngDoCheck() 鉤子用於檢測變化。在生命週期鉤子的實例中，使用者在輸入框中輸入文字或刪除文字，甚至是輸入框失去焦點時，都會觸發 ngDoCheck() 方法。

圖 18-3 展示了在輸入框中輸入文字後主控台輸出的效果。

圖 18-3 主控台輸出的效果

18.2.8 了解 AfterView 鉤子

AfterView 包含了 AfterViewInit() 和 AfterViewChecked() 兩個鉤子，Angular 會在每次建立了元件的子視圖後呼叫它們。

在生命週期鉤子的實例中，使用者在輸入框中輸入文字或刪除文字，甚至是輸入框失去焦點時，都會觸發 ngAfterViewChecked() 方法。

18.2.9 了解 AfterContent 鉤子

AfterContent 鉤子包含 AfterContentInit() 和 AfterContentChecked() 兩個鉤子。Angular 會在外來內容被投影到元件中之後呼叫它們。內容投影是指，從元件外部匯入 HTML 內容，並把它插入在元件範本中的指定位置上。

在 18.2.2 節的「生命週期鉤子的實例」中，使用者在輸入框中輸入或刪除文字，甚至是輸入框失去焦點時，都會觸發 ngAfterContentChecked() 方法。

AfterContent 鉤子和 AfterView 鉤子相似，兩者不同的是子元件的類型。

- AfterView 鉤子：關心的是 ViewChildren，這些子元件的元素標籤會出現在 AfterView 所在的範本中。
- AfterContent 鉤子：關心的是 ContentChildren，這些子元件被 Angular 投影進 AfterChildren 所在的元件中。

18.3 元件的對話模式

本節將介紹常見的元件對話模式。所謂元件互動即讓多個元件之間共用資訊。

> 📂 本節所有實例的原始程式可以在本書搭配資源中的 "component-interaction" 目錄下找到。

18.3.1 實例 42：透過 @Input 把資料從父元件傳到子元件

在本實例中，有父子兩個元件 -- UserParentComponent 和 UserChildComponent。

UserChildComponent 元件的程式如下：

```
import { Component, Input } from '@angular/core';
import { User } from './user';

@Component({
  selector: 'app-user-child',
  template: `
```

```
<p>{{user.name}} 的老師是 {{masterName}}.</p>
  `
})
export class UserChildComponent {
  @Input() user: User; // 輸入型屬性
  @Input() masterName: string; // 輸入型屬性
}
```

UserChildComponent 元件有兩個屬性 user 和 masterName，它們都帶有 @Input 裝飾器，標識這兩個屬性都是輸入型屬性。

父元件 UserParentComponent 會把子元件的 UserChildComponent 放到 *ngFor 循環器中，把自己的 master 字串屬性綁定到子元件的 masterName 屬性上，把每個循環的 user 實例綁定到子元件的 user 屬性上。

UserParentComponent 元件的程式如下：

```
import { Component } from '@angular/core';

import { USERS } from './user';

@Component({
  selector: 'app-user-parent',
  template: `
<h2>{{master}} 有 {{users.length}} 個學生 </h2>
<app-user-child *ngFor="let user of users"
     [user]="user"
     [masterName]="master">
</app-user-child>
  `
})
export class UserParentComponent {
  users = USERS;
  master = ' 老衛 ';
}
```

圖 18-4 展示了程式的執行效果。

老衛有10個學生

Way Lau 的老師是 老衛.

Narco 的老師是 老衛.

Bombasto 的老師是 老衛.

Celeritas 的老師是 老衛.

Magneta 的老師是 老衛.

RubberMan 的老師是 老衛.

Dynama 的老師是 老衛.

Dr IQ 的老師是 老衛.

Magma 的老師是 老衛.

Tornado 的老師是 老衛.

圖 18-4　執行效果

18.3.2　實例 43：透過 set() 方法截聽輸入屬性值的變化

@Input 裝飾器也可以標記在 set() 方法上，以截聽屬性值的變化。

在本實例中，子元件 NameChildComponent 的輸入屬性 name 上的這個 set() 方法會截掉名字裡的空格，並把空字串值取代成預設字串「未設定使用者名稱」。NameChildComponent 元件的完整程式如下：

```
import { Component, Input } from '@angular/core';

@Component({
  selector: 'app-name-child',
  template: '<h3>"{{name}}"</h3>'
})
export class NameChildComponent {
  private _name = '';

  @Input()
  set name(name: string) {
```

```
    this._name = (name && name.trim()) || '未設定使用者名稱';
  }


  get name(): string { return this._name; }
}
```

NameParentComponent 元件提供了各種格式的使用者名稱列表，並將使用者名稱傳遞給子元件。NameParentComponent 元件的完整程式如下：

```
import { Component } from '@angular/core';

@Component({
  selector: 'app-name-parent',
  template: `
<h2>{{master}} 有 {{users.length}} 個學生 </h2>
<app-name-child *ngFor="let user of users"
    [name]="user">
</app-name-child>
  `
})
export class NameParentComponent {
  // 顯示 'Way Lau', '未設定名稱 ', 'Bombasto', 'Magma'
  users = ['Way Lau', '   ', '  Bombasto  ', ' Magma'];

  master = ' 老衛 ';
}
```

圖 18-5 展示了程式的執行效果。

老衛有 4 個學生

"Way Lau"

"未設定用戶名"

"Bombasto"

"Magma"

圖 18-5 執行效果

18.3.3 實例 44：透過 **ngOnChanges()** 方法截聽輸入屬性值的變化

本實例將使用 OnChanges() 鉤子的 ngOnChanges() 方法來監測輸入屬性值的變化。

在本實例中，VersionChildComponent 元件會監測輸入屬性 major 和 minor 的變化，並把這些變化產生記錄檔。VersionChildComponent 元件的完整程式如下：

```
/* tslint:disable:forin */
import { Component, Input, OnChanges, SimpleChange } from '@angular/core';

@Component({
  selector: 'app-version-child',
  template: `
<h3>版本編號 {{major}}.{{minor}}</h3>
<h4>更新記錄檔 :</h4>
<ul>
<li *ngFor="let change of changeLog">{{change}}</li>
</ul>
  `
})
export class VersionChildComponent implements OnChanges {
  @Input() major: number;
  @Input() minor: number;
  changeLog: string[] = [];

  ngOnChanges(changes: { [propKey: string]: SimpleChange }) {
    let log: string[] = [];
    for (let propName in changes) {
      let changedProp = changes[propName];
      let to = JSON.stringify(changedProp.currentValue);
      if (changedProp.isFirstChange()) {
        log.push(`初始化 ${propName} 設定為 ${to}`);
```

```
    } else {
      let from = JSON.stringify(changedProp.previousValue);
      log.push(`${propName} 從 ${from} 更改為 ${to}`);
    }
  }
  this.changeLog.push(log.join(', '));
  }
}
```

VersionParentComponent 元件提供 minor 和 major 值，並把修改它們值的方法綁定到兩個按鈕上。VersionParentComponent 元件的完整程式如下：

```
import { Component } from '@angular/core';

@Component({
  selector: 'app-version-parent',
  template: `
<h2> 版本編號產生器 </h2>
<button (click)="newMinor()"> 產生 minor 版本 </button>
<button (click)="newMajor()"> 產生 major 版本 </button>
<app-version-child [major]="major" [minor]="minor"></app-version-child>
  `
})
export class VersionParentComponent {
  major = 1;
  minor = 23;

  newMinor() {
    this.minor++;
  }

  newMajor() {
    this.major++;
    this.minor = 0;
  }
}
```

圖 18-6 展示了程式的執行效果。

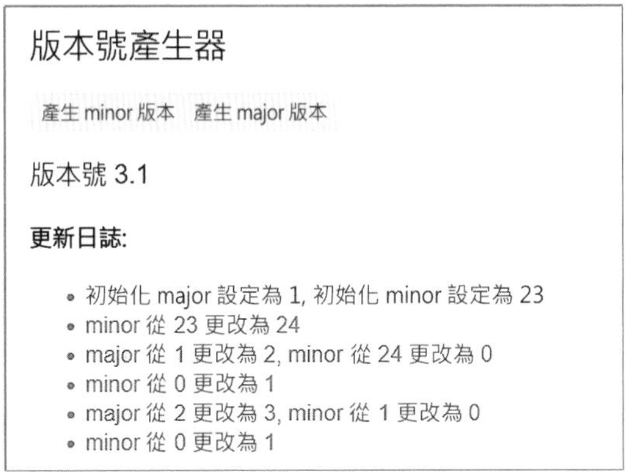

版本號產生器

產生 minor 版本　產生 major 版本

版本號 3.1

更新日誌:

- 初始化 major 設定為 1, 初始化 minor 設定為 23
- minor 從 23 更改為 24
- major 從 1 更改為 2, minor 從 24 更改為 0
- minor 從 0 更改為 1
- major 從 2 更改為 3, minor 從 1 更改為 0
- minor 從 0 更改為 1

圖 18-6　執行效果

18.3.4　實例 45：用父元件監聽子元件的事件

子元件曝露一個 EventEmitter 屬性,當事件發生時,子元件利用該屬性發出一個事件。這樣父元件就綁定到這個事件屬性,就能在事件發生時做出回應。

子元件的 EventEmitter 屬性是一個輸出屬性,通常帶有 @Output 裝飾器。子元件 VoterComponent 的完整程式如下:

```
import { Component, EventEmitter, Input, Output } from '@angular/core';

@Component({
  selector: 'app-voter',
  template: `
<h4>{{name}}</h4>
<button (click)="vote(true)"  [disabled]="didVote">同意 </button>
<button (click)="vote(false)" [disabled]="didVote">反對 </button>

  `
})
```

```
export class VoterComponent {
  @Input()  name: string;
  @Output() voted = new EventEmitter<boolean>();
  didVote = false;

  vote(agreed: boolean) {
    this.voted.emit(agreed);
    this.didVote = true;
  }
}
```

點擊按鈕會觸發 true 或 false 的事件。

父元件 VoteTakerComponent 綁定了一個事件處理器 onVoted()，用來回應子元件的事件（$event）並更新一個計數器。父元件 VoteTakerComponent 的完整程式如下：

```
import { Component }        from '@angular/core';

@Component({
  selector: 'app-vote-taker',
  template: `
<h2> 投票器 </h2>
<h3> 同意：{{agreed}}, 反對：{{disagreed}}</h3>
<app-voter *ngFor="let voter of voters"
      [name]="voter"
      (voted)="onVoted($event)">
</app-voter>
  `
})
export class VoteTakerComponent {
  agreed = 0;
  disagreed = 0;
  voters = ['Way Lau', 'Bombasto', 'Magma'];
```

```
onVoted(agreed: boolean) {
    agreed ? this.agreed++ : this.disagreed++;
  }
}
```

圖 18-7 展示了程式的執行效果。

圖 18-7　執行效果

18.3.5　實例 46：父元件與子元件透過本機變數進行互動

父元件不能用資料綁定來讀取子元件的屬性或呼叫子元件的方法，但可以在父元件範本裡新增一個本機變數來代表子元件，然後利用這個變數來讀取子元件的屬性和呼叫子元件的方法。

在本實例中，子元件 CountdownTimerComponent 是一個時間遞減器，countDown() 方法負責做遞減操作。子元件 CountdownTimerComponent 的完整程式如下：

```
import { Component, OnDestroy, OnInit } from '@angular/core';
```

```
@Component({
  selector: 'app-countdown-timer',
  template: '<p>{{message}}</p>'
})
export class CountdownTimerComponent implements OnInit, OnDestroy {

  intervalId = 0;
  message = '';
  seconds = 11;

  clearTimer() { clearInterval(this.intervalId); }

  ngOnInit()    { this.start(); }
  ngOnDestroy() { this.clearTimer(); }

  start() { this.countDown(); }
  stop()  {
    this.clearTimer();
    this.message = `Holding at T-${this.seconds} seconds`;
  }

  private countDown() {
    this.clearTimer();
    this.intervalId = window.setInterval(() => {
      this.seconds -= 1;
      if (this.seconds === 0) {
        this.message = 'Blast off!';
      } else {
        if (this.seconds < 0) { this.seconds = 10; } // reset
        this.message = `T-${this.seconds} seconds and counting`;
      }
    }, 1000);
  }
}
```

父元件 CountdownLocalVarParentComponent 的完整程式如下：

```
import { Component } from '@angular/core';

// 父元件與子元件透過本機變數互動
@Component({
  selector: 'app-countdown-parent-lv',
  template: `
<h3>時間遞減（本機變數）</h3>
<button (click)="timer.start()">Start</button>
<button (click)="timer.stop()">Stop</button>
<div class="seconds">{{timer.seconds}}</div>
<app-countdown-timer #timer></app-countdown-timer>
  `,
  styleUrls: ['../assets/demo.css']
})
export class CountdownLocalVarParentComponent { }
```

父元件透過把本機變數（#timer）放到 <app-countdown-timer> 標籤中來代
表子元件。這樣父元件的範本就獲得了子元件的參考，就可以在父元件的
範本中存取子元件的所有屬性和方法。

圖 18-8 展示了程式的執行效果。

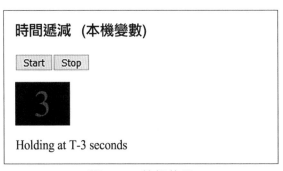

圖 18-8　執行效果

18.3.6 實例 47：父元件呼叫 @ViewChild() 方法取得子元件的值

如果父元件的類別需要讀取子元件的屬性值或呼叫子元件的方法，則不能使用本機變數方法，而應該透過把子元件作為 ViewChild 植入父元件裡來實現。

還是以上面的時間遞減實例為例，子元件 CountdownTimerComponent 保持不變，仍然是一個時間遞減器，父元件做一下調整。CountdownViewChild ParentComponent 元件的完整程式如下：

```
import { Component } from '@angular/core';
import {  ViewChild } from '@angular/core';
import { CountdownTimerComponent } from './countdown-timer.component';

@Component({
  selector: 'app-countdown-parent-vc',
  template: `
<h3>時間遞減 (ViewChild)</h3>
<button (click)="start()">Start</button>
<button (click)="stop()">Stop</button>
<div class="seconds">{{ seconds() }}</div>
<app-countdown-timer></app-countdown-timer>
  `,
  styleUrls: ['../assets/demo.css']
})
export class CountdownViewChildParentComponent {

  @ViewChild(CountdownTimerComponent, {static: false})
  private timerComponent: CountdownTimerComponent;

  seconds() { return 0; }

  ngAfterViewInit() {
```

```
  setTimeout(() => this.seconds = () => this.timerComponent.seconds, 0);
}

start() { this.timerComponent.start(); }
stop() { this.timerComponent.stop(); }
}
```

父元件透過 @ViewChild 屬性裝飾器，將子元件 CountdownTimerComponent 植入私有屬性 timerComponent 裡。

在元件中繼資料裡就不再需要本機變數（#timer）了，而是把按鈕綁定到父元件自己的 start() 和 stop() 方法上，用父元件的 seconds() 方法的內插運算式來展示時間的變化。這些方法可以直接存取被植入的計時器元件。

圖 18-9 展示了程式的執行效果。

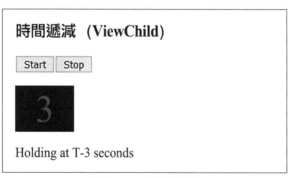

圖 18-9 執行效果

18.3.7 實例 48：父元件和子元件透過服務來通訊

父元件和它的子元件共用同一個服務，利用該服務在內部實現雙向通訊。

服務 MissionService 把父元件 MissionControlComponent 和多個子元件 Astronaut Component 連結起來。MissionService 服務的完整程式如下：

```
import { Injectable } from '@angular/core';
import { Subject }     from 'rxjs';

@Injectable()
export class MissionService {

  // Observable string 源
  private missionAnnouncedSource = new Subject<string>();
  private missionConfirmedSource = new Subject<string>();

  // Observable string 流
  missionAnnounced$ = this.missionAnnouncedSource.asObservable();
  missionConfirmed$ = this.missionConfirmedSource.asObservable();

  announceMission(mission: string) {
    this.missionAnnouncedSource.next(mission);
  }

  confirmMission(astronaut: string) {
    this.missionConfirmedSource.next(astronaut);
  }
}
```

父元件 MissionControlComponent 提供了服務的實例，並將其共用給它的子元件（透過 providers 中繼資料陣列），子元件可以透過建置函數將該實例植入本身。父元件 MissionControlComponent 的完整程式如下：

```
import { Component }        from '@angular/core';

import { MissionService }    from './mission.service';

@Component({
  selector: 'app-mission-control',
  template: `
<h2>導彈控制器 </h2>
<button (click)="announce()">準備開始 </button>
```

```
<app-astronaut *ngFor="let astronaut of astronauts"
     [astronaut]="astronaut">
</app-astronaut>
<h3>記錄檔 </h3>
<ul>
<li *ngFor="let event of history">{{event}}</li>
</ul>
  `,
  providers: [MissionService]
})
export class MissionControlComponent {
  astronauts = [' 操作員 1', ' 操作員 2', ' 操作員 3'];
  history: string[] = [];
  missions = [' 發射導彈 '];
  nextMission = 0;

  constructor(private missionService: MissionService) {
    missionService.missionConfirmed$.subscribe(
      astronaut => {
        this.history.push(`${astronaut} 已經確認 `);
      });
  }

  announce() {
    let mission = this.missions[this.nextMission++];
    this.missionService.announceMission(mission);
    this.history.push(` 工作 "${mission}" 進入準備 `);
    if (this.nextMission >= this.missions.length) { this.nextMission = 0; }
  }
}
```

AstronautComponent 元件也透過自己的建置函數植入該服務。由於每個
AstronautComponent 元 件 都 是 父 元 件 MissionControlComponent 的 子 元
件，所以它們取得到的也是父元件的這個服務實例。AstronautComponent
的完整程式如下：

```
import { Component, Input, OnDestroy } from '@angular/core';

import { MissionService } from './mission.service';
import { Subscription }   from 'rxjs';

@Component({
  selector: 'app-astronaut',
  template: `
<p>
      {{astronaut}}: <strong>{{mission}}</strong>
<button
      (click)="confirm()"
      [disabled]="!announced || confirmed">
確認
</button>
</p>
  `
})
export class AstronautComponent implements OnDestroy {
  @Input() astronaut: string;
  mission = '<沒有工作>';
  confirmed = false;
  announced = false;
  subscription: Subscription;

  constructor(private missionService: MissionService) {
    this.subscription = missionService.missionAnnounced$.subscribe(
      mission => {
        this.mission = mission;
        this.announced = true;
        this.confirmed = false;
      });
  }

  confirm() {
```

```
    this.confirmed = true;
    this.missionService.confirmMission(this.astronaut);
  }

  ngOnDestroy() {
    // 防止記憶體洩漏
    this.subscription.unsubscribe();
  }
}
```

執行應用程式。透過記錄檔可以清楚地看到，在父元件 MissionControl
Component 和子元件 AstronautComponent 之間，資訊透過該服務實現了雙
向傳遞。圖 18-10 展示了程式的執行效果。

圖 18-10　執行效果

18.4 樣式

Angular 使用標準的 CSS 來設定樣式，因此，具備前端基礎的開發者都能
將 CSS 的相關知識和技能（例如 CSS 中的樣式表、選擇器、規則及媒體
查詢等）輕鬆地用到 Angular 程式中。

另外，Angular 還能把元件樣式綁定在元件上，以實現比標準樣式表更加模組化的設計。

本節將説明如何載入和使用這些元件樣式。

> 📁 本節實例的原始程式碼可以在本書搭配資源中的 "component-styles" 目錄下找到。

18.4.1 實例 49：使用元件樣式的實例

定義元件樣式最簡單的實現方式是——在元件的中繼資料中設定 styles 屬性。styles 屬性可以接收一個包含 CSS 程式的字串陣列，例如 user-app.component.ts 中的程式：

```
import { Component, HostBinding } from '@angular/core';
import { User } from './user';

@Component({
  selector: 'app-root',
  template: `
<h1> 使用者列表 </h1>
<app-user-main [user]="user"></app-user-main>
  `,
  styles: ['h1 { font-weight: normal; }']
})
export class UserAppComponent {
  user = new User(
    'Human Torch',
    ['Mister Fantastic', 'Invisible Woman', 'Thing']
  );

  @HostBinding('class') get themeClass() {
    return 'theme-light';
  }
}
```

18.4.2 樣式的作用域

相比於其他架構而言，Angular 中的 CSS 樣式的最大特點是可以限制作用域。Angular 能把元件樣式綁定在某個元件上，因為在 @Component 中繼資料中指定的樣式只會對該元件的範本生效。

1. 元件樣式

元件樣式既不會被範本中嵌入的元件所繼承，也不會被透過內容投影（如 ng-content）嵌進來的元件所繼承。

在 18.4.1 節「實例 49：使用元件樣式的實例」中，<h1> 標籤的樣式只對 UserAppComponent 生效，既不會作用於內嵌的 UserMainComponent，也不會作用於應用中其他任何地方的 <h1> 標籤。這種範圍限制就是所謂的「樣式模組化」特性。

可以針對每個元件來建立與之相關的 CSS 類別名稱和選擇器。這些類別名稱和選擇器僅屬於元件內部，它不會和應用中其他地方的類別名稱和選擇器產生衝突。

元件的樣式也不會因為別的地方修改了樣式而被意外改變。

元件中的 CSS 程式和它的 TypeScript、HTML 程式放在一起，這使得整個專案變得整潔、易於維護。如果將來需要修改或移除元件的 CSS 程式，則不用檢查整個應用來看它有沒有被別處用到，只要檢視目前元件即可。

2. 外部及全域樣式檔案

在使用 Angular CLI 進行建置時，應用必須設定 angular.json 檔案，使其包含所有外部資源（包含外部的樣式檔案）。在預設情況下，Angular 會有一個預先設定的全域樣式檔案 styles.css。全域樣式會作用於元件。

圖 18-11 展示了全域樣式檔案所在的位置。

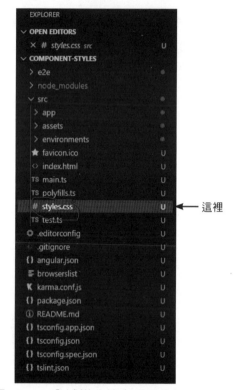

圖 18-11 全域樣式檔案所在的位置

18.4.3 特殊的樣式選擇器

在元件樣式中,有一些特殊的選擇器是從影子 DOM 樣式範圍(Shadow DOM style scoping)領域引用的。

1. :host 偽類別選取器

:host 偽類別選取器用來選擇元件宿主元素中的元素(相對於元件範本內部的元素),見下方的程式:

```
:host {
display: block;
border: 1px solid black;
}
```

這是設定宿主元素為目標的唯一方式。除此之外沒有其他辦法,因為宿主不是元件本身範本的一部分,而是父元件範本的一部分。要把宿主樣式作為條件,就要像函數一樣把其他選擇器放在 ":host" 後面的括號中。

在下面這個實例中又一次把宿主元素作為目標,但只有在它同時帶有 active CSS 類別時才會生效。

```
:host(.active) {
border-width: 3px;
}
```

2. :host-context 選擇器

有時以某些來自元件視圖外部為基礎的條件應用程式樣式是很有用的。舉例來說,在文件的 <body> 標籤上可能有一個用於表示樣式主題(Theme)的 CSS 類別,可以它為基礎來決定元件的樣式。這時可以使用 :host-context 選擇器。它也以類似 :host() 形式使用。它會在目前元件宿主元素的祖先節點中尋找 CSS 類別,直到文件的根節點為止。在與其他選擇器組合使用時,該選擇器非常有用。

在下面的實例中,只有當某個父項目具有 CSS 類別 theme-light 時,才會把 background-color 樣式應用到元件內部的所有 <h2> 標籤中。

```
:host-context(.theme-light) h2 {
background-color: #eef;
}
```

18.4.4 把樣式載入進元件的幾種方式

有以下幾種方式可以把樣式載入進元件。不管是哪種方式，都應遵循一致的樣式作用域。

1. 設定 styles 或 styleUrls 中繼資料

styles 的用法在前面的實例中已經講過了。

styleUrls 會參考一個獨立的 CSS 檔案，其用法如下：

```
@Component({
selector: 'app-root',
template: `
<h1> 使用者列表 </h1>
<app-user-main [user]="user"></app-user-main>
`,
  styleUrls: ['./user-app.component.css']})
export class UserAppComponent {
/* . . . */
}
```

2. 內聯在範本的 HTML 中

可以在元件的 HTML 範本中嵌入 <style> 標籤。原始程式碼中的範例程式 user-controls.component.ts 示範了該用法：

```
@Component({
selector: 'app-user-controls',
template: `
<style>
button {
background-color: white;
border: 1px solid #777;
    }
```

```
</style>
<h3>Controls</h3>
<button (click)="activate()">Activate</button>
  `

})
```

3. 使用範本的 link 標籤

可以在元件的 HTML 範本中寫 <link> 標籤。原始程式碼中的範例程式
user-team.component.ts 示範了該用法：

```
@Component({
selector: 'app-user-team',
template: `
<link rel="stylesheet" href="../assets/user-team.component.css">
<h3>Team</h3>
<ul>
<li *ngFor="let member of user.team">
        {{member}}
</li>
</ul>`
})
```

4. 透過 CSS 檔案匯入

可以利用標準的 CSS @import 規則把外部的 CSS 檔案匯入目前 CSS 檔案
中。範例程式 user-details.component.css 示範了該用法：

```
@import './user-details-box.css';
```

在上面實例中，所匯入的 URL 是相對於正在匯入的 CSS檔案的位置。

19

Angular 範本和資料綁定

熟悉「模型 - 視圖 - 控制器」模型（MVC）或「模型 - 視圖 - 視圖」
模型（MVVM）的開發者，對於元件和範本這兩個概念應該不會陌
生。在 Angular 中，元件扮演著控制器或視圖模型的角色，範本則扮演著
視圖的角色。

本章將介紹 Angular 範本，以及如何實現資料綁定。

19.1 範本運算式

範本運算式會產生一個值。當 Angular 執行這個運算式時，會把其值指定
給綁定目標的屬性。這個綁定目標可能是 HTML 元素、元件或指令。

觀察下面的內插運算式：

```
<p> 1 + 1 的結果是 {{1 + 1}}</p>
```

{{1 + 1}} 中所包含的範本運算式是 "1 + 1"。在屬性綁定中會再次看到範本
運算式，它出現在 "=" 右側的引號中，就像這樣：[property]="expression"。

撰寫範本運算式所用的語言看起來很像 JavaScript。有很多 JavaScript 運算式也是合法的範本運算式,但不是全部。考慮到 JavaScript 有可能引發副作用,下列運算式是被禁止的:

- 設定值運算式,包含 =、+=、-=。
- new 運算子。
- 使用 ; 或 , 的鏈式運算式。
- 自動增加和自減運算子:++ 和 --。

還有一些 Anuglar 運算式和 JavaScript 語法具有顯著不同,包含:

- 不支援位元運算 | 和 &。
- 具有新的範本運算式運算子,例如 | 、?. 和 !。

19.1.1 範本運算式上下文

典型的範本運算式上下文就是元件實例,它是各種綁定值的資料來源。觀察下面的程式片段,雙大括號中的 title 和引號中的 isUnchanged 所參考的都是元件中的屬性。

```
{{title}}
<span [hidden]="isUnchanged">changed</span>
```

範本運算式上下文可以包含元件之外的物件。舉例來說,範本輸入變數 (let user) 和範本參考變數 (#userInput) 就是備選的上下文物件之一,見下方的程式。

```
<div *ngFor="let user of users">{{user.name}}</div>
<input #userInput> {{userInput.value}}
```

範本運算式中的上下文變數是由範本變數、指令的上下文變數 (如果有) 和元件的成員疊加而成的。

如果要參考的變數名稱存在於一個以上的命名空間中,那麼,優先順序最高的是範本變數,其次是指令的上下文變數,最後是元件的成員。

舉例來說,在上面的實例中,元件具有一個名叫 "user" 的屬性,而 *ngFor 也宣告了一個叫 "user" 的範本變數,所以存在命名衝突。根據優先順序,在 {{user.name}} 運算式中的 user 實際參考的是範本變數,而非元件的屬性。

範本運算式不能參考全域命名空間中的任何東西,例如 Window 或 Document。它們也不能呼叫 console.log 或 Math.max。它們只能參考範本運算式上下文中的成員。

19.1.2 撰寫範本運算式的最佳做法

範本運算式撰寫的好壞會影響整個應用的效能。建議在撰寫範本運算式時遵循以下最佳做法:

- 範本運算式除包含目標屬性的值外,不應該改變應用的任何狀態。這樣,使用者永遠不用擔心讀取元件值可能改變另外的顯示值。在一次單獨的繪製過程中,視圖應該總是穩定的。
- Angular 中的某些生命週期鉤子函數可能在每次按鍵或滑鼠移動後被呼叫。不建議在這些生命週期鉤子函數中設定運算式。運算式應該快速結束,否則使用者就會感到明顯的延遲,影響使用者體驗。當計算代價較高時,應該考慮快取那些從其他值計算獲得的值。
- 不要撰寫過於複雜的範本運算式。範本運算式應儘量簡潔,使開發和測試過程變得更容易。
- 最好使用冪等的運算式,因為它沒有副作用,並且能提升 Angular 執行變更檢測操作的效能。所謂「冪等」是指:在單獨的一次事件循環中,被依賴的值不能被改變。

- 如果冪等的運算式傳回一個字串或數字，則連續呼叫該運算式兩次也應該傳回相同的字串或數字。
- 如果冪等的運算式傳回的是一個物件（包含 Date 或 Array），則連續呼叫該運算式兩次也應該傳回同一個物件。

19.1.3 管線運算符號

管線是一個簡單的函數，它接收一個輸入值，並傳回轉換結果。它們很容易地用於範本運算式中，只要使用管線運算符號 "|" 即可，管線運算符號會把它左側的範本運算式結果傳給它右側的管線函數。

管線運算符號 uppercase 將文字轉為大寫的語法如下：

```
<div>本文轉為大寫：{{title | uppercase}}</div>
```

19.1.4 安全導航運算符號和空屬性路徑

Angular 的安全導航運算符號 "?." 用來保護出現在屬性路徑中的 null 和 undefined 值。例如在下面實例中，當 currentUser 為空時，可以保護視圖繪製器，讓它免於失敗。

```
<div>目前使用者名稱是 {{currentUser?.name}}</div>
```

如果不使用安全導航運算符號，則可以用其他方式來預防空指標例外，例如使用 *ngIf：

```
<div *ngIf="nullUser">目前空使用者名稱是 {{nullUser.name}}</div>
```

或透過 "&&" 來把屬性路徑的各部分串起來，讓它在遇到第 1 個空值時就傳回空值。

```
<div>目前空使用者名稱是 {{nullUser&& nullUser.name}}</div>
```

當然，這些方式都沒有安全導航運算符號實現起來方便、簡潔。

19.1.5 不可為空斷言運算符號

如果類型檢查器在執行期間無法確定一個變數是 null 或 undefined，則它會拋出一個錯誤。開發者自己可能知道它不會為空，但類型檢查器不知道，所以需要告訴類型檢查器它不會為空，這時就要用到不可為空斷言運算符號 "!"。

舉例來說，在用 *ngIf 檢查到 user 已定義後，就可以斷言 user 屬性一定是已定義的。以下程式示範了 *ngIf 的用法：

```
<div *ngIf="user">
目前使用者名稱是 {{user!.name}}
</div>
```

當 Angular 編譯器把範本轉換成 TypeScript 程式時，這個運算符號會防止 TypeScript 報告 "user.name 可能為 null 或 undefined" 的錯誤。

與安全導航運算符號不同的是，不可為空斷言運算符號不會防止出現 null 或 undefined。它只是告訴 TypeScript 的類型檢查器，對特定的屬性運算式不做「嚴格空值檢測」。

19.2 範本敘述

範本敘述用來回應由綁定目標（如 HTML 元素、元件或指令）觸發的事件。舉例來說，下面程式中的 (click)="deleteUser()" 就是一個範本敘述。

```
<button (click)="deleteUser()">刪除使用者 </button>
```

和範本運算式一樣，範本敘述使用的語言也像 JavaScript。範本敘述解析器和範本運算式解析器不同之處是：範本敘述解析器支援基本設定值（＝）和運算式鏈（; 和 ,）。

1. 範本敘述不支援以下 JavaScript 語法

- 操作並設定值，包含 =、+=、-=。
- new 運算子。
- 自動增加和自減運算子：++ 和 -。
- 不支援位元運算 | 和 &。
- 範本運算式運算子，例如 |、?. 和 !。

2. 了解範本敘述的上下文

和運算式中一樣，範本敘述通常只能參考敘述上下文中正在綁定事件的那個元件的實例。

典型的敘述上下文就是目前元件的實例。在下面程式中，(click)="deleteUser()" 中的 deleteUser 就是這個資料綁定元件上的方法。

```
<button (click)="deleteUser()">刪除使用者</button>
```

範本敘述上下文可以參考範本身上下文中的屬性。例如在下面的實例中，就把範本的 $event 物件、範本輸入變數（let user）和範本參考變數（#userForm）傳給了元件中的事件處理器方法。

```
<button (click)="onSave($event)">儲存</button>
<button *ngFor="let user of users" (click)="deleteUser(user)">{{user.name}}</button>
<form #userForm (ngSubmit)="onSubmit(userForm)"> ... </form>
```

範本上下文中的變數名稱的優先順序高於元件上下文中的變數名稱的優先順序。在上面的 deleteUser (user) 中，user 是一個範本輸入變數，而非元件中的 user 屬性。

範本敘述不能參考全域命名空間的任何內容，舉例來説，不能參考 Window 或 Document，也不能呼叫 console.log 或 Math.max。

 和範本運算式一樣，避免撰寫複雜的範本敘述有利於開發和測試。

19.3 資料綁定

在傳統的 Web 開發中，經常需要透過操作 DOM 來實現 HTML 檔案的修改。對 DOM 的操作是煩瑣且容易出錯的。Angular 解決了這個問題。

Angular 提供了各種各樣的資料綁定機制，用來協調視圖和應用的資料。只要簡單地在綁定源和目標 HTML 元素之間宣告綁定，Angular 就可以完成對 HTML 檔案的修改。

資料綁定的類型可以根據資料流程的方向分成 3 大類：從資料來源到視圖、從視圖到資料來源，以及雙向綁定（從視圖到資料來源再到視圖）。

19.3.1 從資料來源到視圖

從資料來源到視圖進行資料綁定的語法如下：

```
{{expression}}
[target]="expression"
bind-target="expression"
```

綁定類型主要有：內插運算式、HTML attribute 和 DOM property、CSS 類別、樣式。

 由於 attribute 和 property 翻譯成中文都是「屬性」的意思。為了區分兩者，這裡不做翻譯，直接保留英文單字，下文也採用類似處理。

19.3.2 從視圖到資料來源

從視圖到資料來源進行資料綁定的語法如下：

```
(target)="statement"
on-target="statement"
```

綁定類型主要是事件。

19.3.3 雙向綁定

雙向綁定的語法如下：

```
[(target)]="expression"
bindon-target="expression"
```

綁定類型主要有事件與屬性。

19.4 屬性綁定
. . . .

屬性綁定的「屬性」特指元素、元件及指令的屬性。以下是 3 種屬性綁定的實例：

```
<img [src]="userImageUrl">
<app-user-detail [user]="currentUser"></app-user-detail>
<div [ngClass]="{'special': isSpecial}"></div>
```

19.4.1 單向輸入

屬性綁定是單向資料綁定，因為值的流動是單向的 —— 從元件的資料屬性流動到目標元素的屬性。所以，不能反過來使用屬性綁定來從目標元素的屬性中取得屬性值，只能設定目標元素的屬性值。

19.4.2　綁定目標

包裹在中括號中的元素屬性名稱就是目標屬性。在下列程式中，目標屬性是 image 元素的 src 屬性。

```
<img [src]="userImageUrl">
```

19.4.3　一次性字串初始化

當滿足下列條件時應該省略括號：

- 目標屬性接收的是字串值。
- 字串是一個固定值，可以直接合併到模組中。
- 這個初值永不改變。

下面這個實例把 UserDetailComponent 的 prefix 屬性初始化為固定的字串，而非範本運算式。

```
<app-user-detail prefix=" 目前使用者是 " [user]="currentUser"></app-user-detail>
```

其中，[user] 才是元件的 currentUser 屬性的活綁定，它會一直隨著元件更新。

19.4.4　選擇「內插運算式」還是「屬性綁定」

內插運算式和屬性綁定有時在功能上是相等的，例如以下實例：

```
<p><img src="{{userImageUrl}}"> is the <i>interpolated</i> image.</p>
<p><img [src]="userImageUrl"> is the <i>property bound</i> image.</p>
```

在多數情況下，內插運算式是更方便的備選項，因為它的可讀性更高。實際上，在繪製視圖之前，Angular 會把這些內插運算式翻譯成對應的屬性綁定。

當要繪製的資料類型是字串時，兩種技術的效果完全一樣。但是，當要繪製的資料類型不是字串時，就必須使用屬性綁定了。

19.5 事件綁定

前面遇到的資料綁定的資料流程都是從元件到元素。但使用者不會只盯著螢幕看，他們會觸發一些事件，舉例來說，在輸入框中輸入文字、從列表中選取項目、點擊按鈕等，這種使用者事件可能導致反向的資料流程──從元素到元件。

下面是一個按鈕監聽點擊事件的實例。每當點擊事件發生時，都會呼叫元件的 onSave() 方法。

```
<button (click)="onSave()"> 儲存 </button>
```

19.5.1 目標事件

在下面實例中，小括號中的名稱 "click" 標記出了目標事件：

```
<button (click)="onSave()"> 儲存 </button>
```

上面的語法等於帶 "on-" 字首的備選形式。這種形式在 Angular 中被稱為標準形式，程式如下：

```
<button on-click="onSave()"> 儲存 </button>
```

19.5.2 $event 和事件處理敘述

在事件綁定中，Angular 會為目標事件設定事件處理器。當事件發生時，這個處理器會執行範本敘述。典型的範本敘述通常使用事件接收器來回應事件的執行，舉例來說，從 HTML 控制項中取得值並存入模型。

事件綁定會透過名為 "$event" 的事件物件傳遞關於此事件的資訊（包含資料值）。

事件物件的形態取決於目標事件。目標事件可以是原生 DOM 元素或指令。

1. 目標事件是原生 DOM 元素

當目標事件是原生 DOM 元素時，$event 就是 DOM 事件物件，它有點像 target 和 target.value 這樣的屬性。

範例程式如下：

```
<input [value]="currentUser.name"
       (input)="currentUser.name=$event.target.value" >
```

在上面的程式中，把輸入框的 value 屬性綁定到 name 屬性上。當使用者更改輸入框的值時，input 事件被觸發，並在包含了 DOM 事件物件（$event）的上下文中執行這行敘述。

如果要更新 name 屬性，則可以透過路徑 $event.target.value 來取得更改後的值。

2. 目標事件是指令

如果目標事件是指令，那 $event 實際是什麼由指令決定。

19.5.3 使用 EventEmitter 類別自訂事件

一般來說指令使用 Angular 的 EventEmitter 類別來觸發自訂事件。指令建立 EventEmitter 類別的實例，並且把它作為屬性曝露出來。指令透過呼叫 EventEmitter.emit(payload) 方法來觸發事件，可以傳入任何東西作為訊息酬載。父指令透過綁定到這個屬性來監聽事件，並透過 $event 物件來存取酬載。

下面範例原始程式選自某個「使用者管理」應用。其中，UserDetail
Component 元件用於顯示使用者的詳細資訊。雖然 UserDetailComponent
元件包含「刪除」按鈕，但它自己並不會去刪除使用者，而是觸發事件來
發送「刪除使用者」的請求。

下面的程式節選自 UserDetailComponent 元件：

```
template: `
<div>
<img src="{{userImageUrl}}">
<span [style.text-decoration]="lineThrough">
    {{prefix}} {{use?.name}}
</span>
<button (click)="delete()"> 刪除 </button>
</div>`

deleteRequest = new EventEmitter<User>();

delete() {
  this.deleteRequest.emit(this.user);
}
```

在上面程式中，UserDetailComponent 元件定義了 deleteRequest 屬性，它
是 EventEmitter 類別的實例。當使用者點擊「刪除」按鈕時，UserDetail
Component 元件會呼叫 delete() 方法，讓 EventEmitter 類別發出一個 User
物件的事件。

現在，假設有一個宿主的父元件，它綁定了 UserDetailComponent 元件的
deleteRequest 事件：

```
<app-user-detail (deleteRequest)="deleteUser($event)"
[user]="currentUser"></app-user-detail>
```

當 deleteRequest 事件觸發時，Angular 會呼叫父元件的 deleteUser() 方法在
$event 變數中傳入要刪除的使用者。

20

Angular 指令 -- 元件行為改變器

在前面的幾章中我們已經初步接觸了部分指令的用法，如 NgIf。本章將詳細介紹 Angular 常用指令的用法。

20.1 指令類型

在 Angular 中有以下 3 種類型的指令。

- 屬性型指令：該指令可改變元素、元件或其他指令的外觀和行為。
- 結構型指令：該指令可透過增加或移除 DOM 元素來改變 DOM 版面配置。
- 元件：也是一種指令，只是該指令擁有範本。

Angular 內建了多種指令，這些內建指令主要是屬性型指令和結構型指令。

20.2 屬性型指令

屬性型指令會監聽和修改其他 HTML 元素或元件的行為、元素屬性（Attribute）、DOM 屬性（Property）。它們通常會作為 HTML 屬性的名稱而應用在元素上。

最常用的內建屬性型指令包含 NgClass、NgStyle 和 NgModel。

20.2.1 了解 NgClass、NgStyle、NgModel 指令

接下來介紹 NgClass、NgStyle、NgModel 指令的詳細用法。

1. NgClass 指令

NgClass 指令可以透過動態地增加或刪除 CSS 類別，以控制元素如何顯示。

以下是 NgClass 的使用範例。元件方法 setCurrentClasses() 可以把元件的屬性 currentClasses 設定為一個物件，它將根據 3 個其他元件的狀態為 true 或 false 來增加或移除 CSS 類別。

```
currentClasses: {};
setCurrentClasses() {
  this.currentClasses =  {
    'saveable': this.canSave,
    'modified': !this.isUnchanged,
    'special':  this.isSpecial
  };
}
```

以下程式把 NgClass 屬性綁定到 currentClasses 屬性上。

```
<div [ngClass]="currentClasses">目前樣式 </div>
```

2. NgStyle 指令

利用 NgStyle 指令綁定可以同時設定多個內聯樣式。

在下面的實例中，元件的 setCurrentStyles 方法會根據另外 3 個屬性的狀態，把元件的 currentStyles 屬性設定為一個定義了 3 個樣式的物件。

```
currentStyles: {};
setCurrentStyles() {
  this.currentStyles = {
    'font-style':  this.canSave      ? 'italic' : 'normal',
    'font-weight': !this.isUnchanged ? 'bold'   : 'normal',
    'font-size':   this.isSpecial    ? '24px'   : '12px'
  };
}
```

可以把 NgStyle 屬性綁定到 currentStyles 屬性上，以設定此元素的樣式。程式如下：

```
<div [ngStyle]="currentStyles">目前樣式 </div>
```

3. NgModel 指令

NgModel 指令用於雙向綁定到 HTML 表單中的元素。

雙向綁定主要用於資料登錄表單的場景，因為通常此場景既需要顯示資料屬性，又需要根據使用者的更改去修改那個屬性。

以下是使用 NgModel 指令進行雙向資料綁定的實例：

```
<input [(ngModel)]="currentUser.name">
```

20.2.2 實例 50：建立並使用屬性型指令

Angular CLI 提供了建立指令的方便途徑。以下是透過 Angular CLI 命令列建立指令類別檔案：

```
ng generate directive highlight
```

指令類別至少需要一個帶有 @Directive 裝飾器的控制器類別。該裝飾器用於指定一個用於識別屬性的選擇器。控制器類別實現指令行為。

在下面實例中建立了一個簡單的屬性型指令 "appHighlight"，其作用是，當使用者把游標移過在某個元素上時會改變它的背景顏色。

```
<p appHighlight>元素反白</p>
```

觀察 HighlightDirective 指令程式（highlight.directive.ts）：

```
import { Directive } from '@angular/core'; // 用於提供 @Directive 裝飾器

@Directive({
  selector: '[appHighlight]'
})
export class HighlightDirective {
  constructor() { }
}
```

其中匯入的 Directive 符號提供了 Angular 的 @Directive 裝飾器。

在 @Directive 裝飾器的設定屬性中，指定了該指令的 CSS 屬性型選擇器 [appHighlight]。Angular 會在範本中定位每個名叫 "appHighlight" 的元素，並為這些元素加上該指令的邏輯。緊接在 @Directive 中繼資料之後的是該指令的控制器類別，名叫 "HighlightDirective"，它包含了指令的邏輯（目前為空邏輯）。匯出 HighlightDirective，則可以讓它在別處被存取到。

接下來把剛才產生的 highlight.directive.ts 編輯成下面這樣：

```
import { Directive, // 用於提供 @Directive 裝飾器
ElementRef  // 用於參考宿主 DOM 元素
} from '@angular/core';

@Directive({
  selector: '[appHighlight]'
})
export class HighlightDirective {
    constructor(el: ElementRef) {
        el.nativeElement.style.backgroundColor = 'yellow';
    }
}
```

import 敘述還從 Angular 的 core 函數庫中匯入了一個 ElementRef 符號。可以在指令的建置函數中植入 ElementRef 類別，以參考宿主 DOM 元素。ElementRef 類別透過其 nativeElement 屬性來存取宿主 DOM 元素。

在本例中把宿主元素的背景顏色設定為黃色。

20.2.3 實例 51：回應使用者引發的事件

在實例 50 中，appHighligh 只實現了將元素設定為固定的顏色。接下來修改這個指令，以實現這樣的功能：當量使用者把游標懸浮在某個元素上時，在元素下面將出現背景顏色。

（1）修改 highlight.directive.ts，把 HostListener 加進匯入列表中，見下方程式。

```
import { Directive, ElementRef, HostListener } from '@angular/core';
```

（2）使用 @HostListener 裝飾器增加兩個事件處理器，它們會在游標進入或離開時進行回應，見下方程式。

```
@HostListener('mouseenter') onMouseEnter() {
  this.highlight('yellow');
}

@HostListener('mouseleave') onMouseLeave() {
  this.highlight(null);
}

private highlight(color: string) {
  this.el.nativeElement.style.backgroundColor = color;
}
```

其中，@HostListener 裝飾器參考了屬性型指令的宿主元素，在這個實例中就是 <p>。

修改後的建置函數只負責宣告要植入的元素 "el：ElementRef"，程式如下：

```
constructor(private el: ElementRef) {}
```

下面是修改後的指令程式：

```
import { Directive,   // 用於提供 @Directive 裝飾器
  ElementRef,         // 用來參考宿主 DOM 元素
  HostListener        // 參考屬性型指令的宿主元素
  } from '@angular/core';

@Directive({
  selector: '[appHighlight]'
})
export class HighlightDirective {
  constructor(private el: ElementRef) { }

  @HostListener('mouseenter') onMouseEnter() {
```

```
    this.highlight('yellow');
  }

  @HostListener('mouseleave') onMouseLeave() {
    this.highlight(null);
  }

  private highlight(color: string) {
    this.el.nativeElement.style.backgroundColor = color;
  }
}
```

執行本應用程式後可以看到，當把游標移到字母 "p" 上時，背景顏色就出現了；而移開後，背景顏色就消失。

20.2.4 實例 52：使用 @Input 資料綁定向指令傳遞值

在實例 51 中，反白色為黃色，它是固定硬寫在程式中的，不夠靈活。接下來將任意顏色指定為反白色。

（1）修改 highlight.directive.ts，從 @angular/core 中匯入 Input 註釋，程式如下：

```
import { Directive, ElementRef, HostListener, Input } from '@angular/core';
```

（2）把 highlightColor 屬性增加到指令類別中，程式如下：

```
@Input() highlightColor:string;
```

@Input 裝飾器註明該指令的 highlightColor 能用於綁定。它之所以被稱為輸入屬性是因為：資料流程是從綁定運算式流向指令內部的，如果沒有這個中繼資料則 Angular 就會拒絕綁定。

（3）把下列指令所綁定的變數增加到 AppComponent 的範本中：

```
<p appHighlight highlightColor="'yellow'">元素反白 yellow</p>
<p appHighlight [highlightColor]="'orange'">元素反白 orange</p>
```

（4）把 color 屬性增加到 AppComponent 類別中，程式如下：

```
export class AppComponent {
  color = 'yellow';
}
```

這樣就可以透過將上述 color 屬性綁定到範本中的 color 屬性中，以控制反白色。程式如下：

```
<p appHighlight [highlightColor]="color">反白元素 </p>
```

但如果可以在應用該指令的同時在同一個屬性中設定反白色就更好了。程式如下：

```
<p [appHighlight]="color">元素反白 </p>
```

（5）把該指令的 highlightColor 改名為 "appHighlight"，因為它是顏色屬性目前的綁定名。

```
@Input() appHighlight:string;
```

但 appHighlight 不是一個非常好的屬性名稱，因為該名字無法反映該屬性的意圖。可以給它指定一個用於綁定的別名。

（6）指定別名。修改後的程式如下：

```
@Input('appHighlight') highlightColor:string;
```

在指令內部，該屬性叫作 "highlightColor"；在指令外部，它被綁定到其他地方，叫作 "appHighlight"。

現在，可以將別名 appHighlight 綁定到 highlightColor 屬性中，並修改

onMouseEnter() 方法來使用它。如果忘記綁定到 appHighlightColor，則用
預設值紅色來進行反白。修改 highlight.directive.ts 的程式如下：

```
@HostListener('mouseenter') onMouseEnter() {
  this.highlight(this.highlightColor || 'red');
}
```

下面是完整的 HighlightDirective 指令程式。

```
import { Directive, // 用於提供 @Directive 裝飾器
  ElementRef,  // 用於參考宿主 DOM 元素
  HostListener,  // 參考屬性型指令的宿主元素
  Input } from '@angular/core';

@Directive({
  selector: '[appHighlight]'
})
export class HighlightDirective {

  constructor(private el: ElementRef) { }

  @Input('appHighlight') highlightColor: string;

  @HostListener('mouseenter') onMouseEnter() {
    this.highlight(this.highlightColor || 'red');
  }

  @HostListener('mouseleave') onMouseLeave() {
    this.highlight(null);
  }

  private highlight(color: string) {
    this.el.nativeElement.style.backgroundColor = color;
  }
}
```

20.2.5 實例 53：綁定多個屬性

目前，預設顏色被強制寫入為紅色。接下來，將應用修改為允許範本的開發者設定預設顏色。

（1）把第 2 個名叫 "defaultColor" 的輸入屬性增加到 HighlightDirective 中：

```
@Input() defaultColor:string;
```

（2）修改該指令的 onMouseEnter() 方法，讓它首先嘗試使用 highlightColor 作為反白色，然後用 defaultColor 作為反白色，如果 highlightColor 沒有指定則用紅色作為預設顏色。程式如下：

```
@HostListener('mouseenter') onMouseEnter() {
  this.highlight(this.highlightColor || this.defaultColor || 'red');
}
```

（3）影像元素件一樣，指令可以綁定到很多屬性，只要把它們依次寫在範本中即可。在以下範例中，指令綁定到了 AppComponent.color，並且用 violet 色作為預設顏色。

```
<p [appHighlight]="color" defaultColor="violet">
元素反白
</p>
```

Angular 之所以知道 defaultColor 綁定屬於 HighlightDirective 是因為：已經透過 @Input 裝飾器把它設定成了公共屬性。

> 📁 本節所有程式可以在本書搭配資源中的 attribute-directives 目錄下找到。

20.3 結構型指令

結構型指令的職責是進行 HTML 檔案版面配置。它們塑造或重塑 DOM 的結構,例如增加、移除或維護這些元素。

像其他指令一樣,可以把結構型指令應用到一個宿主元素上,然後就可以對宿主元素及其子元素執行一些操作了。

結構型指令非常容易識別。觀察以下範例,星號(＊)被放在結構型指令的屬性名稱之前:

```
<div *ngIf="user" class="name">{{user.name}}</div>
```

*ngIf 是一個結構型指令。Angular 會將這個語法糖解析為一個 <ng-template> 標籤,其中包含宿主元素及其子元素。以下是解析後的程式:

```
<ng-template [ngIf]="user">
<div class="name">{{user.name}}</div>
</ng-template>
```

需要注意的是,每個宿主元素上只能有一個結構型指令。

20.3.1 了解 NgIf 指令

NgIf 指令接收一個布林值,並據此讓一整塊 DOM 樹出現或消失。以下是一個使用 NgIf 指令的範例:

```
<p *ngIf="true">
該 DOM 樹出現
</p>
<p *ngIf="false">
該 DOM 樹消失
</p>
```

NgIf 指令並不是使用 CSS 來隱藏元素，而是把這些元素從 DOM 中物理地刪除。

20.3.2　了解 NgSwitch 指令

Angular 的 NgSwitch 實際上是一組相互合作的指令：NgSwitch、NgSwitch Case 和 NgSwitchDefault。

觀察以下實例：

```
<div [ngSwitch]="user?.emotion">
<app-happy-user *ngSwitchCase="'happy'" [user]="user"></app-happy-user>
<app-sad-user *ngSwitchCase="'sad'" [user]="user"></app-sad-user>
<app-confused-user *ngSwitchCase="'app-confused'" [user]="user">
</app-confused-user>
<app-unknown-user *ngSwitchDefault [user]="user"></app-unknown-user>
</div>
```

將值（user.emotion）交給 NgSwitch，讓 NgSwitch 決定要顯示哪一個分支。

NgSwitch 不是結構型指令，而是一個屬性型指令，它控制其他兩個 switch 指令的行為。這也就是為什麼要寫成 [ngSwitch]，而非 *ngSwitch 的原因。

NgSwitchCase 和 NgSwitchDefault 都是結構型指令，因此需要使用星號（*）作為字首來把它們附著到元素上。NgSwitchCase 會在它的值比對上選項值時顯示其宿主元素。NgSwitchDefault 則會在 NgSwitchCase 沒有比對上時顯示它的宿主元素。

像其他的結構型指令一樣，NgSwitchCase 和 NgSwitchDefault 指令也可以被解析成 <ng-template> 標籤的形式。以下是解析後的程式：

```
<div [ngSwitch]="user?.emotion">
<ng-template [ngSwitchCase]="'happy'">
```

```
<app-happy-user [user]="user"></app-happy-user>
</ng-template>
<ng-template [ngSwitchCase]="'sad'">
<app-sad-user [user]="user"></app-sad-user>
</ng-template>
<ng-template [ngSwitchCase]="'confused'">
<app-confused-user [user]="user"></app-confused-user>
</ng-template >
<ng-template ngSwitchDefault>
<app-unknown-user [user]="user"></app-unknown-user>
</ng-template>
</div>
```

20.3.3　了解 NgFor 指令

NgFor 指令是一個重複器指令，用於展示一個由多個項目組成的列表。首
先定義了一個 HTML 區塊，它規定了單一項目應該如何顯示；然後告訴
Angular 把這個區塊當作範本繪製清單中的每個項目。

可以把 NgFor 指令應用在一個簡單的 <div> 標籤上，範例程式如下：

```
<div *ngFor="let user of users">{{user.name}}</div>
```

也可以把 NgFor 指令應用在一個元件元素上，範例程式如下：

```
<app-user-detail *ngFor="let user of users" [user]="user"></app-user-detail>
```

20.3.4　了解 <ng-template> 標籤

<ng-template> 是一個 Angular 標籤，用來繪製 HTML。它永遠不會直接顯
示出來。在繪製視圖之前，Angular 會把 <ng-template> 標籤及其內容取代
為一個註釋。

如果沒有使用結構型指令，而僅把一些別的元素包裝進 <ng-template> 標籤中，則那些元素是不可見的。在下面的這個子句 "Hip! Hip! Hooray!" 中，中間的這個 "Hip!" 就是不可見的。

```
<p>Hip!</p>
<ng-template>
<p>Hip!</p>
</ng-template>
<p>Hooray!</p>
```

Angular 抹掉了中間的那個 "Hip!"，最後效果如圖 20-1 所示。

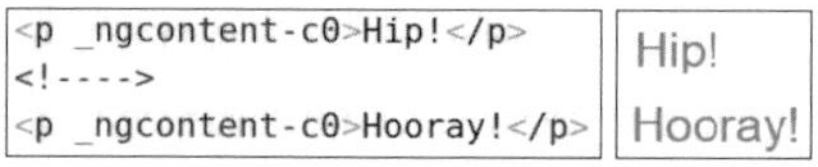

圖 20-1　抹掉了中間的那個 "Hip!"

20.3.5　了解 <ng-container> 標籤

使用 <ng-container> 標籤可以把一些元素歸為一組。<ng-container> 標籤不會污染樣式或元素版面配置，因為 Angular 壓根不會把它放進 DOM 中。

以下是使用 <ng-container> 標籤的實例：

```
<p>
  I turned the corner
<ng-container *ngIf="user">
    and saw {{user.name}}. I waved
</ng-container>
  and continued on my way.
</p>
```

執行效果如圖 20-2 所示。

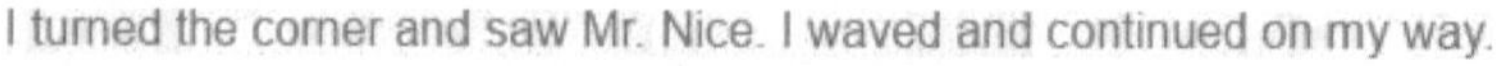

I turned the corner and saw Mr. Nice. I waved and continued on my way.

圖 20-2　執行效果

20.3.6 實例 54：自訂結構型指令

本小節將實現一個名叫 "UnlessDirective" 的結構型指令。它的作用與 NgIf 指令相反。NgIf 指令會在條件為 true 時顯示範本的內容，而 UnlessDirective 指令則會在條件為 false 時顯示範本的內容。

> 📁 本小節的所有原始程式碼可以在本書搭配資源的 "structural-directives" 目錄下找到。

1. 定義結構型指令

定義結構型指令的步驟與定義屬性型指令的步驟是一致的。UnlessDirective 指令的程式如下：

```
import { Directive, Input, TemplateRef, ViewContainerRef } from '@angular/core';

@Directive({ selector: '[appUnless]'})
  export class UnlessDirective {
}
```

2. 了解 TemplateRef 類別和 ViewContainerRef 類別

在本例中，結構型指令會從 Angular 產生的 <ng-template> 標籤中建立一個內嵌的視圖，並把這個視圖插入一個視圖容器中（緊挨著本指令原來的宿主元素 <p>）。

可以使用 TemplateRef 類別來取得 <ng-template> 標籤的內容，也可以透過 ViewContainerRef 類別來存取這個視圖容器。可以把 TemplateRef 類別和 ViewContainerRef 類別都植入指令的建置函數中，作為該類別的私有屬性，程式如下：

```
constructor(
  private templateRef: TemplateRef<any>,
  private viewContainer: ViewContainerRef) { }
```

3. 了解 appUnless 屬性

可以把一個 boolean 類型的值綁定到 appUnless 屬性上，程式如下：

```
@Input() set appUnless(condition: boolean) {
  if (!condition && !this.hasView) {
    this.viewContainer.createEmbeddedView(this.templateRef);
    this.hasView = true;
  } else if (condition && this.hasView) {
    this.viewContainer.clear();
    this.hasView = false;
  }
}
```

一旦該值的條件發生了變化，Angular 就會去設定 appUnless 屬性。

- 如果條件為 false，並且尚未建立該視圖，則會通知視圖容器（ViewContainer）根據範本來建立一個內嵌視圖。
- 如果條件為 true，並且視圖已經顯示出來了，則會清除該容器並銷毀該視圖。

完整的指令程式如下：

```
import { Directive, Input, TemplateRef, ViewContainerRef } from '@angular/core';

@Directive({ selector: '[appUnless]'})
export class UnlessDirective {
  private hasView = false;

  constructor(
    private templateRef: TemplateRef<any>,
    private viewContainer: ViewContainerRef) { }
```

```
@Input() set appUnless(condition: boolean) {
  if (!condition && !this.hasView) {
    this.viewContainer.createEmbeddedView(this.templateRef);
    this.hasView = true;
  } else if (condition && this.hasView) {
    this.viewContainer.clear();
    this.hasView = false;
  }
}
```

4. 增加指令到 AppModule 模組的 declarations 陣列中

為了讓 UnlessDirective 指令生效，需要將 UnlessDirective 指令增加到 AppModule 模組的 declarations 陣列中。app.module.ts 的完整程式如下：

```
import { BrowserModule } from '@angular/platform-browser';
import { NgModule } from '@angular/core';

import { AppComponent } from './app.component';
import { UnlessDirective }   from './unless.directive';

@NgModule({
  declarations: [
    AppComponent,
    UnlessDirective
  ],
  imports: [
    BrowserModule
  ],
  providers: [],
  bootstrap: [AppComponent]
})
export class AppModule { }
```

5. 應用指令

為了應用指令，將 app.component.html 的程式修改為如下：

```
<div>
<h1>
    {{ title }}
</h1>

<p *appUnless="true">
該段不顯示，因為 appUnless 是 true
</p>

<p *appUnless="false">
該段顯示，因為 appUnless 是 false
</p>
</div>
```

6. 執行應用

執行應用可以看到如圖 20-3 所示的效果。

圖 20-3 執行效果

21

Angular 服務與依賴植入

熟 悉 Java 的開發者應該不會對依賴植入（DI）感到陌生。依賴植入是
物件導向程式設計中的一種設計原則，用來降低電腦程式之間的耦
合度。

本章將詳細介紹 Angular 的依賴植入。

21.1 初識依賴植入

1. 從一個實例開始

我們先從一個實例開始，逐步認識依賴植入的好處。現有一個關於汽車的
Car 類別：

```
export class Car {

  public engine: Engine; // 引擎
  public tires: Tires;   // 輪胎

  constructor() {
    this.engine = new Engine();
```

```
  this.tires = new Tires();
  }

  drive() {
    return `汽車透過` +
      `${this.engine.cylinders} 氣缸和 ${this.tires.make} 輪胎執行 .`;
  }
}
```

在這個實例中，Car 類別需要一個引擎（engine）和一些輪胎（tire），換言之，Car 類別依賴於 Engine 和 Tires。但它沒有去請求現成的實例，而是在建置函數中用實際的 Engine 和 Tires 類別產生實體出自己的備份。

2. 提出問題

如果 Engine 類別升級了，則它的建置函數要求傳入一個參數，這該怎麼辦？

這個 Car 類別就被破壞了，因為需要把建立引擎的程式重新定義為 this.engine = new Engine(theNewParameter)。如果 Car 類別的依賴項（Engine 和 Tires）發生了變更，則 Car 類別也不得不跟著改變。這就會讓 Car 類別過於脆弱。同時，由於無法沒法控制 Car 類別背後隱藏的依賴，所以 Car 類別就會變得難以測試。

3. 解決問題

那該如何讓 Car 更強壯、有彈性以及可測試呢？答案是：把 Car 類別的建置函數改造成使用依賴植入的方式，實際程式如下：

```
constructor(public engine: Engine, public tires: Tires) { }
```

這段程式的神奇之處在於，Car 所有的依賴都被移到了建置函數中，Car 類別不再需要自己建立引擎（engine）和輪胎（tire），而它僅是「消費」它們。

現在，透過往建置函數中傳入 Engine 和 Tires 實例就能建立一台車了，實際程式如下：

```
let car = new Car(new Engine(), new Tires());
```

同時，Car 類別變得非常容易測試，因為現在對它的依賴有了完全的控制權。在每個測試期間，Car 類別可以往建置函數中傳入 mock 物件，以編造測試資料：

```
class MockEngine extends Engine { cylinders = 8; }
class MockTires  extends Tires  { make = 'YokoGoodStone'; }

let car = new Car(new MockEngine(), new MockTires());
```

21.2 在 Angular 中實現依賴植入

在上面的依賴植入的實例中，雖然在對 Car 類別進行產生實體時內部已經無須再對 Engine 實例和 Tires 實例建立動作了，但為了獲得一個 Car 實例人們必須建立這 3 部分：Car 實例、Engine 實例和 Tires 實例。人們希望某種機制能把這 3 個部分裝配好。

如果需要一個 Car 實例，則可以透過簡單地尋找找植入器來實現，實際程式如下：

```
let car = injector.get(Car);
```

在這裡，Car 實例不需要知道如何建立 Engine 實例和 Tires 實例。消費者也不需要知道如何建立 Car 實例。Car 類別和消費者只要簡單地請求想要什麼，植入器就會提供給它們。Angular 的依賴植入架構就提供了這種機制。依賴植入系統在建立某個物件實例時，會負責提供該物件實例所依賴的物件。

下面示範如何在 Angular 中使用依賴植入。

> 📁 本實例的原始程式碼可以在本書搭配資源的 "dependency-injection" 目錄中找到。

21.2.1 觀察初始的應用

觀察 dependency-injection 應用的初始程式。

1. 使用者群元件

元件類別 users.component.ts 的程式如下：

```
import { Component, OnInit } from '@angular/core';

@Component({
  selector: 'app-users',
  templateUrl: './users.component.html',
  styleUrls: ['./users.component.css']
})
export class UsersComponent implements OnInit {

  constructor() { }

  ngOnInit() {
  }

}
```

元件範本 users.component.html 的程式如下：

```
<h2> 使用者管理 </h2>
<app-user-list></app-user-list>
```

2. 使用者列表元件

元件類別 user-list.component.ts 的程式如下：

```typescript
import { Component, OnInit } from '@angular/core';
import { USERS } from '../users/mock-users';

@Component({
  selector: 'app-user-list',
  templateUrl: './user-list.component.html',
  styleUrls: ['./user-list.component.css']
})
export class UserListComponent implements OnInit {

  constructor() { }

  ngOnInit() {
  }

  users = USERS;

}
```

元件範本 user-list.component.html 的程式如下：

```html
<div *ngFor="let user of users">
  {{user.id}} - {{user.name}}
</div>
```

3. 使用者類別及 mock 資料

使用者類別 user.ts 的程式如下：

```typescript
export class User {
    id: number;
    name: string;
    isSecret = false;
}
```

使用者 mock 資料 mock-users.ts 的程式如下：

```
import { User } from './user';

export const USERS: User[] = [
  { id: 1, isSecret: false, name: 'Way Lau' },
  { id: 2, isSecret: false, name: 'Narco' },
  { id: 3, isSecret: false, name: 'Bombasto' },
  { id: 4, isSecret: false, name: 'Celeritas' },
  { id: 5, isSecret: false, name: 'Magneta' },
  { id: 6, isSecret: false, name: 'RubberMan' },
  { id: 7, isSecret: false, name: 'Dynama' },
  { id: 8, isSecret: true,  name: 'Dr IQ' },
  { id: 9, isSecret: true,  name: 'Magma' },
  { id: 10, isSecret: true,  name: 'Tornado' }
];
```

21.2.2 建立服務

在 dependency-injection 應用的初始程式基礎上，透過 Angular CLI 在 src/app/users 目錄下新增一個 UserService 服務類別：

```
ng generate service users/user
```

上述指令會建立以下的 UserService 骨架程式：

```
import { Injectable } from '@angular/core';

@Injectable({
  providedIn: 'root'
})
export class UserService {

  constructor() { }

}
```

@Injectable 裝飾器用來定義每個 Angular 服務必備的部分。@Injectable 裝飾器把該類別的其他部分改寫為曝露一個傳回和以前一樣的 mock 資料的 getUsers() 方法。實際程式如下：

```
import { Injectable } from '@angular/core';
import { USERS } from './mock-users';

@Injectable({
  providedIn: 'root'
})
export class UserService {

  getUsers() { return USERS; }
}
```

21.2.3 了解植入器

Angular 中 的 服 務 類 別（ 例 如 UserService） 在 被 註 冊 進 依 賴 植 入 器 （injector）之前只是一個普通類別。Angular 的依賴植入器負責建立服務的實例，並把它們植入像 UserListComponent 這樣的類別中。

開發者很少需要自己建立 Angular 的依賴植入器，因為：當 Angular 執行應用時會為開發者自動建立這些植入器，並且會在啟動過程中先建立一個根植入器。

Angular 本身沒法自動判斷服務類別是打算自行建立類別的實例，還是等植入器來建立類別的實例。所以，必須透過為每個服務指定服務提供者來設定植入器。提供商會告訴植入器如何建立該服務實例。如果沒有服務提供者，則植入器既不知道它該負責建立該服務實例，也不知道如何建立該服務實例。

有很多方式可以為植入器註冊服務提供者，接下來一一説明。

1. 在 @Injectable 中註冊服務提供者

@Injectable 裝飾器會指出這些服務或其他類別是用來植入的,並為這些服務提供設定項目。下面範例是透過 providedIn 來為 UserService 類別設定了一個服務提供者。

```
import { Injectable } from '@angular/core';
import { USERS } from './mock-users';

@Injectable({
  providedIn: 'root'
})
export class UserService {

  getUsers() { return USERS; }
}
```

providedIn 告訴 Angular,它的根植入器要呼叫 UserService 類別的建置函數來建立一個實例,並讓它在整個應用等級中都是可用的。在使用 Angular CLI 產生新服務時,預設採用這種方式來設定服務提供者。

有時不希望在應用等級的根植入器中提供服務。舉例來說,有可能使用者希望顯性選擇要使用的服務,或惰性載入服務。在這種情況下,服務提供者應該連結到一個特定的 @NgModule 類別,而且應該將服務提供者用在該模組包含的任何一個植入器中。

在下面這段程式中,@Injectable 裝飾器用來設定一個服務提供者,它可以用在任何包含了 UserModule 類別的植入器中。

```
import { Injectable } from '@angular/core';
import { UserModule} from './user.module';
import { USERS } from './mock-users';

@Injectable({
  providedIn: UserModule
```

```
})
export class UserService {

  getUsers() { return USERS; }
}
```

2. 在 @NgModule 類別中註冊服務提供者

在下面的程式片段中,根模組(AppModule)在自己的 providers 陣列中註冊了兩個服務提供者。

```
providers: [
  UserService,  // 使用 UserService 這個植入權杖註冊 UserService 類別
  { provide: APP_CONFIG, useValue: USER_DI_CONFIG } // 使用 APP_CONFIG 這個植入
權杖註冊一個值(USER_DI_CONFIG )
],
```

借助這些註冊敘述,Angular 可以向它建立的任何類別中註冊 UserService 或 USER_DI_ CONFIG 值了。

3. 在 @Component 中註冊服務提供者

服務除可以提供給全應用或特定的 @NgModule 類別外,還可以提供給指定的元件。在元件級提供的服務,只能在該元件及其子元件的植入器中使用。

下面的實例展示了一個修改過的 UsersComponent 類別,它在自己的 providers 陣列中註冊了 UserService 類別。

```
import { Component, OnInit } from '@angular/core';
import { UserService } from './user.service';

@Component({
  selector: 'app-users',
  providers: [ UserService ],
```

```
  templateUrl: './users.component.html',
  styleUrls: ['./users.component.css']
})
export class UsersComponent implements OnInit {

  constructor() { }

  ngOnInit() {
  }

}
```

4. 在 @Injectable、@NgModule 和 @Component 中進行註冊的異同點

是在 @Injectable、@NgModule 中進行註冊,還是在 @Component 中進行註冊,需要根據實際情況來選擇,因為不同的方式會影響最後的包裝體積,以及服務的範圍和生命週期。

三者都能實現服務的植入,主要不同點如下:

(1)在服務本身的 @Injectable 中註冊服務提供者時,最佳化工具可以執行 Tree-shaking 最佳化,這會移除所有沒在應用中使用過的服務。Tree-shaking 最佳化會產生更小的包裝體積。

(2)除惰性載入的模組外,其他 Angular 模組中的服務提供者都註冊在應用的根植入器下。因此,Angular 可以往它所建立的任何類別中植入對應的服務。一旦建立,服務的實例就會存在於該應用的全部存活時間中,Angular 會把這個服務實例植入依賴它的每個類別中。

(3)如果要把這個 UserService 類別植入應用中的很多地方,並期望每次植入的都是同一個服務實例,這時如果不能在 @Injectable 上註冊 UserService 類別,那就在 @NgModule 模組中註冊 UserService 類別。

（4）@Component 的服務提供者會註冊到每個元件實例自己的植入器上。因此，Angular 只能在該元件及其各級子元件的實例上植入這個服務實例，而不能在其他地方植入這個服務實例。

 由元件提供的服務同樣具有有限的生命週期。元件的每個實例都會有它自己的服務實例，並且當元件實例被銷毀時服務的實例也會被銷毀。

在前面的範例中，UserComponent 會在應用啟動時建立，並且從不會被銷毀，因此，由 UserComponent 建立的 UserService 也同樣會存活在應用的整個生命週期中。

如果要把 UserService 類別的存取權限定在 UserComponent 及其巢狀結構的 UserListComponent 中，那麼在 UserComponent 中提供這個 UserService 類別就是一個好選擇。

21.2.4 了解服務提供者

服務提供者就是為依賴值提供一個實際的、執行時期的版本。

植入器依靠服務提供者來建立服務的實例，然後將這些服務的實例植入其他元件、管線或服務中。

 必須為植入器註冊一個服務提供者，否則該植入器就不知道該如何建立該服務實例。

指定服務提供者有以下幾種方式。

1. 把類別作為它自己的服務提供者

在下面實例中，Logger 類別本身就是服務提供者。

```
providers:[Logger]
```

2. 在 provide 中使用物件的字面常數

在下面實例中使用了一個帶有兩個屬性的服務提供者物件的字面常數：

```
[{ provide: Logger, useClass: Logger }]
```

其中：

- provide 屬性儲存的是權杖（token），它作為鍵（key）使用，用於定位依賴值和註冊服務提供者。
- useClass 屬性是一個服務提供者定義物件。

3. 備選的類別提供商

某些時候需要請求一個不同的類別來提供服務。下列程式告訴植入器，當有人請求 Logger 時傳回 BetterLogger。

```
[{ provide: Logger, useClass: BetterLogger }]
```

4. 帶依賴的類別提供商

如果被植入的 EvenBetterLogger 本身依賴其他的服務（例如 UserService），則 UserService 通常也會在應用級被植入。觀察下面的實例：

```
@Injectable()
export class EvenBetterLogger extends Logger {
  constructor(private userService: UserService) { super(); }

  log(message: string) {
    let name = this.userService.user.name;
```

```
    super.log(`給 ${name} 的訊息是：${message}`);
  }
}
```

服務提供者設定如下：

```
[ UserService,
  { provide: Logger, useClass: EvenBetterLogger }]
```

5. 別名類別提供商

假設某個元件依賴一個舊的 OldLogger 類別，而舊類別 OldLogger 和新類別 NewLogger 具有相同的介面，但是由於某些原因該元件不能直接使用新類別 NewLogger，則此時可以使用 useExisting 來指定別名。觀察下面的實例：

```
[ NewLogger,
  { provide: OldLogger, useExisting: NewLogger}]
```

在上面實例中就是把 OldLogger 作為了 NewLogger 的別名。

6. 值服務提供者

有時提供一個預先做好的物件會比請求植入器從類別中建立它更容易。觀察下面的實例：

```
export function SilentLoggerFn() {}

const silentLogger = {
  logs: ['Silent Logger 默默地記錄記錄檔 '],
  log: SilentLoggerFn
};
```

在上面的實例中，可以透過 useValue 選項來註冊服務提供者，useValue 選項會讓這個物件直接扮演記錄檔的角色。

```
[{ provide: Logger, useValue: silentLogger }]
```

7. 工廠服務提供者

以下是使用工廠服務提供者的實例。工廠服務提供者需要一個工廠方法。

```
let userServiceFactory = (logger: Logger, orderService: OrderService) => {
  return new UserService(logger, orderService.order.isAuthorized);
};
```

雖然 UserService 不能存取 OrderService，但是工廠方法可以。

同時把 Logger 和 OrderService 植入工廠服務提供者，並讓植入器把它們傳給工廠方法。實際程式如下。

```
export let userServiceProvider =
  { provide: UserService,
    useFactory: userServiceFactory,
    deps: [Logger, OrderService]
  };
```

其中，

- useFactory 欄位告訴 Angular：這個服務提供者是一個工廠方法，它的實現是 userServiceFactory。
- deps 屬性是提供商權杖陣列。Logger 和 OrderService 類別作為它們本身類別提供商的權杖。植入器解析這些權杖，並把對應的服務植入工廠函數中對應的參數。

在下面的這個實例中，只在 UsersComponent 中需要 userServiceProvider，因 此 用 userServiceProvider 代 替 中 繼 資 料 providers 陣 列 中 原 來 的 UserService 進行註冊。

```
import { Component }         from '@angular/core';
import { userServiceProvider } from './user.service.provider';
@Component({
```

```
  selector: 'app-users',
 providers: [ userServiceProvider ],
  templateUrl: './users.component.html',
  styleUrls: ['./users.component.css']
})
export class UsersComponent implements OnInit {

  constructor() { }

  ngOnInit() {
  }

}
```

8. 可以被 Tree-shaking 最佳化的提供商

Tree-shaking 最佳化是指：在最後包裝時移除應用中從未參考過的程式，進一步減小包裝體積。

可 Tree-shaking 最佳化的提供商可以讓 Angular 從結果中移除那些在應用中從未使用過的服務。不過問題在於──Angular 的編譯器無法在建置期間識別該服務是必要的。因此，在模組中註冊的服務提供者的服務也就無法進行 Tree-shaking 最佳化了。

以下是一個 Angular 無法對服務提供者進行 Tree-shaking 最佳化的實例。在這個實例中，為了在 Angular 中提供服務，把服務都包含進 @NgModule 中。下面是模組程式：

```
import { Injectable, NgModule } from '@angular/core';

@Injectable()
export class Service {
  doSomething(): void {
  }
```

```
}

@NgModule({
  providers: [Service],  // 模組中的服務供應商的服務
})
export class ServiceModule {
}
```

接著，將該模組匯入應用模組：

```
@NgModule({
  imports: [
    BrowserModule,
    RouterModule.forRoot([]),
    ServiceModule,
  ],})export class AppModule {}
```

當執行 ngc 時，系統會把 AppModule 編譯進一個模組工廠，該模組工廠中含有在它包含的所有子模組中宣告過的所有服務提供者。在執行期間，該模組工廠會變成一個用於產生實體這些服務的植入器。在這種方式下 Tree-shaking 最佳化無法執行，因為 Angular 無法根據該程式（服務類別）是否被其他程式區塊使用過來排除它。

因此，如果想建立可 Tree-shaking 最佳化的服務提供者，則需要把那些「原本要透過模組來註冊服務提供者的方式」改為「在服務本身的 @Injectable 裝飾器中提供」。

下面的實例是一個與上面的 ServiceModule 範例相等的可 Tree-shaking 的最佳化版本：

```
@Injectable({
  providedIn: 'root',
})
export class Service {
}
```

21.2.5 植入服務

UserListComponent 元件依賴 UserService 類別來取得使用者資料。

但 UserListComponent 元件不應該使用 "new" 關鍵字來建立 UserService 類別，而是應該採用植入的方式植入 UserService 類別。

可以透過在建置函數中增加一個帶有該依賴類型的參數，來要求 Angular 把這個依賴植入元件的建置函數。下面是植入服務的實例：

```
import { Component, OnInit } from '@angular/core';
import { UserService } from '../users/user.service';
import { User } from '../users/user';

@Component({
  selector: 'app-user-list',
  templateUrl: './user-list.component.html',
  styleUrls: ['./user-list.component.css']
})
export class UserListComponent implements OnInit {

  users: User[];

  constructor(userService: UserService) {
    this.users = userService.getUsers();
  }

  ngOnInit() {
  }

}
```

21.2.6 單例服務

單例服務是指：在任何一個植入器中，同一個服務最多只有一個實例。

由於根植入器只有一個，所以在根植入器中註冊的服務在整個應用中只能有一個實例。

不過需要注意的是，Angular DI 是一個多級植入系統，這表示各級植入器都可以建立它們自己的服務實例。Angular 總是會建立多級植入器，因此在應用等級中同一個服務可能會被植入多次。

21.2.7 元件的子植入器

元件植入器是彼此獨立的，每個元件都會建立單獨的子植入器實例。

舉例來說，當 Angular 建立一個帶有 @Component.providers 的元件實例時，也會同時為這個實例建立一個新的子植入器。當 Angular 銷毀某個元件實例時，也會同時銷毀該元件的植入器，以及該植入器中的服務實例。

由於是多級植入器，因此可以把全應用級的服務植入這些元件。元件的植入器是其父元件植入器的「兒子」，也是其祖父植入器的「孫子」，依此類推，直到該應用的根植入器。Angular 可以植入這條線上的任何植入器所提供的服務。

21.2.8 測試元件

前面也介紹過，依賴植入的好處是讓類別更容易測試。

舉例來說，新增的 UserListComponent 類別用一個模擬服務進行測試：

```
const expectedUsers = [{name: 'A'}, {name: 'B'}]
const mockService = <UserService> {getUsers: () => expectedUsers }

it(' 在 UserListComponent 建立時，應能取得到使用者資料 ', () => {
  const component = new UserListComponent(mockService);
  expect(component.users.length).toEqual(expectedUsers .length);
});
```

21.2.9 服務依賴服務

複雜的服務本身也可能依賴其他服務。例如在 UserService 類別中，依賴記錄檔服務 LoggerService。

在原有的 dependency-injection 應用中，透過下面的 Angular CLI 指令來建立 LoggerService：

```
ng generate service logger
```

將 LoggerService 程式修改為如下：

```
import { Injectable } from '@angular/core';

@Injectable({
  providedIn: 'root'
})
export class LoggerService {
  logs: string[] = [];

  log(message: string) {
    this.logs.push(message);
    console.log(message);
  }
}
```

其中，providedIn:'root' 表明該服務在整個應用等級是單例。

下面程式示範了將 LoggerService 植入 UserService：

```
import { Injectable } from '@angular/core';

import { LoggerService } from '../logger.service';
import { USERS } from './mock-users';

@Injectable({
```

```
  providedIn: 'root'
})
export class UserService {

  constructor(private logger: LoggerService) { }

  getUsers() {
    this.logger.log('取得使用者 ...');
    return USERS;
  }
}
```

21.2.10 依賴植入權杖

向植入器註冊服務提供者，實際上是把這個服務提供者和一個依賴植入權杖連結起來。植入器維護一個內部的「權杖 - 提供商」對映表，這個對映表會在請求依賴時被參考。權杖就是這個對映表中的鍵值對的鍵。

在前面的所有實例中，依賴值都是一個類別實例。在下面的程式中，將 LoggerService 類型作為權杖植入，這樣就能直接從植入器中取得 LoggerService 實例：

```
logger: LoggerService
```

21.2.11 可選依賴

可以把建置函數的參數標記為 null 以告訴 Angular 該依賴是可選的：

```
constructor(@Inject(Token, null));
```

如果要使用可選依賴，那程式就必須準備好處理空值。

21.3 多級依賴植入

Angular 有一個多級依賴植入系統，可以在任意等級的植入器中植入服務。

21.3.1　植入器樹

Angular 應用是一個元件樹。每個元件實例都有自己的植入器，因此有了植入器樹。植入器樹與元件樹是平行的。圖 21-1 展示了多級植入器樹。

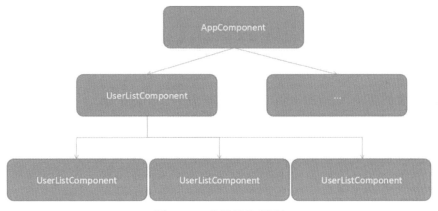

圖 21-1　多級植入器樹

21.3.2　植入器上浮

當一個元件申請獲得一個依賴時，Angular 先嘗試用該元件自己的植入器來滿足它。如果在該元件的植入器中沒有找到對應的服務提供者，則把這個申請轉給它的父元件的植入器來處理。如果它的父元件的植入器也無法滿足這個申請，則繼續轉給它的父元件的植入器，直到找到一個能處理此申請的植入器為止。這個過程被稱為「植入器上浮」。

如果在整個元件樹中都沒找到對應的提供商，則 Angular 會拋出一個錯誤。

21.3.3 在不同層級提供同一個服務

可以在植入器樹中的多個層次上為指定的依賴權杖重新註冊服務提供者。雖然可以重新註冊，但不建議這麼做。

服務解析邏輯會自下而上尋找，碰到的第 1 個服務提供者會勝出。因此，植入器樹中間層植入器上的服務提供者可以攔截來自底層對特定服務的請求。這導致它可以「重新設定」，或說「遮蔽」高層的植入器。

21.3.4 元件植入器

出於架構方面的考慮，可能需要把一個服務限制在它所屬的特定領域中。元件植入器就能實現這種功能。

下面的實例展示了 UserService 被限制在 UsersComponent 中使用：

```
import { Component, OnInit } from '@angular/core';
import { UserService } from './user.service';

@Component({
  selector: 'app-users',
  providers: [ UserService ],
  templateUrl: './users.component.html',
  styleUrls: ['./users.component.css']
})
export class UsersComponent implements OnInit {

  constructor() { }

  ngOnInit() {
  }

}
```

22

Angular 路由

在 Web 應用裡少不了路由器。路由器用來實現不同頁面間的跳躍。本章將詳細介紹 Angular 的路由功能。

22.1 設定路由

Angular 的路由器可以將使用者從一個視圖導覽到另一個視圖。

Angular 的路由器會根據瀏覽器中的 URL 來決定將使用者導覽到哪個用戶端視圖。路由器也會把參數傳給支撐視圖的對應元件，這樣視圖就能根據這些參數來決定實際展現什麼內容。

每個帶路由功能的 Angular 應用都有一個單實例的路由器服務。當瀏覽器的 URL 發生變化時，路由器會透過設定路由器服務尋找對應的路由，來決定該顯示哪個元件。

22.1.1 實例 55：設定路由器

需要先設定路由器才會有路由資訊。

在下面的程式中有 5 種設定路由器的方式，用 RouterModule.forRoot() 方法來設定路由器，並把它的傳回值增加到 AppModule 的 imports 陣列中。

```
const appRoutes: Routes = [
  { path: 'users', component: UsersComponent },
  { path: 'detail/:id', component: UserDetailComponent }, // 帶路由參數的權杖
  {
    path: 'dashboard',
    component: DashboardComponent ,
    data: { title: 'Dashborad Component' } // 傳遞資料
  },
  { path: '', redirectTo: '/dashboard', pathMatch: 'full' }, // 預設路徑
  { path: '**', component: PageNotFoundComponent } // 萬用字元
];


@NgModule({
  imports: [
    RouterModule.forRoot(
      appRoutes,
      { enableTracing: true } // 用於偵錯
    )
    // 省略其他匯入的內容
  ...
})
export class AppModule { }
```

在上述實例中，路由陣列 appRoutes 描述了如何進行導覽。設定路由器，只需把 appRoutes 陣列傳給 RouterModule.forRoot() 方法即可。每個路由都會把一個路由路徑對映到一個元件。路由器會解析每個路由的路徑，並建置出最後的 URL，這樣當使用者就能使用相對路徑或絕對路徑在應用的多個視圖之間進行導覽。

路由路徑不能以反斜線 /) 開頭。

- 在第 2 個路由資訊中，:id 是一個路由參數的權杖。例如在 /detail/2 這個 URL 中，"2" 就是 id 參數的值。此 URL 對應的 UserDetailComponent 元件將據此尋找和展現 id 為 2 的使用者。
- 在第 3 個路由資訊中，data 屬性用來儲存與每個實際路由有關的資訊。該屬性值可以被任何一個啟動路由存取，並能用來儲存諸如頁標題、導覽及其他靜態只讀取資料。
- 在第 4 個路由資訊中，空路徑（"）表示應用的預設路徑，當 URL 為空時就會存取那裡，因此它通常被作為應用的起點。這個預設路由會重新導向到 /dashboard，並顯示 DashboardComponent。
- 在最後一個路由資訊中，** 路徑是一個萬用字元。當所請求的 URL 都不能比對前面定義的路由表中的任何路徑時，路由器就會選擇此路由。這個特性可用於顯示 "404 Not Found" 頁面，或自動重新導向到其他路由。

建議按照上述順序來設定路由。在上面的設定中，帶靜態路徑的路由被放在前面，後面是空路徑路由（它會作為預設路由）。萬用字元路由被放在了最後，這是因為它能比對每個 URL，所以應該只有在找不到前面能符合的路由時才比對它。

22.1.2 輸出導覽生命週期中的事件

如果想看在導覽的生命週期中發生過哪些事件，則可以使用路由器預設設定中的 enableTracing 選項——只需要把 "enableTracing: true" 選項作為第 2 個參數傳給 RouterModule.forRoot() 方法即可。enableTracing 會把每個導覽生命週期中的事件輸出到瀏覽器的主控台中。

"enableTracing: true" 選項應該只用於偵錯。在生產環境下不要啟用它！

22.1.3 實例 56：設定路由出口

路由出口（RouterOutlet）是一個來自路由模組中的指令，其用法類似元件。它造成一個預留位置的作用，用於在範本中標出一個位置。路由器會把要顯示在這個路由出口處的元件顯示在這裡。

觀察下面的實例中的 <router-outlet> 元素：

```
<h1> 路由器範例 </h1>
<nav>
<a routerLink="/dashborad" routerLinkActive="active"> 看板 </a>
<a routerLink="/users" routerLinkActive="active"> 使用者列表 </a>
</nav>
<router-outlet></router-outlet>
```

當應用在瀏覽器中的 URL 變為 /dashborad 時，路由器會將請求啟動到 path 為 dashborad 的路由上，並在宿主視圖中的 <router-outlet> 標籤之後顯示出 DashboradComponent 元件，如圖 22-1 所示。

圖 22-1 執行效果

22.2 了解路由器連結

現在已經有一些設定好的路由，而且找到了繪製它們的地方，但又該如何導覽到頁面呢？雖然在瀏覽器的網址列直接輸入 URL 也能導覽到實際的頁面，但是大多數情況下，導覽是某些使用者操作的結果，例如點擊一個 <a> 標籤。

考慮下列範本：

```
<h1>Angular 路由 </h1>
<nav>
<a routerLink="/dashboard'" routerLinkActive="active"> 看板 </a>
<a routerLink="/users" routerLinkActive="active"> 使用者列表 </a>
</nav>
<router-outlet></router-outlet>
```

<a> 標籤上的 routerLink 指令用於指定路由器要導覽的頁面。

22.2.1 路由器狀態

導覽時在所有生命週期成功完成後，路由器會建置出一個由 Activated Route 組成的樹，它表示路由器的目前狀態。在應用中的任何地方，都可以用路由器服務及其 RouterState 屬性來存取目前的 RouterState 值。

RouterState 中的每個 ActivatedRoute 都提供了一種從任意啟動路由開始向上或向下檢查路由樹的方式，以獲得關於父、子、兄弟路由的資訊。

22.2.2 啟動的路由

路由的路徑和參數可以透過植入進來的名叫 "ActivatedRoute" 的路由服務來取得。ActivatedRoute 的屬性如下。

- url：路由路徑的 Observable 物件，是一個由路由路徑中的各個部分組成的字串陣列。
- data：一個 Observable，其中包含提供給路由的 data 物件，也包含由解析守衛（resolve guard）解析而來的值。
- paramMap：一個 Observable，其中包含一個由目前路由的必要參數和可選參數組成的 map 物件。用這個 map 物件可以取得名稱相同參數的單一值或多重值。
- queryParamMap：一個 Observable，其中包含一個對所有路由都有效的查詢參數組成的 map 物件。用這個 map 物件可以取得查詢參數的單一值或多重值。
- fragment：一個適用於所有路由的 URL 的 fragment（片段）的 Observable。
- outlet：要把該路由繪製到的 RouterOutlet 的名字。對於無名路由，它的路由名是 primary，而不可為空字串。
- routeConfig：該路由的路由設定資訊，其中包含原始路徑。
- parent：當該路由是一個子路由時，表示該路由的父級 ActivatedRoute。
- firstChild：包含該路由的子路由列表中的第 1 個 ActivatedRoute。
- children：包含目前路由下所有已啟動的子路由。

22.3 路由事件

在每次導覽中，路由器都會透過 Router.events 屬性發佈一些導覽事件。這些事件覆蓋從開始導覽到結束導覽之間的很多時間點。下面列出了全部導覽事件。

- NavigationStart：該事件會在導覽開始時被觸發。
- RouteConfigLoadStart：該事件會在路由器惰性載入某個路由設定之前被觸發。

- RouteConfigLoadEnd：該事件會在惰性載入了某個路由後被觸發。
- RoutesRecognized：該事件會在路由器解析完 URL 並識別出了對應的路由時被觸發。
- GuardsCheckStart：該事件會在路由器開始守衛階段之前被觸發。
- ChildActivationStart：該事件會在路由器開始啟動路由的子路由時被觸發。
- ActivationStart：該事件會在路由器開始啟動某個路由時被觸發。
- GuardsCheckEnd：該事件會在路由器成功完成了守衛階段時被觸發。
- ResolveStart：該事件會在路由器開始解析階段時被觸發。
- ResolveEnd：該事件會在路由器成功完成了路由的解析階段時被觸發。
- ChildActivationEnd：該事件會在路由器啟動了路由的子路由時被觸發。
- ActivationEnd：該事件會在路由器啟動了某個路由時被觸發。
- NavigationEnd：該事件會在導覽成功結束後被觸發。
- NavigationCancel：該事件會在導覽被取消後被觸發。這可能是因為在導覽期間某個路由守衛傳回了 false。

22.4 重新導向 URL

任何應用的需求都會隨著時間而改變。舉例來說，在「使用者管理」應用中，原來把連結 /users 和 detail/:id 指向了 UsersComponent 和 UserDetailComponent 元件，現在要把連結 /users 變成 /niceusers，且希望以前的 URL 能正常導覽，但又不想在應用中修改每一個連結，這時如果利用重新導向則可以省去這些瑣碎的重構工作。

那麼，如何實現把連結 /users 修改成 /niceusers 呢？

先取得 User 路由，並把它們遷移到新的 URL 中；然後路由器會在開始導覽之前先在設定中檢查所有重新導向敘述，以便將來隨選觸發重新導向。

修改後的程式如下：

```
const appRoutes: Routes = [
  { path: 'users', redirectTo: '/niceusers' },    // 重新導向
  { path: 'niceusers', component: UsersComponent },  // 新的 URL
  { path: 'detail/:id', component: UserDetailComponent },
  {
    path: 'dashboard',
    component: DashboardComponent ,
    data: { title: 'Dashborad Component' }
  },
  { path: '', redirectTo: '/dashboard', pathMatch: 'full' },
  { path: '**', component: PageNotFoundComponent }
];


@NgModule({
  imports: [
    RouterModule.forRoot(
      appRoutes,
      { enableTracing: true } // 用於 debug
    )
    // 省略其他的匯入
  ],
  ...
})
export class AppModule { }
```

22.5 實例 57：一個路由器的實例

下面透過一個實際的實例來完整示範建立路由器的過程。

22.5.1 建立應用及元件

首先透過 Angular CLI 的命令列建立一個名為 "router" 的應用：

```
ng new router
```

接著，切換到應用根目錄下，執行 Angular CLI 指令來建立兩個元件——dashborad 和 user-list：

```
ng generate component dashborad
ng generate component user-list
```

這兩個元件用於示範路由器導覽到不同視圖的效果。

22.5.2　修改元件的範本

為了讓整個示範變得簡單，本實例元件的範本內容設定得比較少。其中，Dashboard Component 的範本 dashborad.component.html 被修改為如下：

```
<h2> 看板 </h2>
<p> 我是萬能的看板 </p>
```

而 UserListComponent 的範本 user-list.component.html 被修改為如下：

```
<h2> 使用者列表 </h2>
<p> 我是使用者列表 </p>
```

22.5.3　匯入並設定路由器

要使用路由器功能，則需要先匯入與路由器相關的模組，然後定義一個路由陣列 appRoutes，並把它傳給 RouterModule.forRoot() 方法。這會傳回一個模組，其中包含設定好的 Router 服務提供者，以及路由函數庫所需的其他提供商。app.module.ts 的完整程式如下：

```
import { BrowserModule } from '@angular/platform-browser';
import { NgModule } from '@angular/core';
import { RouterModule, Routes } from '@angular/router'; // 匯入路由器模組

import { AppComponent } from './app.component';
```

```
import { DashboradComponent } from './dashborad/dashborad.component';
import { UserListComponent } from './user-list/user-list.component';

// 路由器設定
const appRoutes: Routes = [
  { path: 'dashborad', component: DashboradComponent },
  { path: 'users', component: UserListComponent },
];

@NgModule({
  declarations: [
    AppComponent,
    DashboradComponent,
    UserListComponent
  ],
  imports: [
    BrowserModule,
    RouterModule.forRoot(
      appRoutes, // 提供路由器設定
      { enableTracing: true } // 啟動 debug
    )
  ],
  providers: [],
  bootstrap: [AppComponent]
})
export class AppModule { }
```

程式中，把 RouterModule.forRoot() 註冊到 AppModule 的 imports 陣列中，
這樣能讓該 Router 服務在應用的任何地方都能使用。

22.5.4 增加路由出口

下面修改根元件 AppComponent，讓它的頂部有一個標題和一個帶有兩個
連結的導覽列，底部有一個路由器出口，路由器會在它所指定的位置嵌入

元件或呼叫出頁面。app.component.html 的完整程式如下：

```
<h1>路由器範例</h1>
<nav>
<a routerLink="/dashborad" routerLinkActive="active">看板</a>
<a routerLink="/users" routerLinkActive="active">使用者列表</a>
</nav>
<router-outlet></router-outlet>
```

路由出口扮演著預留位置的角色，路由元件會繪製在它的下方。執行程式能看到如圖 22-2 所示的效果。

圖 22-2 執行效果

22.5.5 美化介面

上面實例的介面看上去並不美觀，需要加一些 CSS 樣式來讓整個介面看起來更加美觀。

CSS 樣式可以加在應用根目錄的 styles.css 檔案中。完整的 CSS 程式如下：

```
/* 主樣式 */
h1 {
  color: #369;
  font-family: Arial, Helvetica, sans-serif;
  font-size: 250%;
}
h2, h3 {
```

```css
  color: #444;
  font-family: Arial, Helvetica, sans-serif;
  font-weight: lighter;
}
body {
  margin: 2em;
}
body, input[text], button {
  color: #888;
  font-family: Cambria, Georgia;
}
a {
  cursor: pointer;
  cursor: hand;
}
button {
  font-family: Arial;
  background-color: #eee;
  border: none;
  padding: 5px 10px;
  border-radius: 4px;
  cursor: pointer;
  cursor: hand;
}
button:hover {
  background-color: #cfd8dc;
}
button:disabled {
  background-color: #eee;
  color: #aaa;
  cursor: auto;
}

/* 導覽連結樣 */
nav a {
  padding: 5px 10px;
```

```
  text-decoration: none;
  margin-right: 10px;
  margin-top: 10px;
  display: inline-block;
  background-color: #eee;
  border-radius: 4px;
}
nav a:visited, a:link {
  color: #607D8B;
}
nav a:hover {
  color: #039be5;
  background-color: #CFD8DC;
}
nav a.active {
  color: #039be5;
}

/* 全域樣式 */
* {
  font-family: Arial, Helvetica, sans-serif;
}
```

再次執行程式，能看到如圖 22-3 所示效果。

圖 22-3　執行效果

點擊「看板」或「使用者清單」按鈕，能看到放置路由出口的地方已經被對應的範本所替代。圖 22-4 展示的是看板元件的內容。

圖 22-4 執行效果

22.5.6 定義萬用字元路由

除 dashborad 和 users 兩個路由外，還可以增加一個萬用字元路由來攔截所有無效的 URL，並人性化地給使用者一個提示。萬用字元路由的 path 是兩個星號（**），它會比對任何 URL。當路由器比對不上以前定義的那些路由時，就會選擇這個路由。萬用字元路由可以導覽到自訂的 "404 Not Found" 元件，也可以重新導向到一個現有路由。

1. 定義 "404 Not Found" 元件

定義一個 "404 Not Found" 元件。如果使用者存取一個不存在的 URL，則會被重新導向到這個 "404 Not Found" 元件。執行以下 Angular CLI 指令來建立該元件：

```
ng generate component page-not-found
```

2. 設定 PageNotFoundComponent 範本

設定 PageNotFoundComponent 範本如下：

```
<h2>Page not found</h2>
<p>抱歉！頁面無法存取……</p>
```

3. 設定萬用字元路由

修改 app.module.ts 增加萬用字元路由的設定：

```
const appRoutes: Routes = [
  { path: 'dashborad', component: DashboradComponent },
  { path: 'users', component: UserListComponent },
  { path: '**', component: PageNotFoundComponent }  // 萬用字元路由
];
```

4. 存取不存在的頁面

為了示範萬用字元的路由效果，在瀏覽器中存取一個不存在的 URL，例如 "waylau"，可以看到如圖 22-5 所示的效果。

圖 22-5 執行效果

23

Angular 響應式程式設計

響應式程式設計是一種針對資料流程和變化傳播的程式設計範式。這表示，可以在程式語言中很方便地表達靜態或動態的資料流程，而相關的計算模型會自動將變化的值透過資料流程進行傳播。

在 Angular 中，主要是基於 Observable 與 RxJS 來實現響應式程式設計。本章將詳細介紹這兩種技術的用法。

23.1 了解 Observable 機制

響應式程式設計常常是以事件、非同步為基礎的，因此，以響應式程式設計為基礎開發的應用具有良好的平行處理性。響應式程式設計採用「訂閱 - 發佈」模式，只要訂閱了有興趣的主題，一旦有訊息發佈，訂閱者（Subscriber）就能收到訊息。常用的訊息中介軟體一般都支援該模式。

Observable 機制與上述模式類似。Observable 物件能在應用中的發行者和訂閱者之間傳遞訊息。Observable 物件是宣告式的，即：雖然定義了一個用於發佈值的函數，但除非有消費者訂閱它，否則這個函數並不會實際執行。在訂閱之後，當這個函數執行完成或取消訂閱時，訂閱者會收到通知。

Observable 物件可以發送多個任意類型的值，包含字面常數、訊息、事件等。無論這些值是同步還是非同步發送的，接收這些值的 API 都是一樣的。無論資料流程是 HTTP 回應流還是計時器，對這些值進行監聽和停止監聽的介面都是一樣的。

23.1.1 Observable 的基本概念

當發行者建立一個 Observable 物件的實例時，就會定義一個訂閱者函數。當有消費者呼叫 subscribe() 方法時，這個函數就會被執行。訂閱者函數用於定義「如何取得或產生那些要發佈的值或訊息」。

要執行所建立的 Observable 物件並開始從中接收訊息通知，則需要呼叫它的 subscribe() 方法來執行訂閱，並傳入一個觀察者（Observer）。觀察者是一個 JavaScript 物件，它定義了收到這些訊息的處理器（Handler）。呼叫 subscribe() 方法會傳回一個 Subscription 物件，該物件擁有 unsubscribe() 方法。在呼叫 unsubscribe() 方法時會停止訂閱，不再接收訊息通知。

下面這個實例展示了如何使用 Observable 物件來對目前的地理位置進行更新。

```
// 當有消費者訂閱時，就建立一個 Observable 物件來監聽地理位置的更新
const locations = new Observable((observer) => {
 // 取得 next 和 error 的回呼
 const {next, error} = observer;
 let watchId;
 // 檢查要發佈的值
 if ('geolocation' in navigator) {
 watchId = navigator.geolocation.watchPosition(next, error);
 } else {
 error('Geolocation not available');
 }
 // 當消費者取消訂閱後，清除資料為下次訂閱做準備
```

```
 return {unsubscribe() { navigator.geolocation.clearWatch(watchId); }};
});
// 呼叫 subscribe() 方法來監聽變化
const locationsSubscription = locations.subscribe({
 next(position) { console.log('Current Position: ', position); },
 error(msg) { console.log('Error Getting Location: ', msg); }
});
// 10s 之後停止監聽位置資訊
setTimeout(() => { locationsSubscription.unsubscribe(); }, 10000);
```

23.1.2 定義觀察者

觀察者是用於接收 Observable 物件的處理器，這些處理器都實現了 Observer 介面。這個 Observer 物件定義了一些回呼函數，用來處理 Observable 物件可能會發來的 3 種通知。

- next：必需的。用來處理每個送達值。在開始執行後可能執行 0 次或多次。
- error：可選的。用來處理錯誤的通知。錯誤會中斷這個 Observable 物件實例的執行過程。
- complete：可選的。用來處理執行完成的通知。當執行完畢後，這些值就會繼續傳給下一個處理器。

如果沒有為通知類型提供處理器，則這個觀察者會忽略對應類型的通知。

23.1.3 執行訂閱

當消費者訂閱了 Observable 物件的實例後，Observable 物件就會開始發佈值。訂閱時要先呼叫該實例的 subscribe() 方法，並把一個觀察者物件傳給它用來接收通知。

在 Observable 類別上定義了一些靜態方法，可用來建立一些常用的簡單 Observable 物件。

- Observable.of(...items)：用於傳回一個 Observable 物件實例，它用同步的方式把參數中提供的這些值發送出來。
- Observable.from(iterable)：把它的參數轉換成一個 Observable 物件實例。該方法通常用於把一個陣列轉換成一個能夠發送多個值的 Observable 物件。

下面的實例會建立並訂閱一個簡單的 Observable 物件，它的觀察者會把接收到的訊息記錄到主控台中。

```
// 建立一個發出 3 個值的 Observable 物件
const myObservable = Observable.of(1, 2, 3);
// 建立觀察者物件
const myObserver = {
 next: x => console.log('Observer got a next value: ' + x),
 error: err => console.error('Observer got an error: ' + err),
 complete: () => console.log('Observer got a complete notification'),
};
// 執行訂閱
myObservable.subscribe(myObserver);
```

可以看到主控台中輸出以下內容：

```
Observer got a next value: 1
Observer got a next value: 2
Observer got a next value: 3
Observer got a complete notification
```

subscribe() 方法還可以接收定義在同一行中的回呼函數。在上述實例中，建立觀察者物件的程式等於下面的程式：

```
myObservable.subscribe(
 x => console.log('Observer got a next value: ' + x),
```

```
err => console.error('Observer got an error: ' + err),
() => console.log('Observer got a complete notification')
);
```

 next 處理器是必需的，而 error 和 complete 處理器是可選的。

23.1.4 建立 Observable 物件

使用 Observable 物件的建置函數可以建立任何類型的 Observable 流。當執行 Observable 物件的 subscribe() 方法時，這個建置函數就會把它接收到的參數作為訂閱函數來執行。訂閱函數會接收一個 Observer 物件，並把其值發佈給觀察者的 next() 方法。

舉例來說，要建立一個與前面的 Observable.of(1, 2, 3) 相等的可觀察物件，可以像下面這樣做：

```
// 當呼叫 subscribe() 方法時執行下面的函數
function sequenceSubscriber(observer) {
 // 同步傳遞 1、2 和 3，然後完成
 observer.next(1);
 observer.next(2);
 observer.next(3);
 observer.complete();
 // 由於是同步的，所以 unsubscribe() 函數不需要執行實際內容
 return {unsubscribe() {}};
}
// 建立一個新的 Observable 物件來執行上面定義的順序
const sequence = new Observable(sequenceSubscriber);
// 執行訂閱
sequence.subscribe({
 next(num) { console.log(num); },
 complete() { console.log('Finished sequence'); }
});
```

可以看到主控台中輸出以下內容：

```
1
2
3
Finished sequence
```

還可以建立一個用來發佈事件的 Observable 物件。在下面這個實例中，訂
閱函數是用內聯方式定義的。

```
function fromEvent(target, eventName) {
    return new Observable((observer) => {
 const handler = (e) => observer.next(e);
    // 在目標中增加事件處理器
    target.addEventListener(eventName, handler);
    return () => {
    // 從目標中移除事件處理器
    target.removeEventListener(eventName, handler);
 };
 });
}
```

現在就可以使用 fromEvent() 函數來建立和發佈帶有 keydown 事件的
Observable 物件了。程式如下：

```
const ESC_KEY = 27;
const nameInput = document.getElementById('name') as HTMLInputElement;
const subscription = fromEvent(nameInput, 'keydown')
 .subscribe((e: KeyboardEvent) => {
 if (e.keyCode === ESC_KEY) {
 nameInput.value = '';
 }
 });
```

23.1.5 實現廣播

廣播是指：讓 Observable 物件在一次執行中把訊息同時廣播給多個訂閱者。借助支援廣播的 Observable 物件可以不必註冊多個監聽器，而是重複使用第 1 個監聽器，並把其訊息內容發送給各個訂閱者。

觀察下面這個從 1 到 3 進行計數的實例，它每發出一個數字就會等待 1s。

```javascript
function sequenceSubscriber(observer) {
 const seq = [1, 2, 3];
 let timeoutId;
 // 每發出一個數字就會等待 1s
 function doSequence(arr, idx) {
 timeoutId = setTimeout((() => {
 observer.next(arr[idx]);
 if (idx === arr.length - 1) {
 observer.complete();
 } else {
 doSequence(arr, ++idx);
 }
 }, 1000);
 }
 doSequence(seq, 0);
 // 在取消訂閱後會清理計時器，暫停執行
 return {unsubscribe() {
 clearTimeout(timeoutId);
 }};
}
// 建立一個新的 Observable 物件來支援上面定義的順序
const sequence = new Observable(sequenceSubscriber);
sequence.subscribe({
 next(num) { console.log(num); },
 complete() { console.log('Finished sequence'); }
});
```

可以看到主控台中輸出以下內容：

```
(at 1 second): 1
(at 2 seconds): 2
(at 3 seconds): 3
(at 3 seconds): Finished sequence
```

如果訂閱了兩次，則會有兩個獨立的流，每個流每秒都會發出一個數字，
程式如下：

```
sequence.subscribe({
 next(num) { console.log('1st subscribe: ' + num); },
 complete() { console.log('1st sequence finished.'); }
});
// 0.5s 後再次訂閱
setTimeout(() => {
 sequence.subscribe({
 next(num) { console.log('2nd subscribe: ' + num); },
 complete() { console.log('2nd sequence finished.'); }
 });
}, 500);
```

可以看到主控台中輸出以下內容：

```
(at 1 second): 1st subscribe: 1
(at 1.5 seconds): 2nd subscribe: 1
(at 2 seconds): 1st subscribe: 2
(at 2.5 seconds): 2nd subscribe: 2
(at 3 seconds): 1st subscribe: 3
(at 3 seconds): 1st sequence finished
(at 3.5 seconds): 2nd subscribe: 3
(at 3.5 seconds): 2nd sequence finished
```

修改這個 Observable 物件以支援廣播，程式如下：

```
function multicastSequenceSubscriber() {
 const seq = [1, 2, 3];
```

```
const observers = [];
let timeoutId;
return (observer) => {
observers.push(observer);
// 如果是第一次訂閱，則啟動定義好的順序
if (observers.length === 1) {
timeoutId = doSequence({
next(val) {
// 檢查觀察者，通知所有的訂閱者
observers.forEach(obs => obs.next(val));
},
complete() {
// 通知所有的 complete 回呼
observers.slice(0).forEach(obs => obs.complete());
}
}, seq, 0);
}
return {
unsubscribe() {
// 移除觀察者
observers.splice(observers.indexOf(observer), 1);
// 如果沒有監聽者，則清理計時器
if (observers.length === 0) {
clearTimeout(timeoutId);
}
}
};
};
}
function doSequence(observer, arr, idx) {
 return setTimeout(() => {
 observer.next(arr[idx]);
 if (idx === arr.length - 1) {
 observer.complete();
 } else {
```

```
  doSequence(observer, arr, ++idx);
  }
 }, 1000);
}
const multicastSequence = new Observable(multicastSequenceSubscriber());
multicastSequence.subscribe({
 next(num) { console.log('1st subscribe: ' + num); },
 complete() { console.log('1st sequence finished.'); }
});
setTimeout(() => {
 multicastSequence.subscribe({
 next(num) { console.log('2nd subscribe: ' + num); },
 complete() { console.log('2nd sequence finished.'); }
 });
}, 1500);
```

可以看到主控台中輸出以下內容：

```
(at 1 second): 1st subscribe: 1
(at 2 seconds): 1st subscribe: 2
(at 2 seconds): 2nd subscribe: 2
(at 3 seconds): 1st subscribe: 3
(at 3 seconds): 1st sequence finished
(at 3 seconds): 2nd subscribe: 3
(at 3 seconds): 2nd sequence finished
```

23.1.6 處理錯誤

由於 Observable 物件會非同步產生值，所以用 try-catch 區塊是無法捕捉錯誤的。應該在觀察者中指定一個 error 回呼來處理錯誤。當發生錯誤時，Observable 物件會清理現有的訂閱並停止產生值。Observable 物件可以產生值（呼叫 next 回呼），也可以呼叫 complete 或 error 回呼來主動結束。

錯誤處理的範例程式如下。稍後還會對錯誤處理做更詳細的說明。

```
myObservable.subscribe({
  next(num) { console.log('Next num: ' + num)},
  error(err) { console.log('Received an error: ' + err)}
});
```

23.2 了解 RxJS 技術

響應式程式設計在現代應用中非常流行，Java、JavaScript 等程式語言都支援響應式程式設計。其中，RxJS 是一個流行的響應式程式設計的 JavaScript 函數庫，它讓撰寫非同步程式和以回呼為基礎的程式變得更簡單。

RxJS 提供了一種對 Observable 類型的實現。RxJS 還提供了一些工具函數，用於建立和使用 Observable 物件。這些工具函數可用於：

- 把現有的非同步程式轉換成 Observable 物件。
- 反覆運算流中的各個值。
- 把這些值對映成其他類型。
- 對流進行過濾。
- 組合多個流。

23.2.1 建立 Observable 物件的函數

RxJS 提供了一些用來建立 Observable 物件的函數，這些函數可以簡化根據事件、計時器、承諾、AJAX 等來建立 Observable 物件的過程。以下是各種建立方式的範例。

1. 根據事件建立 Observable 物件

```
import { fromEvent } from 'rxjs';
const el = document.getElementById('my-element');
```

```
// 根據滑鼠指標移動事件建立 Observable 物件
const mouseMoves = fromEvent(el, 'mousemove');
// 訂閱監聽滑鼠指標移動事件
const subscription = mouseMoves.subscribe((evt: MouseEvent) => {
 // 記錄滑鼠指標移動
 console.log(`Coords: ${evt.clientX} X ${evt.clientY}`);
  // 當滑鼠指標位於螢幕的左上方時，取消訂閱以監聽滑鼠指標移動
 if (evt.clientX < 40 && evt.clientY < 40) {
 subscription.unsubscribe();
 }
});
```

2. 根據計時器建立 Observable 物件

```
import { interval } from 'rxjs';
// 根據計時器建立 Observable 物件
const secondsCounter = interval(1000);
// 訂閱開始發佈值
secondsCounter.subscribe(n =>
 console.log(`It's been ${n} seconds since subscribing!`));
```

3. 根據承諾（Promise）建立 Observable 物件

```
import { fromPromise } from 'rxjs';
// 根據承諾建立 Observable 物件
const data = fromPromise(fetch('/api/endpoint'));
// 訂閱監聽非同步傳回
data.subscribe({
next(response) { console.log(response); },
error(err) { console.error('Error: ' + err); },
complete() { console.log('Completed'); }
});
```

4. 根據 AJAX 建立 Observable 物件

```
import { ajax } from 'rxjs/ajax';
// 根據 AJAX 建立 Observable 物件
const apiData = ajax('/api/data');
// 訂閱建立請求
apiData.subscribe(res => console.log(res.status, res.response));
```

23.2.2　了解運算符號

運算符號是以 Observable 物件建置為基礎的一些對集合進行複雜操作的函數。以下是 RxJS 的常用運算符號。

- 建立：from、fromPromise、fromEvent、of
- 組合：combineLatest、concat、merge、startWith、withLatestFrom、zip
- 過濾：debounceTime、distinctUntilChanged、filter、take、takeUntil
- 轉換：bufferTime、concatMap、map、mergeMap、scan、switchMap
- 工具：tap
- 廣播：share

運算符號接收一些設定項目，然後傳回一個以來源 Observable 物件為參數的函數。當執行這個傳回的函數時，這個運算符號會觀察來源 Observable 物件中發出的值，轉換它們，並傳回由轉換後的值組成的新的 Observable 物件。下面是一個使用 map 運算符號的實例。

```
import { map } from 'rxjs/operators';
const nums = of(1, 2, 3);
const squareValues = map((val: number) => val * val); // 進行轉換
const squaredNums = squareValues(nums);
squaredNums.subscribe(x => console.log(x));
```

可以看到主控台中輸出以下內容：

```
// 1
// 4
// 9
```

還可以用管線來把這些運算符號連結起來。管線可以把多個由運算符號傳
回的函數組合成一個。pipe() 函數以要組合的這些函數作為參數，並且傳
回一個新的函數。當執行這個新的函數時，就會循序執行那些被組合進去
的函數。範例程式如下：

```
import { filter, map } from 'rxjs/operators';
const nums = of(1, 2, 3, 4, 5);
// 建立一個函數，用於接收 Observable 物件
const squareOddVals = pipe(
 filter((n: number) => n % 2 !== 0),
 map(n => n * n)
);
// 建立 Observable 物件來執行 filter 和 map 函數
const squareOdd = squareOddVals(nums);
// 訂閱執行合併函數
squareOdd.subscribe(x => console.log(x));
```

pipe() 函數還是 RxJS 的 Observable 物件上的方法，所以，可以用下面的簡
寫形式來實現與上面實例同樣的效果。

```
import { filter, map } from 'rxjs/operators';
const squareOdd = of(1, 2, 3, 4, 5)
  .pipe(
 filter(n => n % 2 !== 0),
 map(n => n * n)
 );
// 訂閱取得值
squareOdd.subscribe(x => console.log(x));
```

23.2.3 處理錯誤

在訂閱時，除 error() 處理器外，RxJS 還提供了 catchError 運算符號，它用於在管線中處理已知錯誤。

假設有一個 Observable 物件，它發起 API 請求，然後對伺服器傳回的回應進行對映。如果伺服器傳回了錯誤或值不存在，則會產生一個錯誤。如果捕捉了這個錯誤同時傳回了一個預設值，則流會繼續處理這些值，而不會顯示出錯。

下面是一個使用 catchError 運算符號的實例。

```
import { ajax } from 'rxjs/ajax';
import { map, catchError } from 'rxjs/operators';
// 如果捕捉到錯誤則傳回空陣列
const apiData = ajax('/api/data').pipe(
 map(res => {
 if (!res.response) {
 throw new Error('Value expected!');
 }
 return res.response;
 }),
 catchError(err => of([]))
);
apiData.subscribe({
 next(x) { console.log('data: ', x); },
 error(err) { console.log('errors already caught... will not run'); }
});
```

在遇到錯誤時，還可以使用 retry 運算符號來嘗試重新發送失敗的請求。

可以在 catchError 之前使用 retry 運算符號。它會訂閱到原始的來源 Observable 物件，並重新執行導致結果出錯的動作序列。如果其中包含 HTTP 請求，則它會重新發起那個 HTTP 請求。

下面的程式示範了 retry 運算符號的用法。

```
import { ajax } from 'rxjs/ajax';
import { map, retry, catchError } from 'rxjs/operators';

const apiData = ajax('/api/data').pipe(
 retry(3), // 遇到錯誤嘗試 3 次
 map(res => {
 if (!res.response) {
 throw new Error('Value expected!');
 }
 return res.response;
 }),
 catchError(err => of([]))
);

apiData.subscribe({
 next(x) { console.log('data: ', x); },
 error(err) { console.log('errors already caught... will not run'); }
});
```

> 不要在登入認證請求中進行重試，因為我們一定不希望因自動重複發送
> 登入請求而導致使用者帳號被鎖定。

23.3 了解 Angular 中的 Observable

Angular 使用 Observable 物件作為處理各種常用非同步作業的介面。例如：

- EventEmitter 類別擴充了 Observable 物件，所以可以發送事件。
- HTTP 模組使用 Observable 物件來處理 AJAX 請求和回應。
- 路由器和表單模組使用 Observable 物件來監聽對使用者輸入事件的回應。

由於 Angular 應用都是用 TypeScript 寫的，所以我們通常希望知道哪些變數是 Observable 物件。雖然 Angular 架構並沒有針對 Observable 物件的強制性命名約定，不過我們經常會看到 Observable 物件的名字以 "$" 符號結尾。這在快速瀏覽程式並尋找 Observable 物件的值時非常有用。

23.3.1 在 EventEmitter 類別上的應用

Angular 提供了一個 EventEmitter 類別，用來從元件的 @Output() 屬性中發送一些值。

EventEmitter 類別擴充了 Observable 物件，並增加了一個 emit() 方法，這樣它就可以發送任意值了。在呼叫 emit() 方法時，會把所發送的值傳給訂閱的觀察者的 next() 方法。範例程式如下：

```
@Component({
 selector: 'zippy',
 template: `
<div class="zippy">
<div (click)="toggle()">Toggle</div>
<div [hidden]="!visible">
<ng-content></ng-content>
</div>
</div>`})
export class ZippyComponent {
 visible = true;
 @Output() open = new EventEmitter<any>();
 @Output() close = new EventEmitter<any>();
 toggle() {
 this.visible = !this.visible;
 if (this.visible) {
 this.open.emit(null);
 } else {
 this.close.emit(null);
```

```
   }
   }
 }
```

23.3.2 在呼叫 HTTP 方法時的應用

Angular 的 HttpClient 從 HTTP 方法呼叫中傳回可觀察物件。舉例來說，
http.get('/api') 會傳回 Observable 物件。相對於以承諾（Promise）為基礎的
HTTP API，HttpClient 有以下優點：

- Observable 物件不會修改伺服器的回應（和在承諾上串聯起來的 .then()
  呼叫一樣）。反之，可以使用一系列運算符號來隨選轉換這些值。
- HTTP 請求是可以透過 unsubscribe() 方法來取消的。
- 請求可以進行設定，以取得進度事件的變化。
- 失敗的請求很容易重試。

23.3.3 在 AsyncPipe 管線上的應用

AsyncPipe 管線會訂閱一個 Observable 物件或承諾，並傳回其發送的最後
一個值。當發送新值時，該管線就會把這個元件標記為需要進行變更檢查
的元件。

下面的實例把 time 這個可觀察物件綁定到元件的視圖中。這個 Observable
物件會不斷使用目前時間更新元件的視圖。

```
@Component({
 selector: 'async-observable-pipe',
 template: `<div><code>observable|async</code>:
 Time: {{ time | async }}</div>`
})
export class AsyncObservablePipeComponent {
 time = new Observable(observer =>
```

```
setInterval(() => observer.next(new Date().toString()), 1000)
 );
}
```

23.3.4 在 Router 路由器上的應用

Router.events 以 Observable 物件的形式提供其事件。可以使用 RxJS 中的
filter() 運算符號來找到有興趣的事件並訂閱它們。範例程式如下：

```
import { Router, NavigationStart } from '@angular/router';
import { filter } from 'rxjs/operators';

@Component({
 selector: 'app-routable',
 templateUrl: './routable.component.html',
 styleUrls: ['./routable.component.css']
})
export class Routable1Component implements OnInit {

 navStart: Observable<NavigationStart>;

 constructor(private router: Router) {
 // 建立一個新的 Observable 物件，它只發佈 NavigationStart 事件
 this.navStart = router.events.pipe(
 filter(evt => evt instanceof NavigationStart)
 ) as Observable<NavigationStart>;
 }

 ngOnInit() {
 this.navStart.subscribe(evt => console.log('Navigation Started!'));
 }
}
```

ActivatedRoute 是一個可植入的路由器服務，用 Observable 物件來取得關
於路由路徑和路由參數的資訊。舉例來說，ActivatedRoute.url 包含一個用

於匯報路由路徑的 Observable 物件。範例程式如下：

```
import { ActivatedRoute } from '@angular/router';

@Component({
 selector: 'app-routable',
 templateUrl: './routable.component.html',
 styleUrls: ['./routable.component.css']
})
export class Routable2Component implements OnInit {
 constructor(private activatedRoute: ActivatedRoute) {}

 ngOnInit() {
 this.activatedRoute.url
 .subscribe(url => console.log('The URL changed to: ' + url));
 }
}
```

23.3.5 在響應式表單上的應用

響應式表單具有一些屬性，可以用 Observable 物件來監聽表單控制項的值。FormControl 元件的 valueChanges 和 statusChanges 屬性包含會發出變更事件的 Observable 物件。訂閱 Observable 的表單控制項屬性是在元件類別中觸發應用邏輯的途徑之一。範例程式如下：

```
import { FormGroup } from '@angular/forms';

@Component({
 selector: 'my-component',
 template: 'MyComponent Template'
})
export class MyComponent implements OnInit {
 nameChangeLog: string[] = [];
 userForm: FormGroup;
```

```
ngOnInit() {
this.logNameChange();
}
logNameChange() {
const nameControl = this.userForm.get('name');
nameControl.valueChanges.forEach(
(value: string) => this.nameChangeLog.push(value)
);
}
}
```

本章只對響應式程式設計概念做了介紹。在後續的章節中還會對響應式程
式設計做實戰演練。

24

Angular HTTP 用戶端

A ngular 提供了 HTTP 用戶端 API，用來實現前端應用與後端伺服器的通訊及存取網路資源。

本章將詳細說明 Angular HTTP 用戶端（HttpClient）的用法。

24.1 初識 HttpClient

大多數前端應用都會提供透過 HTTP 協定與後端伺服器或網路資源進行通訊的機制。現代瀏覽器原生提供了 XMLHttpRequest 介面和 Fetch API 來實現上述功能。

在 Angular 中，@angular/common/http 函 數 庫 中 的 HttpClient 類 別 為 Angular 應用程式提供了一個簡化的 API 來實現 HTTP 用戶端功能。

HttpClient 類別的底層也是以瀏覽器提供的 XMLHttpRequest 介面為基礎來實現的。相比原生的 XMLHttpRequest 介面，HttpClient 類別有更多的優點，包含：

- 可測試性。
- 強類型的請求和回應物件。
- 發起請求與接收回應時的攔截器支援。
- 更好的、以 Observable 物件為基礎的 API。
- 擁有流式錯誤處理機制。

24.2 認識網路資源

為了示範如何透過 HttpClient 取得網路資源，筆者在網際網路上找到了一個空氣品質網站。該網站可以免費提供空氣質量資料資源，資源的位址為 http://api.waqi.info/feed/guangzhou/? token=0e609829c81121cc05daf37b45d6 2b82725cd521。該資源提供的是廣州空氣品質的即時資料，格式是 JSON，資料如下：

```
{
    "status": "ok",
    "data": {
        "aqi": 107,
        "idx": 1449,
        "attributions": [
            {
                "url": "http://www.gdep.gov.cn/",
                "name": "Guangdong Environmental Protection public network (
廣東環境保護公眾網 )"
            },
            {
                "url": "http://113.108.142.147:20035/emcpublish/",
                "name": "China National Urban air quality real-time publishing
platform ( 全國城市空氣品質即時發佈平台 )"
            },
            {
```

```
            "url": "https://china.usembassy-china.org.cn/embassy-
consulates/guangzhou/u-s-consulate- air-quality-monitor-stateair/",
            "name": "U.S. Consulate Guangzhou Air Quality Monitor"
        },
        {
            "url": "https://waqi.info/",
            "name": "World Air Quality Index Project"
        }
    ],
    "city": {
        "geo": [
            23.141191,
            113.258374
        ],
        "name": "Guangzhou（廣州）",
        "url": "https://aqicn.org/city/guangzhou"
    },
    "dominentpol": "pm25",
    "iaqi": {
        "co": {
            "v": 10.8
        },
        "no2": {
            "v": 28.4
        },
        "o3": {
            "v": 1.3
        },
        "pm10": {
            "v": 38
        },
        "pm25": {
            "v": 107
        },
        "so2": {
```

```
                "v": 4.1
            },
            "w": {
                "v": 2.5
            }
        },
        "time": {
            "s": "2018-10-2322:00:00",
            "tz": "+08:00",
            "v": 1540249200
        },
        "debug": {
            "sync": "2018-10-23T00:44:55+09:00"
        }
    }
}
```

其中，

- aqi 代表空氣品質指數，值越小表示空氣越好。
- time 指的是資料發佈時間。

24.3 實例 58：取得天氣資料

為了示範 HttpClient 的用法，先透過 Angular CLI 建立一個 http-client 應用。指令如下：

```
ng new http-client
```

24.3.1 匯入 HttpClient

要使用 HttpClient，就要先匯入 Angular 的 HttpClientModule 模組。大多數應用都會在根模組 AppModule 中匯入該模組。程式如下：

```
import { BrowserModule } from '@angular/platform-browser';
import { NgModule } from '@angular/core';
import { HttpClientModule } from '@angular/common/http';

import { AppComponent } from './app.component';

@NgModule({
  declarations: [
    AppComponent
  ],
  imports: [
    BrowserModule,
    HttpClientModule // 匯入 HttpClientModule 模組
  ],
  providers: [],
  bootstrap: [AppComponent]
})
export class AppModule { }
```

在 AppModule 中匯入 HttpClientModule 模組後，就可以把 HttpClient 植入應用類別。

24.3.2　撰寫空氣品質元件

透過 Angular CLI 撰寫一個元件類別 AirQualityComponent，指令如下：

```
ng generate component air-quality
```

24.3.3　撰寫空氣品質服務

透過 Angular CLI 撰寫一個服務類別 AirQualityService，指令如下：

```
ng generate service air-quality/air-quality
```

把 HttpClient 植入該服務類別。程式如下：

```
// 植入 HttpClient
constructor(private http: HttpClient) { }
```

並增加以下 getAirData 方法：

```
// 空氣質量資料資源地址
airQualityUrl = 'http://api.waqi.info/feed/guangzhou/?token=0e609829c81121cc
05daf37b45d62b82725cd521';


getAirData() {
  return this.http.get(this.airQualityUrl);
}
```

完整程式如下：

```
import { Injectable } from '@angular/core';
import { HttpClient } from '@angular/common/http';

@Injectable({
  providedIn: 'root'
})
export class AirQualityService {

  // 空氣質量資料資源地址
  airQualityUrl = 'http://api.waqi.info/feed/guangzhou/?token=0e609829c81121c
c05daf37b45d62b82725cd521';

  // 植入 HttpClient
  constructor(private http: HttpClient) { }

  getAirData() {
    return this.http.get(this.airQualityUrl);
  }
}
```

在上述程式中，透過 HttpClient 就能快速存取該資源。

24.3.4 將服務植入元件

1. 植入服務

把空氣品質服務植入空氣品質元件。程式如下：

```
// 植入 AirQualityService 服務
constructor(private airQualityService: AirQualityService) { }
```

2. 新增 showAirQualityData() 方法

新增 showAirQualityData() 方法，用來顯示天氣質量資料。air-quality.
component.ts 的完整程式如下：

```
import { Component, OnInit } from '@angular/core';
import { AirQuality } from './air-quality';
import { AirQualityService } from './air-quality.service';

@Component({
  selector: 'app-air-quality',
  templateUrl: './air-quality.component.html',
  styleUrls: ['./air-quality.component.css']
})
export class AirQualityComponent implements OnInit {
  airQuality: AirQuality;

  // 植入 AirQualityService 服務
  constructor(private airQualityService: AirQualityService) { }

  ngOnInit() {
  }
```

```
// 顯示空氣質量資料
showAirQualityData() {
  this.airQualityService.getAirData().subscribe(
    (airQualityData: AirQuality) => this.airQuality = {
      status: airQualityData['status'],
      data:  {aqi: airQualityData['data']['aqi'], time: airQualityData
['data']['time']}
    }
  );
}


}
```

其中，showAirQualityData() 方法訂閱的回呼需要用透過括號中的敘述來分析資料的值。AirQuality 代表資料的類型，程式如下：

```
export interface AirQuality {
    status: string;
    data: Aqi;
}


export interface Aqi {
    aqi: number;
    time: any;
}
```

3. 編輯元件範本

AirQualityComponent 範本 air-quality.component.html 的程式如下：

```
<button (click)="showAirQualityData()">取得資料 </button>
<div *ngIf="airQuality">
<div>狀態 :{{ airQuality.status }}</div>
<div>AQI :{{ airQuality.data.aqi }}</div>
<div> 更新時間 :{{ airQuality.data.time.s }}</div>
</div>
```

其中,「取得資料」按鈕用於觸發 showAirQualityData() 方法。

4. 執行應用

執行應用,點擊「取得資料」按鈕可以看到如圖 24-1 所示效果。

獲取空氣品質資料

獲取資料
狀態:ok
AQI:72
更新時間:2018-10-23 22:00:00

圖 24-1 執行效果

24.3.5 傳回帶類型檢查的回應

如果我們事前知道天氣質量資料傳回的資料結構,則可以在呼叫 HttpClient.get() 方法時指定類型參數。

在下面實例中,我們給 AirQualityService 的 getAirData() 方法中的 HttpClient.get() 方法指定類型參數為 AirQuality:

```
// 指定參數類型為 AirQuality
getAirData() {
  return this.http.get<AirQuality>(this.airQualityUrl);
}
```

這樣,傳回的資料就會做 AirQuality 類型的檢查。在 get() 方法中指定類型,這種程式設計方式可以讓開發人員方便使用,且消費起來更安全。將 AirQualityComponent 的 showAirQualityData() 方法修改為以下程式:

```
// 指定參數類型為 AirQuality
showAirQualityData() {
```

```
this.airQualityService.getAirData().subscribe(
    (airQualityData: AirQuality) => this.airQuality = airQualityData
);
}
```

24.3.6 讀取完整的回應本體

一般而言，回應本體僅包含資源所表達的業務資料。但在某些場景下，還需要取得伺服器傳回回應的頭或狀態碼。可以透過 observe 選項取得完整的回應資訊，而不只是回應本體。

1. 新增 getAirDataResponse() 方法

在 AirQualityService 中增加以下方法，以取得完整的回應資訊：

```
import { HttpResponse } from '@angular/common/http';
import { Observable } from 'rxjs';

...

// 取得完整的回應資訊
getAirDataResponse(): Observable<HttpResponse<AirQuality>> {
      return this.http.get<AirQuality>(
          this.airQualityUrl, { observe: 'response' });
}
```

HttpClient.get() 方法會傳回一個 HttpResponse 類型的 Observable，而不只是 JSON 類型的空氣質量資料。

2. 新增 showAirQualityResponse() 方法

在 AirQualityComponent 中增加 showAirQualityResponse() 方法，以顯示回應標頭：

```
headers: string[];  // 儲存 HTTP 標頭資訊

...

// 顯示 HTTP 表頭
showAirQualityResponse() {
  this.airQualityService.getAirDataResponse()

    // resp 的類型是 HttpResponse<AirQuality>
    .subscribe(resp => {

      // 顯示 HTTTP 標頭
      const keys = resp.headers.keys();
      this.headers = keys.map(key =>
        `${key}: ${resp.headers.get(key)}`);

      // 造訪 http 訊息體，並將其轉為 AirQuality 類型
      this.airQuality = resp.body;
    });
  }
}
```

3. 編輯元件範本

將 AirQualityComponent 範本的程式修改為如下：

```
<button (click)="showAirQualityData()"> 取得資料 </button>
<button (click)="showAirQualityResponse()"> 取得資料及 HTTP 表頭 </button>
<div *ngIf="airQuality">
<div> 狀態：{{ airQuality.status }}</div>
<div>AQI：{{ airQuality.data.aqi }}</div>
<div> 更新時間：{{ airQuality.data.time.s }}</div>
<div *ngIf="headers">
    HTTP 表頭
<ul>
<li *ngFor="let header of headers">{{header}}</li>
```

```
</ul>
</div>
</div>
```

其中,「取得資料及 HTTP 表頭」按鈕用於觸發 showAirQualityResponse()
方法。當回應標頭中有多個 HTTP 表頭時才會檢查輸出。

4. 執行應用

執行應用,點擊「取得資料及 HTTP 表頭」按鈕可以看到如圖 24-2 所示
效果。

圖 24-2 執行效果

24.4 錯誤處理

如果發送 HTTP 請求導致了伺服器錯誤該怎麼辦?甚至,在網路故障的情
況下請求都沒到發送伺服器該怎麼辦?此時,HttpClient 會傳回一個錯誤
(error) 回應。

透過在 .subscribe() 中增加第 2 個回呼函數,可以在元件中處理錯誤的回
應:

```
error: any; // 錯誤訊息
```

```
...

// 指定參數類型為 AirQuality
showAirQualityData() {
    this.airQualityService.getAirData().subscribe(
        (airQualityData: AirQuality) =>
            this.airQuality = airQualityData, // 回應成功
        error => this.error = error // 回應失敗
    );
}
```

為了顯示錯誤訊息，需要在 AirQualityComponent 範本中增加以下程式：

```
<p *ngIf="error" class="error">{{error | json}}</p>
```

24.4.1 取得錯誤詳情

上面實例會在資料存取失敗時給予使用者一些回饋，這是一種不錯的做法。但如果只是直接顯示由 HttpClient 傳回的原始錯誤資料，則還遠遠不夠。為了獲得更好的使用者體驗，需要對錯誤訊息做一下封裝和處理。

以下是在 AirQualityService 中增加用於錯誤處理器 handleError 的程式：

```
import { HttpErrorResponse } from '@angular/common/http';
import { throwError } from 'rxjs';

...

// 錯誤處理器

private handleError(error: HttpErrorResponse) {
  if (error.error instanceof ErrorEvent) {

    // 在用戶端或網路發生錯誤時處理錯誤
    console.error(' 發生錯誤 :', error.error.message);
```

```
  } else {

    // 伺服器端傳回了一個不成功的回應程式
    // 回應本體可能包含出錯的資訊
    console.error(
      `錯誤狀態碼：${error.status}, ` +
      `對應體是：${error.error}`);
  }

  // 傳回帶有提示使用者的錯誤訊息的 Observable 物件
  return throwError(' 有錯誤，請重試！ ');

};
```

現在，取得到了由 HttpClient 方法傳回的 Observable 物件，可以把它們透過管線傳給錯誤處理器。將 AirQualityService 的 getAirData() 方法的程式修改為如下：

```
import { catchError } from 'rxjs/operators';

...

getAirData() {
  return this.http.get<AirQuality>(this.airQualityUrl)
    .pipe(
      catchError(this.handleError)
  );
}
```

24.4.2 重試

有時錯誤只是由網路延遲或臨時性故障引起的，只要重試幾次可能就會自動消失。

24-14

RxJS 函數庫提供了幾個 retry 運算符號，其中最簡單的是 retry()，可以對失敗的 Observable 物件自動重新訂閱幾次。對 HttpClient() 方法呼叫的結果進行重新訂閱會重新發起 HTTP 請求。

要使用重試功能，只需要把 retry 插入 HttpClient 方法結果的管線中，放在錯誤處理器之前。將 AirQualityService 的 getAirData() 方法的程式修改為如下：

```
import { retry } from 'rxjs/operators';
...

getAirData() {
  return this.http.get<AirQuality>(this.airQualityUrl)
    .pipe(
retry(3), // 重試 3 次
      catchError(this.handleError)
  );
}
```

第六篇

綜合應用 -- 建構一個
完整的網際網路應用

25

整體設計

從本章開始將示範以 MEAN 架構為基礎從零開始實現一個真實的網際網路應用。

該應用的名稱為 "mean-news"，是一款新聞資訊類別應用。整個應用分為用戶端（mean-news-ui）和伺服器端（mean-news-server）兩部分。

25.1 應用概述

mean-news 與市面上的「新聞頭條」類似，主要提供供使用者即時閱讀的新聞資訊。

mean-news 採用目前網際網路應用所流行的前後端分離技術，所採用的技術都是來自 MEAN 架構。

mean-news 分為前端用戶端應用（mean-news-ui）和後端伺服器端應用（mean-news- server）。

- mean-news-ui 採用 Angular、NG-ZORRO、ngx-Markdown 等技術。
- mean-news-server 採用 Express、Node.js、basic-auth 等技術。

mean-news-ui 部署在 NGINX 中，並實現負載平衡。mean-news-server 部署在 Node.js 中。前後端應用透過 REST API 進行通訊。應用資料儲存在 MongoDB 中。整體架構如圖 25-1 所示。

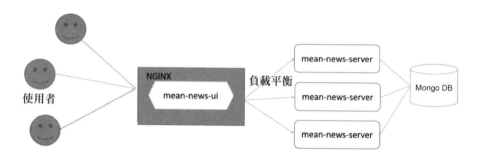

圖 25-1　mean-news 整體架構

25.1.1 mean-news 的核心功能

mean-news 的主要功能有登入認證、新聞管理、新聞列表的展示、新聞詳情的展示等。

- 登入認證：普通使用者存取應用無須認證。後端管理員透過登入認證存取後端管理操作。
- 新聞管理：實現新聞的發佈。認證使用者才能執行該操作。
- 新聞列表的展示：在應用的首頁展示新聞標題列表。
- 新聞詳情的展示：當使用者點擊新聞標題列表中的某項後將跳躍到新聞詳情頁面。

25.1.2 初始化資料庫

需要將應用資料儲存在 MongoDB 中，因此首先建立一個名為 "meanNews" 的資料庫。可以透過以下指令來建立並使用資料庫：

```
> use meanNews
switched to db meanNews
```

在本應用中主要有關兩個文件：user 和 news。其中，user 文件用於儲存使用者資訊，而 news 文件用於儲存新聞詳情。

25.2 模型設計

接下來就可以進行模型設計了。本書推薦採用 POJO 程式設計模式，對使用者表和新聞表分別建立以下使用者模型和新聞模型。

25.2.1 使用者模型設計

使用者模型用 User 類別表示，程式如下：

```
export class User {

    constructor(
        public userId: number,
        public username: string,  // 帳號
        public password: string,  // 密碼
        public email: string      // 電子郵件
    ) { }

}
```

25.2.2 新聞模型設計

使用者模型用 News 類別表示，程式如下：

```
export class News {

    constructor(
        public newsId: number,
```

```
        public title: string,     // 標題
        public content: string,   // 內容
        public creation: Date     // 日期
    ) { }
}
```

25.3 介面設計

介面設計有關兩方面：內部介面設計和外部介面設計。其中，內部介面又可以細分為服務介面和 DAO 介面；外部介面主要是指提供給外部應用存取的 REST 介面。

下面對 REST 介面做定義。

- GET /admins/hi：用於驗證使用者是否登入認證透過。如果沒有透過，則出現登入框。
- POST /admins/news：用於建立新聞。
- GET /news：用於取得新聞列表。
- GET /news/:newsId：用於取得指定 newsId 的新聞詳情。

25.4 許可權管理

為求簡潔，本範例採用的是基本認證方式。

瀏覽器對基本認證提供了必要的支援：

- 在使用者發送登入請求後，如果伺服器端對使用者資訊認證失敗，則會回應 "401" 狀態碼給用戶端（瀏覽器），瀏覽器會自動出現登入框要求使用者再次輸入帳號和密碼。
- 如果認證通過，則登入框會自動消失，使用者可以做進一步的操作。

用戶端應用

m ean-news-ui 是用戶端應用，主要用 Angular、NG-ZORRO、ngx-Markdown 等技術架構實現。

本章將詳細介紹 mean-news-ui 的實現過程。

26.1 UI 設計

mean-news-ui 是一個提供熱點新聞的 Web 應用，透過呼叫 mean-news-server 提供的 REST 介面來將新聞資料顯示在應用裡。

mean-news-ui 應用主要針對的是手機使用者，即螢幕應能在寬屏、窄屏之間實現響應式縮放。

mean-news-ui 大致分為首頁、新聞詳情頁兩部分。其中，首頁用於展示新聞的標題列表。通過點擊首頁新聞列表中的標題，能夠轉到該新聞的詳情頁面。

26.1.1 首頁 UI 設計

首頁包含新聞清單部分，新聞清單主要由新聞標題組成，如圖 26-1 所示。

圖 26-1　首頁介面

26.1.2 新聞詳情頁 UI 設計

在首頁點擊新聞列表項目將進到新聞詳情頁。新聞詳情頁用於展示新聞的詳細內容，其效果如圖 26-2 所示。

圖 26-2　新聞詳情介面

新聞詳情頁包含「返回」按鈕、新聞標題、新聞發佈時間、新聞正文等內容。點擊「返回」按鈕則傳回首頁（前一次存取記錄）。

26.2 實現 UI 原型

本節介紹如何從零開始初始化用戶端應用的 UI 原型。

26.2.1 初始化 mean-news-ui

（1）透過 Angular CLI 工具快速初始化 Angular 應用的骨架：

```
ng new mean-news-ui
```

（2）執行 "ng serve" 啟動該應用，在瀏覽器透過 http://localhost:4200/ 存取該應用。效果如圖 26-3 所示。

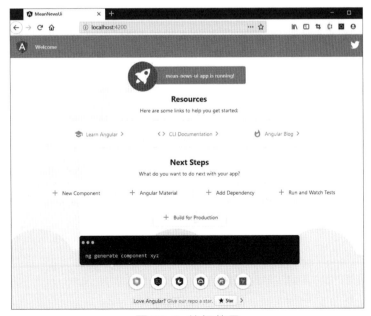

圖 26-3 執行效果

26.2.2 增加 NG-ZORRO

為了提升使用者體驗，可以在應用中引用一款成熟的 UI 元件。目前市面上又非常多的 UI 元件可供選擇，例如 NG-ZORRO、NG-ZORRO。這些 UI 元件各有優勢。

在本例中採用 NG-ZORRO，主要考慮到該 UI 元件是阿里巴巴團隊開發的，且說明文件、社區資源非常豐富，對於開發者非常人性化。

為了增加 NG-ZORRO 函數庫到應用中，需要透過 Angular CLI 執行以下指令：

```
$ ng add ng-zorro-antd
```

在安裝過程中命令列會列出以下提示，要求使用者做選擇。任意選擇一條按 Enter 鍵繼續。

```
$ ng add ng-zorro-antd

Installing packages for tooling via npm.
npm WARN optional SKIPPING OPTIONAL DEPENDENCY: fsevents@1.2.9 (node_modules\
webpack-dev- server\node_modules\fsevents):

// 省略非核心內容

+ ng-zorro-antd@8.1.2
added 7 packages from 5 contributors in 60.856s
Installed packages for tooling via npm.
? Add icon assets [ Detail: https://ng.ant.design/components/icon/en ] Yes
? Set up custom theme file [ Detail: https://ng.ant.design/docs/customize-
theme/en ] No
? Choose your locale code: zh_CN
? Choose template to create project: blank
UPDATE package.json (1316 bytes)
UPDATE src/app/app.component.html (276 bytes)
```

```
npm WARN optional SKIPPING OPTIONAL DEPENDENCY: fsevents@1.2.9 (node_modules\
webpack-dev- server\node_modules\fsevents):
npm WARN notsup SKIPPING OPTIONAL DEPENDENCY: Unsupported platform for
fsevents@1.2.9: wanted {"os":"darwin","arch":"any"} (current:
{"os":"win32","arch":"x64"})
npm WARN optional SKIPPING OPTIONAL DEPENDENCY: fsevents@1.2.9 (node_modules\
watchpack\node_ modules\fsevents):
npm WARN notsup SKIPPING OPTIONAL DEPENDENCY: Unsupported platform for
fsevents@1.2.9: wanted {"os":"darwin","arch":"any"} (current:
{"os":"win32","arch":"x64"})
npm WARN optional SKIPPING OPTIONAL DEPENDENCY: fsevents@1.2.9 (node_modules\
karma\node_ modules\fsevents):
npm WARN notsup SKIPPING OPTIONAL DEPENDENCY: Unsupported platform for
fsevents@1.2.9: wanted {"os":"darwin","arch":"any"} (current:
{"os":"win32","arch":"x64"})
npm WARN optional SKIPPING OPTIONAL DEPENDENCY: fsevents@1.2.9 (node_modules\
@angular\compiler- cli\node_modules\fsevents):
npm WARN notsup SKIPPING OPTIONAL DEPENDENCY: Unsupported platform for
fsevents@1.2.9: wanted {"os":"darwin","arch":"any"} (current:
{"os":"win32","arch":"x64"})
npm WARN optional SKIPPING OPTIONAL DEPENDENCY: fsevents@2.0.7 (node_modules\
fsevents):
npm WARN notsup SKIPPING OPTIONAL DEPENDENCY: Unsupported platform for
fsevents@2.0.7: wanted {"os":"darwin","arch":"any"} (current:
{"os":"win32","arch":"x64"})

up to date in 17.459s
UPDATE src/app/app.module.ts (816 bytes)
UPDATE angular.json (3967 bytes)
```

受限於篇幅,以上輸出內容只保留了核心部分。

1. 自動匯入設定

在安裝完 NG-ZORRO 函數庫後應用會自動匯入 NG-ZORRO 模組、動畫模組、FORM 表單模組,以提供國際化相關的內容。

開啟 app.module.ts 檔案，可以觀察到由 Angular CLI 產生的以下原始程式：

```
import { BrowserModule } from '@angular/platform-browser';
import { NgModule } from '@angular/core';

import { AppComponent } from './app.component';
import { NgZorroAntdModule, NZ_I18N, zh_CN } from 'ng-zorro-antd';
import { FormsModule } from '@angular/forms';
import { HttpClientModule } from '@angular/common/http';
import { BrowserAnimationsModule } from '@angular/platform-browser/animations';
import { registerLocaleData } from '@angular/common';
import zh from '@angular/common/locales/zh';

registerLocaleData(zh);

@NgModule({
  declarations: [
    AppComponent
  ],
  imports: [
    BrowserModule,
    NgZorroAntdModule, // NG-ZORRO 模組
    FormsModule,   // FORM 表單模組
    HttpClientModule,
    BrowserAnimationsModule  // 動畫模組
  ],
  providers: [{ provide: NZ_I18N, useValue: zh_CN }], // 國際化
  bootstrap: [AppComponent]
})
export class AppModule { }
```

2. 隨選匯入元件模組

接下來將需要用到的 UI 元件模組匯入應用中。舉例來說，想使用列表功能，則在 app.module.ts 檔案中匯入 NzListModule。程式如下：

```
...
import { NzButtonModule } from 'ng-zorro-antd/button';

registerLocaleData(zh);

@NgModule({
  declarations: [
    AppComponent
  ],
  imports: [
    BrowserModule,
    NgZorroAntdModule,
    FormsModule,
    HttpClientModule,
    BrowserAnimationsModule,
    NzButtonModule // NG-ZORRO 按鈕模組
  ],
  providers: [{ provide: NZ_I18N, useValue: zh_CN }],
  bootstrap: [AppComponent]
})
export class AppModule { }
```

3. 隨選匯入元件樣式

在 style.css 裡匯入元件對應的樣式檔案（不是全部的樣式檔案）。程式如
下：

```
@import "~ng-zorro-antd/style/index.min.css"; /* 引用基本樣式 */
@import "~ng-zorro-antd/button/style/index.min.css"; /* 引用按鈕元件樣式 */
```

26.2.3 建立新聞列表元件

首頁將展示新聞列表，所以應在應用裡建立對應的新聞列表元件。

（1）用 Angular CLI 執行以下指令以建立元件：

```
ng generate component news
```

（2）將 app.component.html 中的內容改為以下程式：

```
<app-news></app-news>
```

上述程式的含義為，應用主範本參考了新聞清單元件的範本。其中 "app-news" 就是新聞清單元件範本的選擇器（selector），可以在 news.component.ts 檔案中找到，見以下程式：

```
import { Component, OnInit } from '@angular/core';

@Component({
  selector: 'app-news',
  templateUrl: './news.component.html',
  styleUrls: ['./news.component.css']
})
export class NewsComponent implements OnInit {

  constructor() { }

  ngOnInit() {
  }

}
```

（3）執行應用可以看到如圖 26-4 所示執行效果。

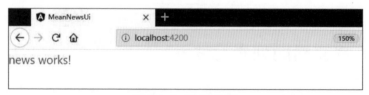

圖 26-4 執行介面

26.2.4 設計新聞列表原型

為了實現新聞清單,需要進行以下操作:

(1)在 app.module.ts 檔案中匯入 NzListModule 模組,程式如下:

```
...
import { NzListModule } from 'ng-zorro-antd/list';

@NgModule({
  declarations: [
    AppComponent,
    NewsComponent
  ],
  imports: [
    ...
    NzListModule // NG-ZORRO 清單模組
  ],
```

(2)修改 news.component.html 檔案,增加以下內容:

```
<nz-list [nzDataSource]="newsData" nzBordered nzSize="small" [nzRenderItem]=
"smallItem">
<ng-template #smallItem let-item>
<nz-list-item><a href="{{ item.href }}">{{ item.title }}</a></nz-list-item>
</ng-template>
</nz-list>
```

其中的 newsData 定義在 NewsComponent 元件中,程式如下:

```
import { Component, OnInit } from '@angular/core';

@Component({
  selector: 'app-news',
  templateUrl: './news.component.html',
  styleUrls: ['./news.component.css']
})
export class NewsComponent implements OnInit {
```

```
newsData = [
  {href:'/', title:'專案內建廣告後續：npm 禁止終端廣告'},
  {href:'/', title:'rkt 歸檔，容器執行時期"上古"之戰老兵凋零'},
  {href:'/', title:'Perl6 到底要把不要改名？'},
  {href:'/', title:'阿里巴巴成首個單季營收破千億中國網際網路公司'},
  {href:'/', title:'華為宣佈方舟編譯器將於 8 月 31 日開放原始碼'},
  {href:'/', title:'馬化騰加持開放原始碼，參與建置全球科技共同體'},
  {href:'/', title:'比爾蓋茲：2019 年這 10 大技術必成潮流'},
  {href:'/', title:'GitHub 上有什麼好玩的專案'},
  {href:'/', title:'OPPO Reno2 海外率先亮相'}
];

constructor() { }

ngOnInit() {
}

}
```

上述內容是靜態資料，用於展示新聞列表的原型。

（3）執行應用可以看到如圖 26-5 所示的執行效果。

圖 26-5 執行介面

（4）為了更真實地反映行動端存取應用的效果，可以透過瀏覽器模擬行動端介面效果。

Firefox、Chrome 等瀏覽器均支援模擬行動端介面的效果。以 Firefox 瀏覽器為例，透過選單「開啟」→「Web 開發者」→「響應式設計模式」（如圖 26-6 所示）來展示行動端介面的效果。

（5）圖 26-7 是在模擬行動端存取應用的效果。

圖 26-6　選擇「響應式設計模式」

圖 26-7　模擬行動端存取應用的效果

26.2.5　設計新聞詳情頁原型

接下來設計新聞詳情頁原型。

新聞詳情頁用於展示新聞的詳細內容。相比於首頁的新聞列表，新聞詳細頁還多了新聞發佈時間、建立人、新聞內容等內容。

1. 新增新聞詳情元件

透過 Angular CLI 撰寫新聞群元件 NewsDetailComponent，指令如下：

```
ng generate component news-detail
```

2. 匯入模組

為了實現新聞詳情頁，需要匯入 NzCardModule 模組。程式如下：

```
...
import { NzCardModule } from 'ng-zorro-antd/card';

@NgModule({
  declarations: [
    AppComponent,
    NewsComponent,
    NewsDetailComponent
  ],
  imports: [
    ...
    NzCardModule // 用於新聞詳情
  ],
```

3. 修改新聞詳情頁元件範本

修改新聞詳情頁元件範本 news-detail.component.html，修改後的程式如下：

```
<button nz-button nzType="dashed"> 傳回 </button>
<nz-card nzTitle=" 阿里巴巴成首個單季營收破千億中國網際網路公司 ">
<nz-card-meta nzTitle="2019-1-3121:00"></nz-card-meta>
<p>
中國青年網北京 1 月 30 日電北京時間 1 月 30 日晚，阿里巴巴集團公佈 2019 會計年度第三季業績，
集團收入相較去年增長 41%，達 1172.78 億元。這是中國首個網際網路公司實現單季營收破千億，
彰顯出中國社會強大的消費信心以及阿里巴巴強勁的 " 平台效應 "。
```

```
</p>

<img
        src="https://ss1.baidu.com/6ONXsjip0QIZ8tyhnq/it/u=542868259,23907634
85&fm=173&app=49&f=JPEG?w=554&h=369&s=FBA400C0FAF15E8EA8B54D96030080B0">

<p> 財報顯示，淘寶移動月度活躍使用者達到 6.99 億，較 2018 年 9 月增加 3300 萬，
淘寶作為國民級應用價值凸顯。" 單季營收破千億 " 和 " 人手一輛購物車 " 的背後，
得益於數字經濟所觸發的旺盛消費需求。超預期增長的阿里巴巴和蓬勃的數字經濟，
正在觸發中國消費的龐大潛力。
</p>
</nz-card>
```

4. 修改 app.component.html

為了能存取新聞詳情頁元件介面，修改
app.component.html 的程式為如下：

```
<!--<app-news></app-news>-->
<app-news-detail></app-news-detail>
```

其中，"app-news-detail" 是新聞詳情頁
元件的範本的選擇器（selector），可以
在 news- detail.component.ts 檔 案 中 找
到。

最後的新聞詳情頁如圖 26-8 所示。

圖 26-8 執行介面

26.3 實現路由器

我們需要來回在首頁和新聞詳情頁兩個介面之間來回切換,所以需要設定路由器。

26.3.1 建立路由

(1)用 Angular CLI 建立應用的路由。指令如下:

```
ng generate module app-routing --flat --module=app
```

其中:

- "--flat" 把這個檔案放進 src/app 中,而非單獨的目錄中。
- "--module=app" 告訴 Angular CLI 把它註冊到 AppModule 的 imports 陣列中。

(2)將路由器的程式修改為如下:

```
import { NgModule } from '@angular/core';
import { Routes, RouterModule } from '@angular/router';
import { NewsComponent } from "./news/news.component";
import { NewsDetailComponent } from './news-detail/news-detail.component';

const routes: Routes = [
  { path: '', component: NewsComponent },  // 新聞列表
  { path: 'news', component: NewsDetailComponent} // 新聞詳情
];

@NgModule({
  imports: [RouterModule.forRoot(routes)],
  exports: [RouterModule]
})
export class AppRoutingModule { }
```

透過設定該路由器可以方便實現首頁和新聞詳情頁之間的切換。

26.3.2 增加路由出口

修改 app.component.html 頁面，增加路由出口。程式如下：

```
<router-outlet></router-outlet>
```

26.3.3 修改新聞列表元件

修改新聞列表元件 news.component.ts 的資料，當點擊新聞列表中的項目時能夠從新聞列表元件路由到新聞詳情頁元件。修改後的程式如下：

```
...
newsData = [
    {href:'/news', title:' 專案內建廣告後續：npm 禁止終端廣告 '},
    {href:'/news', title:'rkt 歸檔，容器執行時期 " 上古 " 之戰老兵凋零 '},
    {href:'/news', title:'Perl6 到底要把不要改名？'},
    {href:'/news', title:' 阿里巴巴成首個單季營收破千億中國網際網路公司 '},
    {href:'/news', title:' 華為宣佈方舟編譯器將於 8 月 31 日開放原始碼 '},
    {href:'/news', title:' 馬化騰加持開放原始碼，參與建置全球科技共同體 '},
    {href:'/news', title:' 比爾 · 蓋茲：2019 年這 10 大技術必成潮流 '},
    {href:'/news', title:'GitHub 上有什麼好玩的專案 '},
    {href:'/news', title:'OPPO Reno2 海外率先亮相 '}
];
```

其中，href 用於指定要路由的路徑，即新聞詳情頁元件。

26.3.4 替「返回」按鈕增加事件

修改 news-detail.component.html，在「返回」按鈕上增加事件處理，以便傳回到上一次的瀏覽介面（一般是新聞清單介面）。程式如下：

```
<button nz-button nzType="dashed" (click)="goback()">> 傳回 </button>
...
```

同時需要在 news-detail.component.ts 中增加 goback() 方法：

```
import { Component, OnInit } from '@angular/core';
import { Location } from '@angular/common'; // 用於回復瀏覽記錄

@Component({
  selector: 'app-news-detail',
  templateUrl: './news-detail.component.html',
  styleUrls: ['./news-detail.component.css']
})
export class NewsDetailComponent implements OnInit {

  constructor(private location: Location) { }

  ngOnInit() {
  }

  // 傳回
  goback() {
    // 瀏覽器回復瀏覽記錄
    this.location.back();
  }
}
```

26.3.5 執行應用

執行應用，點擊新聞清單和「返回」按鈕，就能實現首頁和新聞詳情頁之間的切換。圖 26-9 和圖 26-10 是在 Firefox 瀏覽器中以「響應式設計模式」執行的效果。

圖 26-9 首頁

圖 26-10 新聞詳情頁

27

伺服器端應用

mean-news-server 是伺服器端應用，基於 Express、Node.js、basic-auth 等技術實現，並透過 MongoDB 實現資料的儲存。

本章將詳細介紹 mean-news-server 的實現過程。

27.1 初始化伺服器端應用

以下是初始化伺服器端 mean-news-server 應用的過程。

27.1.1 建立應用目錄

建立一個名為 "mean-news-server" 的應用並進入它：

```
$ mkdir mean-news-server
$ cd mean-news-server
```

27.1.2 初始化應用結構

透過 "npm init" 來初始化該應用的程式結構：

```
$ npm init

This utility will walk you through creating a package.json file.
It only covers the most common items, and tries to guess sensible defaults.

See `npm help json` for definitive documentation on these fields
and exactly what they do.

Use `npm install <pkg>` afterwards to install a package and
save it as a dependency in the package.json file.

Press ^C at any time to quit.
package name: (mean-news-server)
version: (1.0.0)
description:
entry point: (index.js)
test command:
git repository:
keywords:
author: waylau.com
license: (ISC)
About to write to D:\workspaceGithub\mean-book-samples\samples\mean-news-
server\package.json:

{
  "name": "mean-news-server",
  "version": "1.0.0",
  "description": "",
  "main": "index.js",
  "scripts": {
    "test": "echo \"Error: no test specified\" && exit 1"
```

```
  },
  "author": "waylau.com",
  "license": "ISC"
}

Is this OK? (yes) yes
```

27.1.3 在應用中安裝 Express

透過 "npm install" 指令來安裝 Express：

```
$ npm install express --save

npm notice created a lockfile as package-lock.json. You should commit this file.
npm WARN mean-news-server@1.0.0 No description
npm WARN mean-news-server@1.0.0 No repository field.

+ express@4.17.1
added 50 packages from 37 contributors in 4.655s
```

27.1.4 撰寫 "Hello World" 應用

在安裝完成 Express 後，就可以透過 Express 來撰寫 Web 應用了。在 mean-news-server 應用的 index.js 檔案中撰寫以下 "Hello World" 應用的程式：

```
const express = require('express');
const app = express();
const port = 8080;

app.get('/admins/hi', (req, res) => res.send('hello'));

app.listen(port, () => console.log(`Server listening on port ${port}!`));
```

該範例非常簡單，會在伺服器啟動後佔用 8080 通訊埠。當使用者存取應用的 "/admins/hi" 路徑時，會回應 "hello" 字樣的內容給用戶端。

27.1.5 執行 "Hello World" 應用

執行以下指令以啟動伺服器：

```
$ node index.js
Server listening on port 8080!
```

在伺服器啟動後，透過瀏覽器造訪 http://localhost:8080/admins/hi，可以看到如圖 27-1 所示的內容。

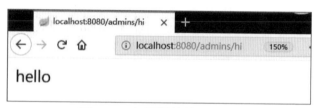

圖 27-1　伺服器端管理介面

27.2 初步實現使用者登入認證功能

本節將實現使用者登入認證功能。

27.2.1 建立伺服器端管理元件

伺服器端管理元件主要用於管理新聞的發佈。伺服器端管理使用的角色為管理員。換言之，要想存取伺服器端管理介面，則需要先在用戶端進行登入授權。

在 mean-news-ui 應用中透過 Angular CLI 執行以下指令以建立元件：

```
ng generate component admin
```

27.2.2 增加元件到路由器

為了使頁面能被存取到，需要將伺服器端管理元件增加到路由器 app-routing.module.ts 中。程式如下：

```
...
import { AdminComponent } from './admin/admin.component';

const routes: Routes = [
  ...
  { path: 'admin', component: AdminComponent} // 後端管理
];
```

啟動應用，存取 http://localhost:4200/admin，可以看到伺服器端管理介面如圖 27-2 所示。

圖 27-2 伺服器端管理介面

伺服器端管理目前還沒有任何業務邏輯，只是架設了一個初級的骨架。

27.2.3 使用 HttpClient

伺服器端目前只有一個允許管理員角色存取的介面 http://localhost:8080/admins/hi，還沒有設定許可權認證攔截，因此，任意 HTTP 用戶端都是可以存取該介面。

我們期望 mean-news-ui 應用能夠存取上述伺服器端介面。為了實現在
Angular 中發起 HTTP 請求的功能，需要用到 Angular HttpClient API。該
API 包含在 HttpClientModule 模組中，因此需要在應用中匯入該模組：

```
...
import { HttpClientModule } from '@angular/common/http';

@NgModule({
  declarations: [
    AppComponent,
    NewsComponent,
    NewsDetailComponent,
    AdminComponent
  ],
  imports: [
    ...
    HttpClientModule // HTTP 用戶端
  ],
```

還需要在 AdminComponent 中植入 HttpClient。程式如下：

```
import { Component, OnInit } from '@angular/core';
import { HttpClient } from '@angular/common/http';

@Component({
  selector: 'app-admin',
  templateUrl: './admin.component.html',
  styleUrls: ['./admin.component.css']
})
export class AdminComponent implements OnInit {

  // 植入 HttpClient
  constructor(private http: HttpClient) { }

  ngOnInit() {
  }

}
```

27.2.4 存取伺服器端介面

有了 HttpClient，就能遠端發起 HTTP 請求到伺服器端 REST 介面中。

1. 設定反向代理

本專案是一個前後端分離的應用，需要分開部署、執行應用，所以一定會遇到跨域存取的問題。

解決跨域存取問題，業界最常用的方式是設定反向代理。其原理是：設定反向代理伺服器，讓 Angular 應用都存取自己伺服器中的 API。但這種 API 都會被反向代理伺服器轉發到 Java 等伺服器端服務 API 中，所以這個過程對於 Angular 應用是無感知的。

業界經常採用 NGINX 服務來承擔反在代理的職責。而在 Angular 中，使用反向代理更加簡單，因為 Angular 附帶了反向代理伺服器。設定方式為，在 Angular 應用的根目錄下增加設定檔 proxy.config.json，並填寫以下內容：

```
{
  "/api/": {
    "target": "http://localhost:8080/",
    "secure": false,
    "pathRewrite": {
      "^/api": ""
    }
  }
}
```

這個設定説明：任何在 Angular 應用中發起的以 "/api/" 開頭的 URL，都會反向代理到以 "http://localhost:8080/" 開頭的 URL。舉例來説，如果在 Angular 應用中發送請求到 "http://localhost:4200/api/admins/hi"，則反向代理伺服器會將該 URL 對映到 "http://localhost:8080/admins/hi"。

在增加了該設定檔後，在啟動應用時只要在啟動參數中指定該檔案的位置即可。指令如下：

```
$ ng serve --proxy-config proxy.config.json
```

2. 透過用戶端發起 HTTP 請求

用 HttpClient 發起 HTTP 請求：

```
import { Component, OnInit } from '@angular/core';
import { HttpClient } from '@angular/common/http';

@Component({
  selector: 'app-admin',
  templateUrl: './admin.component.html',
  styleUrls: ['./admin.component.css']
})
export class AdminComponent implements OnInit {
  adminUrl = '/api/admins/hi';
  adminData = '';

  // 植入 HttpClient
  constructor(private http: HttpClient) { }

  ngOnInit() {
    this.getData();
  }

  // 取得伺服器端介面資料
  getData() {
    return this.http.get(this.adminUrl, { responseType: 'text' })
      .subscribe(data => this.adminData = data);
  }
}
```

在上述程式中，傳回的資料會設定值給 adminData 變數。

3. 綁定資料

編輯 admin.component.html，修改後的程式如下：

```
<p>
  Get data from admin: {{adminData}}.
</p>
```

上述程式將 adminData 變數綁定到範本中了。任何對 adminData 的設定值
都能及時呈現在頁面中。

4. 測試

在啟動用戶端和伺服器端應用後，嘗試存取頁面 http://localhost:4200/
admin，如果看到如圖 27-3 所示的介面，則說明伺服器端介面已經被成功
存取了且傳回了 "hello" 文字。該 "hello" 文字被綁定機制繪製在了介面中。

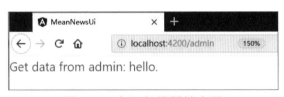

圖 27-3 存取伺服器端介面

27.2.5 給伺服器端介面設定安全認證

接下來透過設定 mean-news-server 的伺服器端介面來實現介面的安全攔截。

1. 安裝基本認證外掛程式

透過以下指令安裝基本認證外掛程式 basic-auth：

```
$ npm install basic-auth

npm WARN mean-news-server@1.0.0 No description
```

```
npm WARN mean-news-server@1.0.0 No repository field.

+ basic-auth@2.0.1
added 1 package in 1.291s
```

basic-auth 可以用於 Node.js 基本認證解析。

2. 修改伺服器端安全設定

對 /admins/hi 介面進行安全攔截。程式如下：

```
const auth = require('basic-auth');

app.get('/admins/hi', (req, res) => {

    var credentials = auth(req)

    // 登入認證檢驗
    if (!credentials || !check(credentials.name, credentials.pass)) {
        res.statusCode = 401
        res.setHeader('WWW-Authenticate', 'Basic realm="example"')
        res.end('Access denied')
    }

    res.send('hello')
});

// 檢查許可權
const check = function (name, pass) {
    var valid = false;

    // 驗證帳號和密碼是否一致
    if (('waylau' === name) && ('123456' === pass)) {
        valid = true;
    }
    return valid
}
```

其中：

- auth 方法是 basic-auth 提供的方法，用於解析 HTTP 請求中的認證資訊。如果解析的結果為空，則驗證不通過。
- check 方法用於驗證使用者的帳號和密碼是否與服務所儲存的帳號和密碼一致。若不一致，則驗證不通過。

3. 測試

將用戶端和伺服器端應用都啟動後，嘗試存取頁面 http://localhost:4200/admin。由於該頁面所存取的 http://localhost:8080/admins/hi 介面是需要認證的，所以第一次存取時會有如圖 27-4 所示的提示框。

圖 27-4 登入介面

輸入正確的帳號 "waylau"、密碼 "123456"，登入後如果看到如圖 27-5 所示的介面，則說明伺服器端介面已經認證成功，會傳回 "hello" 文字。

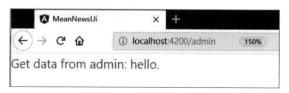

圖 27-5 成功存取介面

目前使用者資訊直接儲存在程式中，後期會傳輸至資料庫中。

27.3 實現新聞編輯器

新聞編輯器用於向應用中輸入新聞內容，這樣使用者才能在應用中看到新聞內容。

由於新聞類別的文章排版都較為簡單，因此在本書中以 Markdown 作為新聞文章的排版工具。

27.3.1 整合 ngx-Markdown 外掛程式

ngx-Markdown 是一款以 Node.js 為基礎的 Markdown 外掛程式，能夠將 Markdown 格式的內容繪製成為 HTML 格式的內容。

執行以下指令在 mean-news-ui 應用中下載安裝 ngx-Markdown 外掛程式：

```
$ npm install ngx-markdown --save

npm WARN optional SKIPPING OPTIONAL DEPENDENCY: fsevents@1.2.9 (node_modules\
webpack-dev- server\node_modules\fsevents):
npm WARN notsup SKIPPING OPTIONAL DEPENDENCY: Unsupported platform for
fsevents@1.2.9: wanted {"os":"darwin","arch":"any"} (current:{"os":"win32",
"arch":"x64"})
npm WARN optional SKIPPING OPTIONAL DEPENDENCY: fsevents@1.2.9 (node_modules\
watchpack\ node_modules\fsevents):
npm WARN notsup SKIPPING OPTIONAL DEPENDENCY: Unsupported platform for
fsevents@1.2.9: wanted {"os":"darwin","arch":"any"} (current:{"os":"win32",
"arch":"x64"})
npm WARN optional SKIPPING OPTIONAL DEPENDENCY: fsevents@1.2.9 (node_modules\
```

```
karma\node_ modules\fsevents):
npm WARN notsup SKIPPING OPTIONAL DEPENDENCY: Unsupported platform for
fsevents@1.2.9: wanted {"os":"darwin","arch":"any"} (current:{"os":"win32",
"arch":"x64"})
npm WARN optional SKIPPING OPTIONAL DEPENDENCY: fsevents@1.2.9 (node_modules\
@angular\compiler- cli\node_modules\fsevents):
npm WARN notsup SKIPPING OPTIONAL DEPENDENCY: Unsupported platform for
fsevents@1.2.9: wanted {"os":"darwin","arch":"any"} (current:{"os":"win32",
"arch":"x64"})
npm WARN optional SKIPPING OPTIONAL DEPENDENCY: fsevents@2.0.7 (node_modules\
fsevents):
npm WARN notsup SKIPPING OPTIONAL DEPENDENCY: Unsupported platform for
fsevents@2.0.7: wanted {"os":"darwin","arch":"any"} (current: {"os":"win32",
"arch":"x64"})

+ ngx-markdown@8.1.0
added 9 packages from 9 contributors in 58.293s
```

27.3.2 匯入 MarkdownModule 模組

在應用中匯入 MarkdownModule 模組，以便啟用 ngx-Markdown 功能。同時，編輯器介面還用到 Form 表單等模組，因此也需要一併將其匯入。程式如下：

```
...
import { NzFormModule } from 'ng-zorro-antd/form';
import { MarkdownModule } from 'ngx-markdown';

imports: [
...
NzFormModule, // NG-ZORRO 表單模組
MarkdownModule.forRoot(), // Markdown 繪製
],
```

27.3.3 撰寫編輯器介面

1. 編輯範本

編輯 admin.component.html，內容如下：

```
<form nz-form>
<nz-form-item>
<nz-form-label nzRequired>新聞標題 </nz-form-label>
<nz-form-control>
<input nz-input name="title" placeholder="請輸入新聞標題 !" maxlength="100"
        name="title"
            (keyup)="syncTitle(newTitle.value)" value={{markdownTitle}}
#newTitle>
</nz-form-control>
</nz-form-item>
<nz-form-item>
<nz-form-label nzRequired>新聞內容 </nz-form-label>
<nz-form-control>
<textarea name="content" nz-input rows="16" placeholder="請輸入新聞內容 !"
            (keyup)="syncContent(newContent.value)"
                value={{markdownContent}} #newContent></textarea>
</nz-form-control>
</nz-form-item>
<nz-form-item>
<nz-form-control>
<button nz-button nzType="primary" (click)="submitData()">提交 </button>
</nz-form-control>
</nz-form-item>
</form>

<markdown [data]="markdownContent"></markdown>
```

其中：

- <input> 用於輸入新聞標題。
- <textarea> 用於輸入新聞內容。

- <markdown> 用於將輸入的 Markdown 格式的新聞內容即時地顯示為 HTML 格式。

2. 編輯元件

編輯 admin.component.ts，內容如下：

```
import { Component, OnInit } from '@angular/core';
import { HttpClient } from '@angular/common/http';

import { News } from './../news';

@Component({
  selector: 'app-admin',
  templateUrl: './admin.component.html',
  styleUrls: ['./admin.component.css']
})
export class AdminComponent implements OnInit {
  adminUrl = '/api/admins/hi';
  createNewsUrl = '/api/admins/news';

  adminData = '';
  markdownTitle = '';
  markdownContent = '';

  // 植入 HttpClient
  constructor(private http: HttpClient) { }

  ngOnInit() {
    this.getData();
  }

  // 取得伺服器端介面資料
  getData() {
    return this.http.get(this.adminUrl, { responseType: 'text' })
```

```
      .subscribe(data => this.adminData = data);
  }

  // 同步編輯器中的內容
  syncContent(content: string) {
    this.markdownContent = content;
  }

  // 同步編輯器中的標題
  syncTitle(title: string) {
    this.markdownTitle = title;
  }

  // 提交新聞內容到伺服器端
  submitData() {
    console.log('ssss');
    this.http.post<News>(this.createNewsUrl,
      new News(null, this.markdownTitle, this.markdownContent,
new Date())).subscribe(
        data => {console.log(data);
         alert("已經成功提交");

         // 清空資料
         this.markdownTitle = '';
         this.markdownContent = '';
        },
        error => {
          console.error(error);
          alert("提交失敗");
        }
      );
    ;
  }
}
```

點擊其中的「提交」按鈕會觸發 submitData() 方法將新聞內容提交到伺服器端的 REST 介面。

News 類別中是用戶端新聞的結構，程式如下：

```
export class News {

    constructor(
        public newsId: number,
        public title: string, // 標題
        public content: string, // 內容
        public creation: Date, // 日期
    ) { }
}
```

執行應用後存取頁面 http://localhost:4200/admin，可以看到如圖 27-6 所示的編輯器頁面。

圖 27-6　編輯器頁面

可以在編輯器中輸入新聞的標題和內容。新聞內容會即時產生預覽資訊到介面的下方。另外，編輯器也支援插入圖片的連結。

目前點擊「提交」按鈕是沒有反應的，因為還缺少伺服器端的介面。

27.3.4 在伺服器端新增建立新聞的介面

為了能夠將新聞資訊儲存下來，需要在 mean-news-server 應用的伺服器端新增建立新聞的介面。

1. 增加 mongodb 模組

在 mean-news-server 應用中增加 mongodb 模組以便操作 MongoDB。指令如下：

```
$ npm install mongodb --save

npm notice created a lockfile as package-lock.json. You should commit this file.
npm WARN mongodb-demo@1.0.0 No description
npm WARN mongodb-demo@1.0.0 No repository field.

+ mongodb@3.3.1
added 6 packages from 4 contributors in 1.784s
```

2. 建立新增新聞的介面

接下來建立新增新聞的介面。完整的 index.js 程式如下：

```
const express = require('express');
const app = express();
const port = 8080;
const auth = require('basic-auth');
const bodyParser = require('body-parser');
app.use(bodyParser.json()) // 用於解析 application/json
```

```javascript
const MongoClient = require('mongodb').MongoClient;

// 連結 URL
const url = 'mongodb://localhost:27017';

// 資料庫的名稱
const dbName = 'meanNews';

// 建立 MongoClient 用戶端
const client = new MongoClient(url,{ useNewUrlParser: true,
useUnifiedTopology: true});

app.get('/admins/hi', (req, res) => {

    var credentials = auth(req)

    // 登入認證檢驗
    if (!credentials || !check(credentials.name, credentials.pass)) {
        res.statusCode = 401
        res.setHeader('WWW-Authenticate', 'Basic realm="example"')
        res.end('Access denied')
    }

    res.send('hello')
});

// 建立新聞
app.post('/admins/news', (req, res) => {

    var credentials = auth(req)

    // 登入認證檢驗
    if (!credentials || !check(credentials.name, credentials.pass)) {
        res.statusCode = 401
        res.setHeader('WWW-Authenticate', 'Basic realm="example"')
```

```
            res.end('Access denied')
    }

    let news = req.body;
    console.info(news);

    // 用連結方法連結伺服器
    client.connect(function (err) {
        if (err) {
            console.error('error end: ' + err.stack);
            return;
        }

        console.log(" 成功連結到伺服器 ");

        const db = client.db(dbName);

        // 插入新聞
        insertNews(db, news, function () {
        });
    });

    // 回應成功
    res.status(200).end();
});

// 插入新聞
const insertNews = function (db, _news, callback) {
    // 取得集合
    const news = db.collection('news');

    // 插入文件
    news.insertOne({ title: _news.title, content: _news.content, creation:
_news.creation}, function (err, result) {
            if (err) {
```

```
            console.error('error end: ' + err.stack);
            return;
        }
        console.log("已經插入文件，回應結果是：");
        console.log(result);
        callback(result);
    });
}


// 檢查許可權
const check = function (name, pass) {
    var valid = false;

    // 驗證帳號和密碼是否一致
    if (('waylau' === name) && ('123456' === pass)) {
        valid = true;
    }
    return valid;
}

app.listen(port, () => console.log(`Server listening on port ${port}!`));
```

當用戶端發送 POST 請求到 /admins/news 時可以實現新聞資訊的儲存。

27.3.5 執行應用

接下來執行應用進行測試。存取頁面 http://localhost:4200/admin，然後在編輯頁面中輸入內容，也可以插入圖片。點擊「提交」按鈕成功提交後，會看到如圖 27-7 所示的提示訊息。

圖 27-7 提交成功

27.4 實現新聞列表展示

在首頁需要展示最新的新聞清單。mean-news-ui 已經提供了原型，本節將以這些原型為基礎來對接真實的後端資料。

27.4.1 在伺服器端實現新聞清單查詢的介面

在 mean-news-server 應用中實現新聞清單查詢的介面。

```
// 查詢新聞列表
app.get('/news', (req, res) => {


    // 用連結方法連結伺服器
```

```
        client.connect(function (err) {
            if (err) {
                console.error('error end: ' + err.stack);
                return;
            }

            console.log(" 成功連結到伺服器 ");

            const db = client.db(dbName);

            // 插入新聞
            findNewsList(db, function (result) {
                // 回應成功
                res.status(200).json(result);
            });
        });

    });

    // 尋找全部新聞標題
    const findNewsList = function (db, callback) {
        // 取得集合
        const news = db.collection('news');

        // 查詢文件，只傳回標題和 id
        // _id 被對映稱為 newsId
        news.aggregate({ $project: { newsId: "$_id", title: 1, _id: 0 } },
    function (err, cursor) {
            if (err) {
                console.error('error end: ' + err.stack);
                return;
            }

            cursor.toArray(function (err, result) {
                console.log(" 查詢全部文件，回應結果是：");
                console.log(result);
                callback(result);
```

```
    });
  });
}
```

在上述實例中：

- 由於新聞清單查詢介面是公開的 API，因此無須對該介面進行許可權攔截。
- 在查詢文件時，只傳回標題和 _id。因此，需要透過 $project 運算式將 _id 對映稱為 newsId 欄位。

27.4.2 在用戶端實現用戶端存取新聞清單的 REST 介面

在完成了伺服器端介面後，就可以在用戶端發起對該介面的呼叫。

1. 修改元件

修改 news.component.ts，程式如下：

```
import { Component, OnInit } from '@angular/core';
import { HttpClient } from '@angular/common/http';

import { News } from './../news'

@Component({
  selector: 'app-news',
  templateUrl: './news.component.html',
  styleUrls: ['./news.component.css']
})
export class NewsComponent implements OnInit {
  newsListUrl = '/api/news';
  newsData: News[] = [];

  // 植入 HttpClient
```

```
constructor(private http: HttpClient) { }

ngOnInit() {
  this.getData();
}


// 取得伺服器端介面資料
getData() {
  return this.http.get<News[]>(this.newsListUrl)
    .subscribe(data => this.newsData = data);
}


}
```

上述程式實現了對新聞清單 REST 介面的存取。

2. 修改範本

修改 news.component.html，程式如下：

```
<nz-list [nzDataSource]="newsData" nzBordered nzSize="small" [nzRenderItem]=
"smallItem">
<ng-template #smallItem let-item>
<nz-list-item><a href="/news/{{item.newsId}}">{{ item.title }}</a></nz-list-item>
</ng-template>
</nz-list>
```

href 將指向真實的 newsId 所對應的 URL。

27.4.3 執行應用

執行應用，進行測試。存取首頁 http://localhost:4200，可以看到如圖 27-8
所示的首頁。

圖 27-8 首頁

將游標移到任意新聞項目上，可以看到每個項目上都有不同的 URL，範例如下：

```
http://localhost:4200/news/5d6a326f9c825e24106624e5
```

這些 URL 就是為下一步重新導向到該項目的新聞詳情頁做準備的。上面範例中的 "5d6a326f9c825e24106624e5" 就是該新聞資料在 MongoDB 中的 _id。

27.5 實現新聞詳情展示

mean-news-ui 已經提供了新聞詳情的原型，本節將以這些原型為基礎來對接真實的伺服器端資料。

27.5.1 在伺服器端實現新聞詳情查詢的介面

在 mean-news-server 應用中實現查詢新聞詳情的介面。程式如下：

```
...
const ObjectId = require('mongodb').ObjectId;

// 根據 id 查詢新聞資訊
app.get('/news/:newsId', (req, res) => {

    let newsId = req.params.newsId;
    console.log("newsId 為 " + newsId);

    // 用連結方法連結伺服器
    client.connect(function (err) {
        if (err) {
            console.error('error end: ' + err.stack);
            return;
        }

        console.log(" 成功連結伺服器 ");

        const db = client.db(dbName);

        // 查詢新聞
        findNews(db, newsId, function (result) {
            // 回應成功
            res.status(200).json(result);
        });
    });

});

// 查詢指定新聞
const findNews = function (db, newsId, callback) {
    // 取得集合
    const news = db.collection('news');
```

```
    // 查詢指定文件
    news.findOne({_id: ObjectId(newsId)},function (err, result) {
        if (err) {
            console.error('error end: ' + err.stack);
            return;
        }

        console.log(" 查詢指定文件，回應結果是：");
        console.log(result);
        callback(result);
    });
}
```

在上述範例中，

- 透過 req.params 取得用戶端所傳入的 newsId 參數。
- 將 newsId 轉為 ObjectId，作為 MongoDB 的查詢準則。

27.5.2　在用戶端實現呼叫新聞詳情頁的 REST 介面

在完成了伺服器端介面後，就可以在用戶端發起對新聞詳情頁的 REST 介面的呼叫。

1. 修改元件

修改 news-detail.component.ts，程式如下：

```
import { Component, OnInit } from '@angular/core';
import { Location } from '@angular/common'; // 用於回復瀏覽記錄
import { HttpClient } from '@angular/common/http';
import { ActivatedRoute } from '@angular/router';

import { News } from '././../news'

@Component({
```

```
  selector: 'app-news-detail',
  templateUrl: './news-detail.component.html',
  styleUrls: ['./news-detail.component.css']
})
export class NewsDetailComponent implements OnInit {
  newsUrl = '/api/news/';
  news: News = new News(null, null, null, null, null);

  // 植入 HttpClient
  constructor(private location: Location,
    private http: HttpClient,
    private route: ActivatedRoute) { }

  ngOnInit() {
    this.getData();
  }

  // 取得伺服器端介面資料
  getData() {
    const newsId = this.route.snapshot.paramMap.get('newsId');
    return this.http.get<News>(this.newsUrl + newsId)
      .subscribe(data => this.news = data);
  }

  // 傳回
  goback() {
    // 瀏覽器回復瀏覽記錄
    this.location.back();
  }
}
```

上述程式實現了對新聞詳情頁的 REST 介面的存取。

需要注意的是，newsId 是從 ActivatedRoute 物件裡面取得出來的。有關路
由器的設定稍後還會介紹。

2. 修改範本

修改 news-detail.component.html，程式如下：

```
<button nz-button nzType="dashed" (click)="goback()"> 傳回 </button>
<nz-card nzTitle="{{news.title}}">

<nz-card-meta nzTitle="{{news.creation | date:'yyyy-MM-dd HH:mm:ss' }}">
</nz-card-meta>

<markdown [data]=news.content></markdown>

</nz-card>
```

其中，對 news.creation 變數使用了 Angular 的 Date 管線，以便對時間格式進行轉換。

27.5.3 設定路由

在從新聞清單切換到新聞詳情頁面時是攜帶了參數的，所以針對這種場景需要設定帶有參數的路由路徑。程式如下：

```
const routes: Routes = [
  { path: '', component: NewsComponent },  // 新聞列表
  { path: 'news/:newsId', component: NewsDetailComponent},// 新聞詳情，帶有參數
  { path: 'admin', component: AdminComponent} // 伺服器端管理
];
```

27.5.4 執行應用

執行應用，進行測試。存取首頁 http://localhost:4200，點擊任意新聞項目，可以切換至新聞詳情頁，如圖 27-9 所示。

圖 27-9 新聞詳情頁

新聞詳情頁顯示的是資料庫的最新的內容。

27.6 實現認證資訊的儲存及讀取

在之前的章節中已經初步實現了使用者的登入認證，但認證資訊是強制寫入在程式中的。本節將對登入認證做進一步的改造，實現認證資訊在資料庫中的儲存及讀取。

27.6.1 實現認證資訊的儲存

為求簡單，我們將認證的資訊透過 MongoDB 用戶端初始化到 MongoDB 伺服器中。指令稿如下：

```
db.user.insertOne(
    { username: "waylau", password:"123456", email:"waylau521@gmail.com" }
)
```

換言之，如果使用者在登入時輸入了帳號 "waylau"、密碼 "123456"，則認為認證是通過的。

27.6.2 實現認證資訊的讀取

現在認證資訊已經儲存在 MongoDB 伺服器中，需要提供一個方法來讀取該使用者的資訊：

```
// 查詢指定使用者
const findUser = function (db, name, callback) {
    // 取得集合
    const user = db.collection('user');

    // 查詢指定文件
    user.findOne({ username: name }, function (err, result) {
        if (err) {
            console.error('error end: ' + err.stack);
            return;
        }

        console.log("查詢指定文件，回應結果是：");
        console.log(result);
        callback(result);
    });
}
```

上述 findUser 方法用於查詢之前使用者帳號的資訊。當查詢使用者帳號為 "waylau" 時，回應結果如下：

```
{
    _id: 5d6a7e220da53b7ebedf3bbc,
    username: 'waylau',
```

```
    password: '123456',
    email: 'waylau521@gmail.com'
}
```

27.6.3 改造認證方法

認證方法 check 也需要做改造。程式如下：

```
const check = function (name, pass, callback) {
    var valid = false;

    // 用連結方法連結伺服器
    client.connect(function (err) {
        if (err) {
            console.error('error end: ' + err.stack);
            return valid;
        }

        console.log(" 成功連結到伺服器 ");

        const db = client.db(dbName);

        // 驗證帳號和密碼是否合法
        findUser(db, name, function (result) {
            // 回應成功
            if ((result.username === name) && (result.password === pass)) {
                valid = true;
                console.log(" 驗證通過 ");
                callback(valid);
            } else {
                valid = false;
                console.log(" 驗證失敗 ");
                callback(valid);
            }
        });
    });
}
```

check 會呼叫 findUser 的傳回結果，以驗證傳入的使用者帳號和密碼是否合法。

27.6.4 改造對外的介面

有兩個外部介面依賴 check，需要對它們做對應的調整。

1. 調整 /admins/hi 介面

將 /admins/hi 介面調整為如下：

```
app.get('/admins/hi', (req, res) => {

    var credentials = auth(req)

    // 登入認證檢驗
    if (!credentials) {
        res.statusCode = 401;
        res.setHeader('WWW-Authenticate', 'Basic realm="example"');
        res.end('Access denied');
    } else {
        check(credentials.name, credentials.pass, function (valid) {
            if (valid) {
                res.send('hello');
            } else {
                res.statusCode = 401;
                res.setHeader('WWW-Authenticate', 'Basic realm="example"');
                res.end('Access denied');
            }

        })
    }
});
```

2. 調整 /admins/news 介面

將 /admins/news 介面調整為如下：

```javascript
// 建立新聞
app.post('/admins/news', (req, res) => {

    var credentials = auth(req)

    // 登入認證檢驗
    if (!credentials) {
        res.statusCode = 401;
        res.setHeader('WWW-Authenticate', 'Basic realm="example"');
        res.end('Access denied');
    } else {
        check(credentials.name, credentials.pass, function (valid) {
            if (valid) {

                let news = req.body;
                console.info(news);

                // 用連結方法連結伺服器
                client.connect(function (err) {
                    if (err) {
                        console.error('error end: ' + err.stack);
                        return;
                    }

                    console.log(" 成功連結到伺服器 ");

                    const db = client.db(dbName);

                    // 插入文件
                    insertNews(db, news, function () {
                    });
                });
```

```
                // 回應成功
                res.status(200).end();
        } else {
                res.statusCode = 401;
                res.setHeader('WWW-Authenticate', 'Basic realm="example"');
                res.end('Access denied');
        }

    })
  }

});
```

27.7 歸納

用戶端及服務端的程式已經全部開發完成了，基本實現了新聞列表的查詢、新聞詳情頁的展示、新聞的輸入及許可權認證。受限於篇幅，書中的程式力求做到簡單容易，注重將核心部分的實現過程呈現給讀者。如果讀者想將這款應用作為商務軟體，則還需要做進一步的增強，包含但不僅限以下：

- 使用者的管理。
- 使用者資訊的修改。
- 使用者的角色分配。
- 新聞內容的編輯。
- 新聞分配。
- 圖片伺服器的實現。

這些待增強項需要讀者透過自己在學習本書過程中所掌握的知識舉一反三。本書最後的「參考文獻」內容也可以作為讀者擴充學習使用。

28
用 NGINX 實現高可用

NGINX 是免費的、開放原始碼的、高性能的 HTTP 伺服器和反向代理，也是 IMAP/POP3 代理伺服器。NGINX 以高性能、穩定性、豐富的功能集、簡單的設定和低資源消耗而聞名。

本章將介紹如何用 NGINX 實現用戶端應用（mean-news-ui）的部署，並實現伺服器端應用（mean-news-server）的高可用。

28.1 NGINX 概述

28.1.1 NGINX 特性

NGINX 的使用者包含諸如 Netflix、Hulu、Pinterest、CloudFlare、Airbnb、WordPress.com、GitHub、SoundCloud、Zynga、Eventbrite、Zappos、Media Temple、Heroku、RightScale、Engine、Yard、MaxCDN 等許多高知名度網站。

NGINX 具有以下特性。

- 作為 Web 伺服器：相比 Apache，NGINX 使用的資源更少，支援更多的平行處理連結，表現更高的效率。這使得 NGINX 受到虛擬主機提供商的歡迎。
- 作為負載平衡伺服器：NGINX 既可以在內部直接支援 Rails 和 PHP，也可以支援作為 HTTP 代理伺服器對外進行服務。NGINX 是用 C 語言撰寫的，系統資源負擔小，CPU 使用效率高。
- 作為郵件代理伺服器：NGINX 是一個非常優秀的郵件代理伺服器。

28.1.2 安裝、執行 NGINX

可以從 NGINX 官網下載各種作業系統的安裝套件。

以下是各種作業系統不同的安裝方式。

1. Linux 和 BSD

大多數 Linux 發行版本和 BSD 版本在通常的軟體套件庫中都有 NGINX，可以透過安裝常用軟體的方法安裝它，舉例來説，在 Debian 平台使用 "apt-get"，在 Gentoo 平台使用 "emerge"，在 FreeBSD 平台使用 "ports"。

2. Red Hat 和 CentOS

首先增加 NGINX 的 yum 函數庫，然後建立一個名為 "/etc/yum.repos.d/nginx.repo" 的檔案，並貼上以下設定到檔案中。

CentOS 的設定如下：

```
[nginx]
name=nginx repo
baseurl=http://nginx.org/packages/centos/$releasever/$basearch/
gpgcheck=0
enabled=1
```

RHEL 的設定如下：

```
[nginx]
name=nginx repo
baseurl=http://nginx.org/packages/rhel/$releasever/$basearch/
gpgcheck=0
enabled=1
```

由於 CentOS、RHEL、Scientific Linux 在輸入 $releasever 變數方面存在著差異，所以有必要根據作業系統的版本手動將 $releasever 變數的取代為 5（5.x）或 6（6.x）。

3. Debian/Ubuntu

官網中列出了可用的 NGINX Ubuntu 版本支援。有關 Ubuntu 版本對映到發佈名稱的方法，請存取官方 Ubuntu 版本頁面。

接著在 /etc/apt/sources.list 中附加適當的指令稿。如果擔心增加到該資料夾下的指令稿被刪除，則可以將適當的部分增加到 /etc/apt/sources.list.d/ 下的其他列表檔案中，例如 /etc/apt/sources.list.d/nginx.list。

```
## Replace $release with your corresponding Ubuntu release.
deb http://nginx.org/packages/ubuntu/ $release nginx
deb-src http://nginx.org/packages/ubuntu/ $release nginx
```

例如 Ubuntu 16.04（Xenial）版本，設定如下：

```
deb http://nginx.org/packages/ubuntu/ xenial nginx
deb-src http://nginx.org/packages/ubuntu/ xenial nginx
```

要想安裝，則執行以下指令稿：

```
sudo apt-get update
sudo apt-get install nginx
```

在安裝過程中，如果有以下的錯誤：

```
W: GPG error: http://nginx.org/packages/ubuntu xenial Release: The following
signatures couldn't be verified because the public key is not available:
NO_PUBKEY $key
```

則執行下面的指令：

```
## Replace $key with the corresponding $key from your GPG error.
sudo apt-key adv --keyserver keyserver.ubuntu.com --recv-keys $key
sudo apt-get update
sudo apt-get install nginx
```

4. Debian 6

如果在 Debian 6 上安裝 NGINX，則增加以下指令稿到 /etc/apt/sources.list 中：

```
deb http://nginx.org/packages/debian/ squeeze nginx
deb-src http://nginx.org/packages/debian/ squeeze nginx
```

5. Ubuntu PPA

在 Ubuntu 系統上，可以透過 PPA 源來取得 NGINX。需要注意的是，PPA 源上的 NGINX 是由志願者維護的，不是由 nginx.org 官方分發的。由於它有一些額外的編譯模組，所以可能更適合你的環境。

可以從 PPA 源取得最新的、穩定版本的 NGINX。

Ubuntu 10.04 及更新版本執行以下指令：

```
sudo -s
nginx=stable # use nginx=development for latest development version
add-apt-repository ppa:nginx/$nginx
apt-get update
apt-get install nginx
```

如果有關於 add-apt-repository 的錯誤，則可能需要安裝 python-software-properties。對於其他以 Debian/Ubuntu 為基礎的發行版本，可以嘗試使用最可能在舊版套件上工作的 PPA 的變形：

```
sudo -s
nginx=stable # use nginx=development for latest development version
echo "deb http://ppa.launchpad.net/nginx/$nginx/ubuntu lucid main" > /etc/
apt/sources.list.d/nginx-$nginx-lucid.list
apt-key adv --keyserver keyserver.ubuntu.com --recv-keys C300EE8C
apt-get update
apt-get install nginx
```

6. Windows 32 位元版本

在 Windows 環境上安裝 NGINX，指令如下：

```
cd c:\
unzip nginx-1.15.8.zip
ren nginx-1.15.8 nginx
cd nginx
start nginx
```

如果有問題，可以參看記錄檔 c:/nginxlogserror.log。

目前，NGINX 官網只提供了 32 位元的安裝套件。如果想安裝 64 位元的版本，可以檢視由 Kevin Worthington 維護 Windows 版本。

28.1.3 驗證安裝

NGINX 正常啟動後會佔用 80 通訊埠。開啟工作管理員能看到 NGINX 的活動執行緒，如圖 28-1 所示。

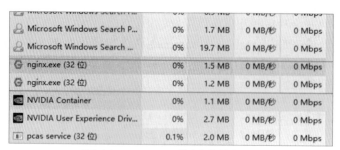

圖 28-1　NGINX 的活動執行緒

開啟瀏覽器存取 http://localhost:80（其中 80 通訊埠編號可以省略），則能
看到 NGINX 的歡迎頁面，如圖 28-2 所示。

圖 28-2　NGINX 的歡迎頁面

如果要關閉 NGINX 則執行：

```
nginx -s stop
```

28.1.4　常用指令

NGINX 啟動後，有一個主處理程序（master process）和一個或多個工作
處理程序（worker process）。主處理程序的作用是讀取和檢查 NGINX 的設
定資訊，以及維護工作處理程序。工作處理程序才是真正處理用戶端請求
的處理程序。

實際要啟動多少個工作處理程序，可以在 NGINX 的設定檔 nginx.conf 中透過 worker_ processes 指令指定。

可以透過以下這些指令來控制 NGINX：

```
nginx -s [ stop | quit | reopen | reload ]
```

其中，

- nginx -s stop：強制停止 NGINX，不管工作處理程序目前是否正在處理使用者請求，都立即退出。
- nginx -s quit：優雅地退出 NGINX。在執行這個指令後，工作處理程序會將目前正在處理的請求處理完畢，然後再退出。
- nginx -s reload：多載設定資訊。當 NGINX 的設定檔改變後，透過執行這個指令使更改的設定資訊生效，無須重新啟動 nginx.
- nginx -s reopen：重新開啟記錄檔。

> 在多載設定資訊時，NGINX 的主處理程序會先檢查設定資訊。如果設定資訊沒有錯誤，則主處理程序會啟動新的工作處理程序，並發出資訊通知舊的工作處理程序退出。舊的工作處理程序在接收到訊號後，會等到處理完目前正在處理的請求後退出。如果 NGINX 檢查設定資訊發現錯誤，則導回所做的更改，沿用舊的工作處理程序繼續工作。

28.2 部署用戶端應用

NGINX 也是高性能的 HTTP 伺服器，因此可以用來部署用戶端應用（mean-news-ui）。本節將詳細介紹部署用戶端應用的完整流程。

28.2.1 編譯用戶端應用

執行下面指令編譯用戶端應用：

```
$ ng build

chunk {main} main-es2015.js, main-es2015.js.map (main) 40.9 kB [initial]
[rendered]
chunk {polyfills} polyfills-es2015.js, polyfills-es2015.js.map (polyfills)
264 kB [initial] [rendered]
chunk {polyfills-es5} polyfills-es5-es2015.js, polyfills-es5-es2015.js.map
(polyfills-es5) 584 kB [initial] [rendered]
chunk {runtime} runtime-es2015.js, runtime-es2015.js.map (runtime) 6.16 kB
[entry] [rendered]
chunk {styles} styles-es2015.js, styles-es2015.js.map (styles) 1.33 MB
[initial] [rendered]
chunk {vendor} vendor-es2015.js, vendor-es2015.js.map (vendor) 8.06 MB
[initial] [rendered]
Date: 2019-08-31T16:15:51.250Z - Hash: cfd906754ed3dbdd3f3b - Time: 14100ms
Generating ES5 bundles for differential loading...
ES5 bundle generation complete.
```

編譯後的檔案預設放在 dist 資料夾下，如圖 28-3 所示。

圖 28-3 dist 資料夾

28.2.2 部署用戶端應用的編譯檔案

將用戶端應用的編譯檔案複製到 NGINX 安裝目錄的 html 目錄下，如圖 28-4 所示。

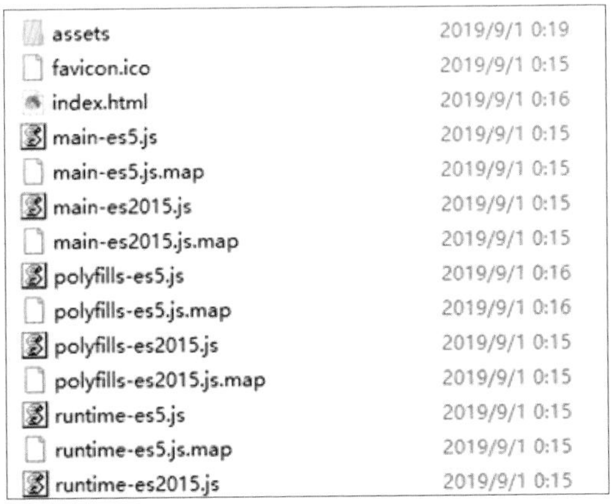

assets	2019/9/1 0:19
favicon.ico	2019/9/1 0:15
index.html	2019/9/1 0:16
main-es5.js	2019/9/1 0:15
main-es5.js.map	2019/9/1 0:15
main-es2015.js	2019/9/1 0:15
main-es2015.js.map	2019/9/1 0:15
polyfills-es5.js	2019/9/1 0:16
polyfills-es5.js.map	2019/9/1 0:16
polyfills-es2015.js	2019/9/1 0:15
polyfills-es2015.js.map	2019/9/1 0:15
runtime-es5.js	2019/9/1 0:15
runtime-es5.js.map	2019/9/1 0:15
runtime-es2015.js	2019/9/1 0:15

圖 28-4 html 目錄

28.2.3 設定 NGINX

開啟 NGINX 安裝目錄下的 conf/nginx.conf，設定如下：

```
worker_processes  1;

events {
    worker_connections  1024;
}

http {
    include       mime.types;
    default_type  application/octet-stream;

    sendfile       on;

    keepalive_timeout  65;

    server {
```

```
    listen        80;
    server_name   localhost;

    location / {
        root    html;
        index   index.html index.htm;

        # 處理前端應用路由
        try_files $uri $uri/ /index.html;
    }

    # 反向代理
    location /api/ {
        proxy_pass   http://localhost:8080/;
    }

    error_page   500502503504   /50x.html;
    location = /50x.html {
        root    html;
    }
}

}
```

其修改點如下：

■ 新增了 "try_files" 設定，用來處理用戶端應用的路由器。

■ 新增了 "location" 節點，用來執行反向代理，將用戶端應用中的 HTTP
   請求轉發到伺服器端服務介面中。

28.3 實現負載平衡及高可用

在大型網際網路應用中，應用的實例通常會部署多個，其好處如下：

■ 實現負載平衡。讓多個實例分擔使用者請求的負荷。

■ 實現高可用。在多個實例中任意一個實例無法執行後，剩下的實例仍能
回應使用者的存取請求。因此，從整體上看部分實例的故障並不影響整
體使用，因此具備高可用。

下面示範基於 NGINX 實現負載平衡及高可用。

28.3.1 設定負載平衡

在 NGINX 中，負載平衡的設定如下：

```
upstream meanserver {
    server 127.0.0.1:8080;
    server 127.0.0.1:8081;
    server 127.0.0.1:8082;
}

server {
    listen      80;
    server_name  localhost;

    location / {
        root    html;
        index   index.html index.htm;

        # 處理用戶端應用的路由
        try_files $uri $uri/ /index.html;
    }

    # 反向代理
    location /api/ {
        proxy_pass  http://meanserver/;
    }

    error_page   500502503504  /50x.html;
    location = /50x.html {
        root    html;
```

```
    }

  }
```

其中，

- listen 用於指定 NGINX 啟動時所佔用的通訊埠。
- proxy_pass 用於指定代理伺服器。代理伺服器設定在 upstream 中。
- upstream 中的每個 server 代表伺服器端服務的實例。這裡我們設定了 3 個伺服器端服務實例。

針對用戶端應用路由，我們還需要設定 try_files。

28.3.2 負載平衡常用演算法

在 NGINX 中，負載平衡常用演算法主要包含以下幾種。

1. 輪詢（預設）

該演算法是將請求按時間順序逐一分配到不同的伺服器，如果某個伺服器不可用，則會自動剔除它。

以下是輪詢的設定：

```
upstream meanserver {
    server 127.0.0.1:8080;
    server 127.0.0.1:8081;
    server 127.0.0.1:8082;
}
```

2. 權重

該演算法透過 weight 來指定輪詢權重，用於伺服器效能不均的情況。權重值越大，則被分配請求的機率越高。

以下是權重的設定：

```
upstream meanserver {
    server 127.0.0.1:8080 weight=1;
    server 127.0.0.1:8081 weight=2;
    server 127.0.0.1:8082 weight=3;
}
```

3. ip_hash

在該演算法中每個請求是按存取 IP 的 hash 值來分配的，這樣每個訪客固定存取一個伺服器，可以解決 session 的問題。

以下是 ip_hash 的設定：

```
upstream meanserver {
    ip_hash;
    server 192.168.0.1:8080;
    server 192.168.0.2:8081;
    server 192.168.0.3:8082;
}
```

4. fair

該演算法按伺服器的回應時間來分配請求，回應時間短的優先分配。以下是 fair 的設定：

```
upstream meanserver {
    fair;
    server 192.168.0.1:8080;
    server 192.168.0.2:8081;
    server 192.168.0.3:8082;
}
```

5. url_hash

該演算法按存取 URL 的 hash 結果來分配請求，使同一個 URL 定向到同一個伺服器，伺服器為快取時比較有效。舉例來說，在 upstream 中加入 hash

敘述，server 敘述中不能寫入 weight 等其他參數，hash_method 使用的是 hash 演算法。

以下是 url_hash 的設定：

```
upstream meanserver {
    hash $request_uri;
    hash_method crc32;
    server 192.168.0.1:8080;
    server 192.168.0.2:8081;
    server 192.168.0.3:8082;
}
```

28.3.3　實現伺服器端伺服器的高可用

所謂高可用，簡單來說就是給同一個伺服器設定多個實例。這樣即使某一個實例出現故障無法執行，其他剩下的實例仍然能夠正常地提供服務，這樣整個伺服器就是可用的。

為了實現伺服器的高可用，需要對伺服器端應用 mean-news-server 做一些調整。

1. 應用啟動實現傳參

在 mean-news-server 應用中，通訊埠編號 8080 是強制寫入在程式中的，所以無法在同一台機子上啟動多個應用實例了。

為了能夠指定通訊埠編號，將程式調整為如下：

```
const process = require('process');
const port = process.argv[2] || 8080;

...

app.listen(port, () => console.log(`Server listening on port ${port}!`));
```

在上述實例中，

- 如果在命令列啟動時不帶通訊埠參數，例如 "node index"，則應用啟動在 8080 通訊埠。
- 如果在命令列啟動時指定通訊埠參數，例如 "node index 8081"，則應用啟動在 8081 通訊埠。

2. 應用多實例啟動

執行以下指令啟動 3 個不同的服務實例：

```
$ node index 8080

$ node index 8081

$ node index 8082
```

這 3 個服務實例會佔用不同的通訊埠，它們獨立執行在各自的處理程序中，如圖 28-5 所示。

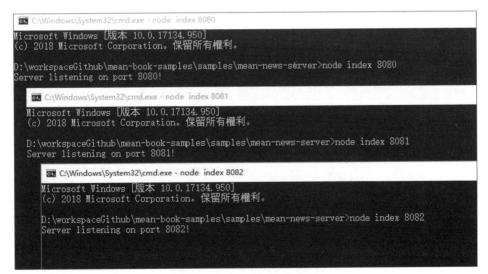

圖 28-5 執行的服務實例

在實際專案中，服務實例常常會部署在不同的主機當中。書中範例僅為了能夠簡單示範所以部署在同一個主機上。但實際的部署方式是類似的。

28.3.4 執行應用

在伺服器端服務啟動後，在瀏覽器中輸入 http://localhost/ 即可存取用戶端應用，同時觀察伺服器端主控台輸出的內容，如圖 28-6 所示。

圖 28-6　後端負載平衡情況（編按：本圖為簡體中文介面）

可以看到，3 個伺服器端服務會輪流地接收用戶端的請求。為了模擬故障，也可以將其他的任意一個伺服器端服務停掉，可以發現用戶端仍能夠正常回應，這就實現了應用的高可用。

A

參考文獻

[1] 柳偉衛 . Cloud Native 分散式架構原理與實作 [M]. 北京：電子工業出版社，2019

[2] 柳偉衛 . Spring Boot 企業級應用程式開發實戰 [M]. 北京：北京大學出版社，2018

[3] 柳偉衛 . Angular 企業級應用程式開發實戰 [M]. 北京：電子工業出版社，2019

[4] 柳偉衛 . Node.js 企業級應用程式開發實戰 [M]. 北京：北京大學出版社，2019

[5] 柳偉衛 . Spring Cloud 微服務架構開發實戰 [M]. 北京：北京大學出版社，2018

[6] 柳偉衛 . 分散式系統常用技術及案例分析 [M]. 北京：電子工業出版社，2017